"1+X"职业技能等级证书配套系列教材

物联网通信技术应用

主　编　石　忠　宋志强　梁向飞
副主编　滕　伟　李　莉　范振珂

科学出版社
北　京

内 容 简 介

本书围绕物联网通信技术应用的岗位定义和岗位职能，以物联网传感器认知与应用、物联网执行器认知与应用、物联网通信终端开发、物联网短距离无线通信技术应用、物联网长距离无线通信技术应用、物联网云平台的使用为主要技能点组织和阐述物联网通信技术知识和技能。本书包括6个项目，按照感知层、网络层、应用层一步一步展开。每个项目中的任务设计具有典型性。

本书适合计算机应用、电子信息、物联网等相关专业的应用型本科和高职高专学生以及在物联网行业有一定从业经验的人员学习和使用。

图书在版编目（CIP）数据

物联网通信技术应用 / 石忠，宋志强，梁向飞主编．—北京：科学出版社，2023.1

（“1+X”职业技能等级证书配套系列教材）

ISBN 978-7-03-073475-4

Ⅰ．①物… Ⅱ．①石…②宋…③梁… Ⅲ．物联网－通信技术－职业技能－鉴定－教材 Ⅳ．①TP393.4 ②TP18

中国版本图书馆CIP数据核字（2022）第193447号

责任编辑：赵丽欣 / 责任校对：赵丽杰
责任印制：吕春珉 / 封面设计：东方人华平面设计部

科学出版社 出版
北京东黄城根北街16号
邮政编码：100717
http://www.sciencep.com

三河市中晟雅豪印务有限公司印刷
科学出版社发行 各地新华书店经销
*
2023年1月第 一 版 开本：787 × 1092 1/16
2023年1月第一次印刷 印张：18 3/4
字数：444 000

定价：58.00 元

（如有印装质量问题，我社负责调换〈中晟雅豪〉）
销售部电话 010-62136230 编辑部电话 010-62134021

前　言

近年来，物联网技术发展迅猛，其应用涉及工业、农业、环境、交通、物流、安保等多个领域，有效地推动了各行业的智能化发展，提高了行业效率、效益。物联网在家居、医疗健康、教育、金融与服务业、旅游业等与生活息息相关领域的应用，极大地改进了服务范围、服务方式和服务质量等方面，提高了人们的生活质量。

全球物联网设备的爆发式增加，也导致物联网人才需求的快速增长。从产业需求来看，物联网人才总体上可以分为研究型人才、工程应用型人才和技能型人才三个类型。技能型人才主要服务于物联网服务型企业或物联网系统使用方，如提供物联网业务服务的运营企业、物联网系统集成类企业等。物联网技能型人才往往需要较强的综合能力，因而对各类高职院校培养物联网高技能型人才提出了较高要求，学校不但要培养学生物联网基础知识、业务知识的学习能力，更要结合区域的物联网产业情况，培养其技术应用能力、沟通交流能力和管理能力。

在此背景下，为了积极响应《国家职业教育改革实施方案》和《关于在院校实施“学历证书 + 若干职业技能等级证书”制度试点方案》中的“1+X”证书制度，将物联网通信技术应用职业技能等级证书在众多高职院校中的计算机应用、电子信息、物联网等相关专业中推广，培养具备高技能的物联网应用型技术人才，使更多高职高专的学生在通信及其相关行业中就业。中兴通讯股份有限公司在全国行业职业教育教学指导委员会计算机职业教育教学指导委员会的指导下，以及在广泛征求职业教育专家、职业院校老师意见和建议的基础上，推出了《物联网通信技术应用职业技能等级标准》（以下简称《标准》）。《标准》围绕“终端开发、无线通信、云平台开发”等三种岗位定义，确定了初级、中级和高级三个职业技能等级的岗位职责。根据岗位的工作内容，同一岗位在三个等级中均有涉及，但是在不同的等级中对同一岗位有不同的技能内容和技能水平要求。

本书是中级《标准》的配套教材，内容包括知识准备和6个项目。这6个项目根据学习逻辑及物联网体系架构安排内容，项目中的任务设计具有典型性，能够代表物联网体系每个层中本岗位的主要工作内容和工作特性。知识准备部分阐述了物联网概念、体系架构、特点、应用与发展前景以及对于物联网系统至关重要的通信技术。项目1讲述物联网传感器，项目2讲述物联网执行器，这两个项目介绍物联网感知层相关知识与设备使用；项目3介绍物联网通信终端开发，先讲述物联网通信终端开发环境搭建，再以实际案例讲述物联网通信终端开发；项目 4 讲述了物联网短距离无线通信技术相关知识，并以流行的 Wi-Fi 和蓝牙为例进行模块的应用与组网实验，以掌握两种短距离无线通信技术；项目 5 讲述了物联网低功耗长距离无线通信技术相关知识，并以流行的 NB-IoT、LTE Cat1、LoRa 进行数据传输实验，以掌握三种低功耗长距离无线通信技术；项目 6 讲述物联网云平台的相关知识，并进行感知层与应用层通信、云平台部署与启动、传感器与执行器接入云平台实验，从整体上理解物联网体系架构，理解信息传递流程。通过这 6 个项目的学习，读者可以初步具备物联网终端开发工程师、物联网通信工程师和物联网平台工程师的基本岗位技能。

由于物联网技术发展迅速，涉及的技术领域很多，加之作者能力有限，书中难免存在疏漏和不妥之处，恳请广大读者批评指正。

目　录

知识准备　物联网通信技术基础知识

项目 1　物联网传感器认知与应用

项目 2　物联网执行器认知与应用

项目3 物联网通信终端开发

项目4 物联网短距离无线通信技术应用

项目 5　物联网长距离无线通信技术应用

项目 6　物联网云平台的使用

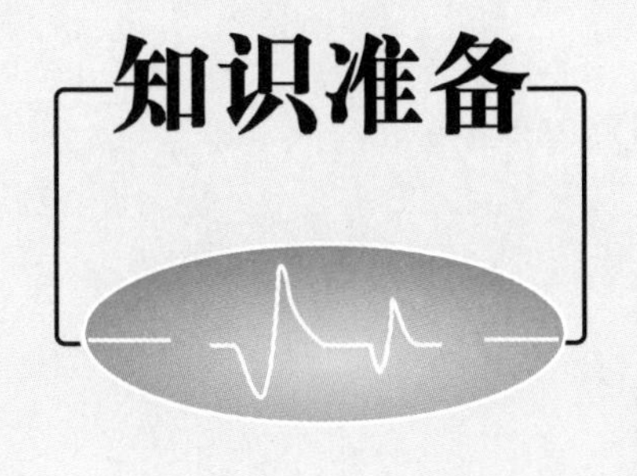

物联网通信技术基础知识

本部分主要讲述物联网的概念、物联网的体系架构、物联网的主要特点、物联网通信技术等知识。完成学习后，学生会对物联网系统有一个总体的认识，重点了解物联网通信技术的概念和分类，为之后的学习打下基础。

【教学目标】

知识目标

（1）了解物联网的概念，理解物联网概念共识。

（2）了解物联网的体系架构。

（3）掌握物联网的三个主要特点。

（4）掌握物联网通信技术的概念。

0.1 物联网概述

0.1.1 物联网的概念

由于物联网一直在不断地发展和完善，并且学术界和工业界视角不同，所以物联网尚未有公认的统一定义。尽管物联网定义有所不同，但人们对物联网的概念有许多共识:

（1）物联网的核心和基础仍然是互联网，是在互联网基础上进行的功能延伸，是扩展的网络;

（2）用户端延伸和扩展到了物体，物联网是物体与物体之间的信息交换和通信网络;

（3）物联网具有规模性;

（4）物体在运动状态下也能随时实现信息交换和通信。

结合以上共识，本书采用以下定义:

物联网（The Internet of Things，IoT），即“万物相连的互联网”。

与互联网的人与人连接不同，物联网是在互联网基础上的延伸和扩展，是将各种信息传感设备与互联网结合起来而形成的一个巨大网络，目的是实现在任何时间、任何地点，人与人、人与物、物与物、人与服务、人与场景的互联互通，最终完成万物互联。

0.1.2 物联网的体系架构

物联网的价值在于让物体也拥有智慧，从而实现物与人、物与物之间的沟通。物联网的特征在于感知、互联和智能的叠加。物联网的体系架构可分为三层：感知层、网络层和应用层。

感知层：是物联网发展和应用的基础，包括传感器或读卡器等数据采集设备、数据接入到网关之前的传感器网络，也包括各种控制器与执行器，其任务是识别物体和采集系统中的相关信息，从而实现对“物”的感知、识别和控制。

网络层：是建立在现有通信网络和互联网基础之上的融合网络。网络层通过各种接入设备与移动通信网和互联网相连，其主要任务是通过现有的互联网、广电网络、通信网络等实现信息的传输、初步处理、分类、聚合，用于沟通感知层和应用层。

应用层：是将物联网技术与专业技术相互融合，利用分析处理的感知数据为用户提供丰富的特定服务。应用层是物联网发展的目的。典型的物联网应用层的功能可分为设备管理、联动管理、数据统计等，可通过手机、计算机等终端提供广泛的智能化应用服务解决方案。

典型的物联网的体系架构如图0-1所示。

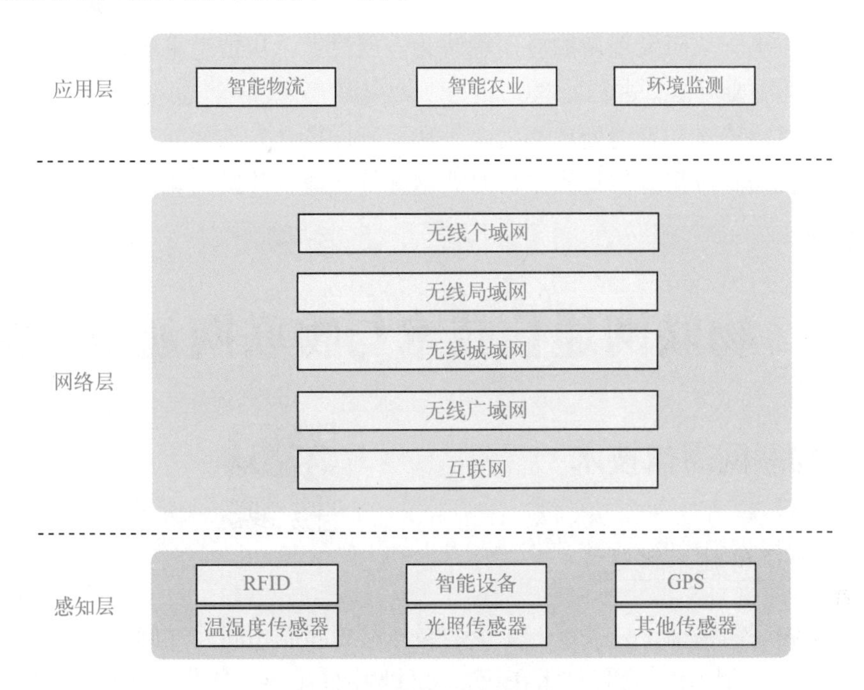

图0-1 物联网的体系架构

0.1.3 物联网的主要特点

物联网有三个主要特点：信息的全面感知、信息的可靠传送、信息的智能处理。

1 信息的全面感知

物联网通信中的一个首要环节是对数据的时效性采集。物联网应用部署了海量的多种类型的传感器，每个传感器都是一个信息源，不同类别的传感器所捕获的信息内容和信息格式不同。传感器按一定的频率周期性地采集环境信息，不断更新数据，所以传感器获得的数据具有实时性。

2 信息的可靠传送

物联网技术的基础和核心仍然是互联网。物联网通过各种有线网络和无线网络与互联网的融合，将物体的信息实时而准确地传递出去。传感器定时采集的信息需要通过网络传输，对采集到的数据进行安全加密，并采用有效的路由协议、通信协议和网络安全协议，以保证数据的高可靠性和准确性。在传输过程中，为了保障数据的正确性和及时性，必须适应各种异构网络和协议。

3 信息的智能处理

从传感器获得的海量信息，经分析、加工和处理得到有意义的数据，以适应不同用户的不同需求，从而发现新的应用领域和应用模式。从信息采集、传输到接收的整个过程中，都需要对信息进行处理。

物联网将传感器和智能处理相结合，利用云计算、人工智能等技术，在信息通过网络通信层发送到应用端的过程中，对数据进行处理，并做出相应的辅助决策，扩充其应用领域。

0.2 物联网通信技术与物联网通信网络

0.2.1 物联网通信技术

1 物联网通信技术概述

通信对物联网来说十分关键。无论是层与层之间或相同层之间进行信息传递与交换，都离不开通信技术。通信技术在物联网产业中处于核心环节，具有不可替代性。

物联网通信技术是指物联网的数据信息从信源到目的地的传输过程中所使用的技术。物联网通信技术在过去几年是物联网产业中最受关注的话题，多种物联网通信技术的出现解决了物联网部署中的不同难题。

2 物联网通信技术的分类

1）有线通信技术与无线通信技术

根据连接方式的不同，物联网通信技术可分为有线通信技术和无线通信技术。

有线通信技术是指利用金属导线、光纤等有形媒质传送信息的技术。有线通信技术已经非常普及。读者可以在自己家里墙壁上找找，不难找到电话口、网口、有线电视口等信息传输设备。常见的物联网有线通信技术的特点和适用场景如表0-1所示。

表0-1 物联网有线通信技术

分类	特点	适用场景
ETH	协议全面、通用、成本低	智能终端、视频监控
RS-232	一对一通信、成本低、传输距离近	少量仪表、工业控制等
RS-485	总线方式、成本低、抗干扰性强	工业仪表、抄表等
M-Bus	针对秒表设计、适用普通双绞线、抗干扰性强	工业能源消耗数据采集
PLC	针对电力载波、覆盖范围广、安装简便	电网传输、电表

无线通信技术是指利用电磁波在空间中直接传播而进行信息交换的技术，通信的两端之间无须有形的媒介连接。物联网无线通信技术主要有LoRa、ZigBee、Bluetooth、NB-IoT、Z-Wave、eMTC、Wi-Fi等。

2）短距离通信技术和长距离通信技术

根据通信距离的长短，物联网通信技术分为短距离通信技术和长距离通信技术。

有很多场合，人和物只需要跟附近的通信终端通信，如在家里、办公室、工厂等。但是也存在长距离的应用场景，如两个不同的城市、高速公路上的车辆，甚至是海洋上的渔船。通常通信距离在100m以内的通信被称为短距离通信，而超过1000m的则被称为长距离通信。

把数据传输到更远的距离以及传输更多的数据，常常意味着更高的能耗和更高的成本。因而短距离通信技术和长距离通信技术在实现、功耗、成本等各个方面均不相同，是将物连接进网络时候需要考虑的重要因素之一。

0.2.2 物联网通信网络

物联网通信技术是信息从一个节点传送到另一个节点所采用的方法和措施，而物联网的核心是实现物物、物人之间的信息交互，需要通过通信网络作为桥梁。物联网通信网络即为利用物联网通信技术、通信设备、通信标准和协议等组成的数据通信网络，是物联网数据传输的纽带，在该网络中，物联网各通信终端能够接入网络并依赖该网络进行相互通信，最终实现智能化应用场景。

物联网通信网络构建的过程称为物联网组网，即通过物联网通信技术，依靠组网技术构建通信网络，实现物联网各终端数据传输的过程。

1 物联网通信网络分类

互联网以有线通信为主要数据传输载体，而物联网的信息传输则更多依赖于通信技术。根据所使用的通信技术不同，物联网通信网络可以分为4种。

（1）短距离有线通信网络主要依赖10多种现场总线标准（如Modbus、DeviceNet等），以及PLC（可编程序控制器）、电力线载波等技术组成的物联网有线数据传输网络。

（2）长距离有线通信网络支持IP协议的网络，包括三网融合（计算机网、有线广播电视网和电信网）以及国家电网的通信网。

（3）短距离无线通信网络包括10多种已存在的短距离无线通信标准网络，如ZigBee、蓝牙（Bluetooth）、RFID等，以及组合形成的Mesh无线网。

（4）长距离无线通信网络包括GPRS/CDMA、3G（WCDMA等）、4G（TD/LTE）和5G等蜂窝（采用伪随机码体系的长距离通信）网及长距离卫星通信网。

物联网有线通信网络与无线通信网络的区别如表0-2所示。

表0-2 物联网有线通信网络与无线通信网络的区别

项目	有线通信网络	无线通信网络
部署成本	设备成本较低	设备成本较高
维护成本	维护难度高、布线成本高	维护简单、组建容易
移动性	很低	强
扩展性	较低。如果预留端口不够用，增加用户可能需要重新布置	较高。同时支持的用户更多，如果用户数量过多也可以增加接入点
传输	更快且更稳定	相对较慢，并且可能存在干扰与衰减
安全性	较安全	容易被盗取，需要加密

相对于无线通信，有线通信有着抗干扰能力强、安全性高、传输速率高、传输延迟低等特点。传统的有线通信网络较为成熟，在众多场合已得到了应用验证。虽然有线通信提到得较少，但由于应用物联网的行业及用户需求千差万别，所以物联网有线通信网络和无线通信网络将长期共存。

2 物联网无线通信网络

对于物联网系统而言，无线通信网络是其主要组网模式。根据物联网无线通信网络作用的距离不同，可以分为无线个域网、无线局域网、无线城域网和无线广域网。

1）无线个域网

无线个域网（wireless personal area network，WPAN）是在小范围内相互连接数个设备所形成的无线网络，通常是在个人可及的范围内，是一个以个人工作区为中心，通过Bluetooth技术、ZigBee技术等无线通信技术来连接各终端设备的网络。

目前已成型的无线个域网络协议主要有两个：一个是无线个人网络（WPAN，IEEE 802.15.1），代表性的通信技术是Bluetooth技术；另一个是低速无线个人网络（LR-WPAN，IEEE 802.15.4），代表性的通信技术是ZigBee技术。

2）无线局域网

无线局域网（wireless local area network，WLAN），又称内网，指覆盖局部区域

（如办公室或楼层）的计算机网络，广泛应用在商务区、学校、机场等公共区域。它不使用任何导线或传输电缆连接，而使用无线电波作为数据传送媒介，即利用无线电而非电缆在同一个网络上传送数据，传送距离一般只有几米到几十米。无线局域网的主干网络通常使用有线电缆，无线局域网用户通过一个或多个无线设备接入无线局域网。

无线局域网最通用的标准是电气与电子工程师协会（The Institute of Electrical and Electronics Engineers，IEEE）所定义的802.11系列标准，是现今无线局域网通用的标准。Wi-Fi技术为其代表性的通信技术。

3）无线城域网

无线城域网（wireless metropolitan area network，WMAN）是指连接数个无线局域网的无线网络形式，是介于LAN（局域网）和WAN（广域网）之间能传输语音与数据的公用网络。WMAN主要用于解决城域网的接入问题，覆盖范围为几千米到几十千米，除提供固定的无线接入外，还提供具有移动性的接入能力。

WMAN最具代表性的通信技术为全球微波接入互操作性（worldwide interoperability for microwave access，WiMAX），是一种基于IEEE 802.16协议标准，面向城域网的宽带无线接入技术。网络运营商简单部署一个信号塔，就能确保数千米覆盖区域内的用户享用互联网服务。

4）无线广域网

无线广域网（wireless wide area network，WWAN），也称为远程网，是指覆盖全国或全球范围的无线网络。它基于IEEE 802.20协议标准进行数据通信，采用无线网络把物理距离极为分散的WLAN和WMAN连接起来形成远程网络。

WWAN的结构分为末端系统（两端的用户集合）和通信系统（中间链路）两部分，可以利用公用分组交换网、卫星通信网和无线分组交换网。WWAN连接地理范围较大，常常是一个国家或是一个洲。代表性的通信技术是移动通信技术，包括3G、4G、5G等。卫星通信网络系统、手机移动网络通信系统都是典型的无线广域网。

3 物联网无线通信组网技术

1）M2M组网技术

M2M（machine to machine）组网技术是一种理念，也是所有增强机器设备通信和网络能力的技术的总称，目标就是使所有机器设备都具备联网和通信能力，其核心理念就是网络掌握一切。M2M硬件包括嵌入式硬件、使机器具有联网和协议转换之类能力的可组装硬件、使机器能够将数据通过公用电话网络或以太网送出的调制解调器（modem）、使机器具备感知能力的传感器、使机器可以被唯一识别的标识（如RFID标签）等。

M2M组网技术具有非常重要的意义，作为实现机器与机器之间的无线通信手段有着广阔的市场和应用。例如，在电力设备中安装可监测配电网运行参数的模块，实现配电系统的实时监测、控制和管理维护；在石油设备中安装可以采集油井工作情况信息的模块，远程对油井设备进行调节和控制，及时准确了解油井设备工作情况；在汽车上配装采集车载信息终端、远程监控系统等，实现车辆运行状态监控等。

图0-2 数字蜂窝网络示意图

2）数字蜂窝组网技术

蜂窝网络（cellular network），又称移动网络，是一种移动通信的硬件架构，分为模拟蜂窝网络和数字蜂窝网络。数字蜂窝网络是依托数字蜂窝组网技术而构建的远程通信网络，由于构成网络覆盖的各通信基地台的信号覆盖呈六边形，从而使整个网络像一个蜂窝而得名，示意图如图0-2所示。该网络把移动电话的服务区分为一个一个正六边形的子小区，每个小区设置一个基站。

3）6LoWPAN组网技术

LoWPAN（low power wireless personal area network，低功耗无线个人区域网）旨在让低配置、有限规格的设备能够通过个人区域网络以无线方式交换数据。6LoWPAN（IPv6 over LoWPAN，低功率无线个人区域网上的IPv6），主要实现将低功率无线个人区域网连接到IPv6网络中，基于IEEE 802.15.4标准传输IPv6数据包的网络体系，可用于构建无线传感器网络。

6LoWPAN技术具有低功耗、自组织网络的特点，具有普及性、适用性、更多地址空间、支持无状态自动地址配置、易接入、易开发等技术优势，是物联网感知层、无线传感器网络的重要技术。随着IPv4地址的耗尽，IPv6是大势所趋，物联网技术的发展将进一步推动6LoWPAN的部署与应用。

4）Ad Hoc组网技术

Ad Hoc（wireless Ad Hoc network，无线自组织网络），又称无线临时网络，是一种为了某个特定目的所构建的分散式通信的无线网络系统。Ad Hoc源自拉丁语，意思是“特设的、特定目的的、临时的”，是因为这种网络系统是临时形成，由节点与节点间的动态连结所形成的，如图0-3所示。Ad Hoc网络具有网络独立、网络拓扑结构动态变化、无线通信带宽、主机能源有限、网络分布式结构、生存周期短、物理安全弱等特点。

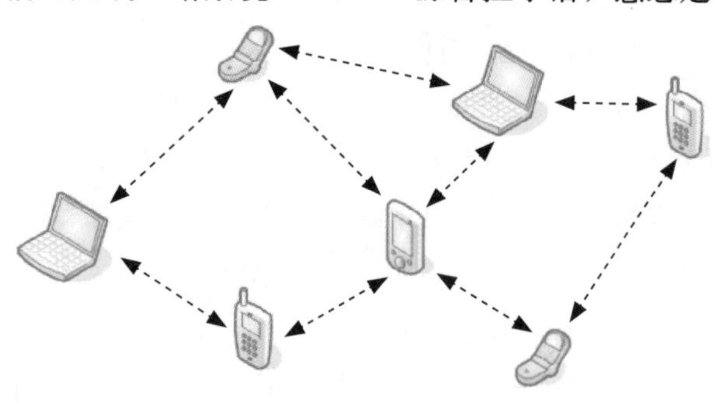

图0-3 Ad Hoc组网技术

Ad Hoc无线局域网一般也工作在有接入点（access point，AP）和有线骨干网的模式下，适应于依托中心传输的移动网络不能胜任的特殊场合。例如，战场上部队快速集结和推进，地震或水灾等自然灾害后的营救等，这些场合的通信不能依赖于任何预设的网络设施，而需要一种能够临时快速自动组网的Ad Hoc网络。其应用领域主要涉及军事应用、应急处理、个人通信与移动通信系统相结合等场合。

思考与练习

1. 物联网的体系架构分为哪三层?
2. 物联网的三个主要特点是什么?
3. 简述物联网通信技术的分类。
4. 简述物联网有线通信网络与无线通信网络的区别。
5. 在物联网无线通信中，有哪些组网技术?

读书笔记

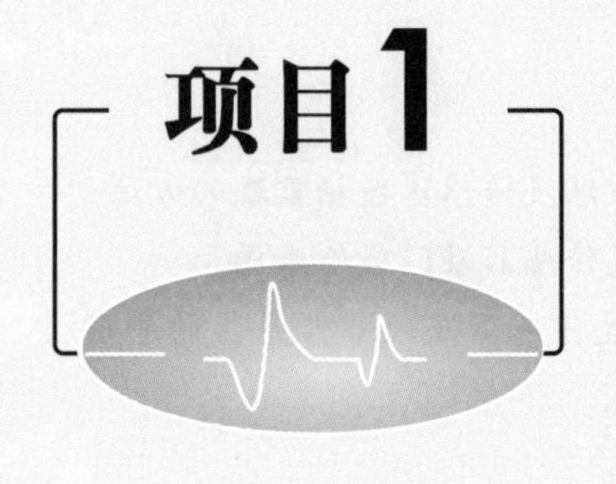

项目1 物联网传感器认知与应用

物联网感知层是物联网发展和应用的基础。感知层中的传感器解决的就是人类世界和物理世界的数据获取问题，包括获取各类物理量、标识、音频、视频数据等。传感器是物联网的皮肤和五官，其功能就是识别物体，采集信息。在感知层中，通过传感器让物品“开口说话，发布信息”是融合物理世界和信息世界的重要一环，因此认识传感器并能使用传感器在物联网系统开发中非常重要。

【教学目标】

1. 知识目标

（1）了解传感器的分类、基本原理及传感器数据采集的方法。

（2）了解光照度传感器、温湿度传感器及门磁传感器。

（3）熟悉光照度传感器、温湿度传感器及门磁传感器的应用场景。

（4）熟悉传感器技术与应用。

2. 技能目标

（1）掌握光照度传感器的使用方法，能利用光照度传感器采集光照强度数据。

（2）掌握温湿度传感器的使用方法，能利用温湿度传感器采集温湿度数据。

【任务编排】

通过相关知识学习，完成以下2个任务，掌握利用传感器采集数据的技能。

任务1.1 物联网传感器认知。

任务1.2 利用传感器进行数据采集。

【实施环境】

实训台和计算机；串口调试助手软件。

任务 1.1 物联网传感器认知

任务描述:

学习传感器基础知识，认识光照度传感器、温湿度传感器、门磁传感器，掌握这3款典型传感器的特征参数。

1.1.1　知识准备：传感器基础知识

1　传感器概述

传感器（sensor）是一种物理装置或生物器官，能够探测、感受外界的信号、物理条件（如光、热、湿度）或化学组成（如烟雾），并将探知的信息传递给其他装置或器官。

国家标准《传感器通用术语》（GB/T 7665—2005）对传感器下的定义是："能感受被测量并按照一定的规律转换成可用输出信号的器件或装置，通常由敏感元件和转换元件组成。"传感器是一种检测装置，能感受到被测量的信息，并能将检测感受到的信息按一定规律变换成电信号或其他所需形式的信息输出，以满足信息的传输、处理、存储、显示、记录和控制等要求。它是实现自动检测和自动控制的首要环节。

传感器是物联网信息采集的基础。传感器处于产业链上游，随着物联网的发展，传感器行业也将得到提升，它将是整个物联网产业中需求量最大的部分。

2　常见传感器分类

通常同一被测物理量可以用不同类型的传感器来测量，而同一原理的传感器又可测量多种物理量，因此传感器有许多种分类方法。

1）按传感器的用途分类

传感器按照其用途可分为力敏传感器、热敏传感器、位置传感器、液面传感器、能耗传感器、速度传感器、加速度传感器、射线辐射传感器和雷达传感器等。

2）按传感器的原理分类

传感器按照其原理可分为振动传感器、湿敏传感器、磁敏传感器、气敏传感器、真空度传感器和生物传感器等。

3）按传感器的输出信号标准分类

传感器按照其输出信号的标准可分为以下4种。

（1）模拟传感器：将被测量的非电学量转换成模拟电信号。

（2）数字传感器：将被测量的非电学量转换成数字输出信号（包括直接和间接转换）。

（3）膺数字传感器：将被测量的信号量转换成频率信号或短周期信号的输出（包括直接或间接转换）。

（4）开关传感器：当一个被测量的信号达到某个特定值时，传感器相应地输出设定的低电平或高电平信号。

4）按传感器的制造工艺分类

传感器按照其制造工艺可分为集成传感器、薄膜传感器、厚膜传感器和陶瓷传感器。

（1）集成传感器是用标准的生产硅基半导体集成电路的工艺技术制造的。通常还将用于初步处理被测信号的部分电路也集成在同一芯片上。

（2）薄膜传感器是通过沉积在介质衬底（基板）上的相应敏感材料的薄膜形成的。使用混合工艺时，同样可将部分电路制造在此基板上。

（3）厚膜传感器是利用相应材料的浆料涂覆在陶瓷基片上制成的，然后进行热处理，使厚膜成形。

（4）陶瓷传感器是采用标准的陶瓷工艺或其他变种工艺（溶胶、凝胶等）生产的。完成适当的预备性操作之后，已成形的元件在高温中进行烧结。

每种工艺技术都有自己的优点和不足。由于研究、开发和生产所需的资本投入较低，以及传感器参数的高稳定性等原因，采用陶瓷传感器和厚膜传感器比较合理。

5）按传感器的测量目的分类

根据测量目的不同，传感器可分为物理型传感器、化学型传感器和生物型传感器。

（1）物理型传感器是利用被测量物质的某些物理性质发生明显变化的特性制成的。

（2）化学型传感器是利用能把化学物质的成分、浓度等化学量转化成电学量的敏感元件制成的。

（3）生物型传感器是利用各种生物或生物物质的特性做成的，用以检测与识别生物体内化学成分的传感器。

3 传感器常见接口

传感器需要将采集到的数据上报到单片机，从而将数据应用到物联网系统中。由于传感器种类众多，数据传输量差异非常大，并且由于使用场合不同，传感器与单片机距离不同，从几毫米到上千米不等，所以传感器的通信接口非常多，常见的有以下几种。

1）I2C总线

I2C（inter-integrated circuit）是一种二线制串行总线接口，工作在主/从模式。二线通信信号分别为开漏SCL和SDA串行时钟和串行数据。主器件为时钟源。数据传输是双向的，其方向取决于读/写位的状态。每个从器件拥有一个唯一的7或10位地址。图1-1所示是I2C的硬件连接。

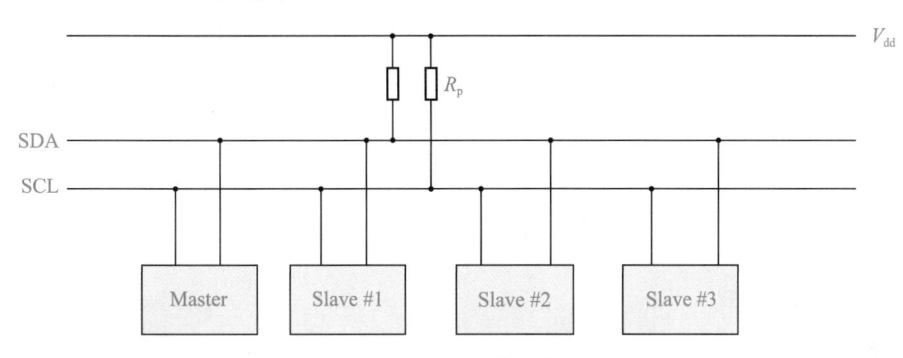

图1-1　I2C的硬件连接

2）SPI总线

SPI（serial peripheral interface，串行外设接口）总线是同步、全双工双向的4线式串行接口总线。它是由“单个主设备+多个从设备”构成的系统。图1-2显示了SPI总线的主从连接。

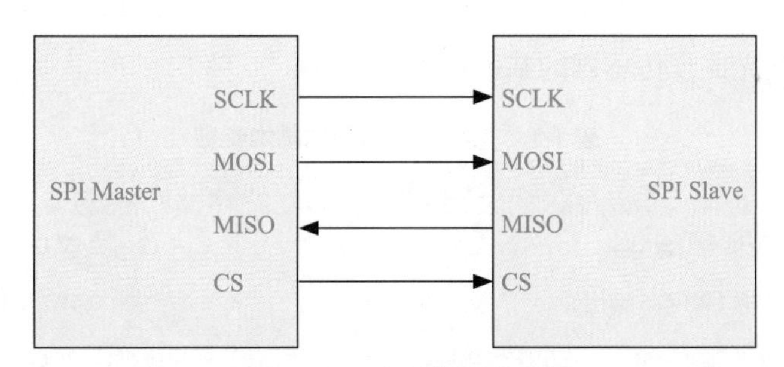

图1-2　SPI总线的主从连接

3）单总线

顾名思义，单总线只有单根信号线，该线既传输数据也传输时钟，并且数据传输也是双向的。具有代表性的采用单总线的设备有温度传感器DS18B20和温湿度传感器DHT11。与其他总线方式相比，采用这种形式可以节省I/O口，并且简单，成本低。

4）UART

UART（universal asynchronous receiver/transmitter，通用异步收发器）是一种通用串行数据总线，用于异步通信。该总线双向通信，可以实现全双工传输和接收。

串口通信按位（bit）发送和接收数据。尽管比按字节（Byte）的并行通信慢，但是串口可以在使用一根线发送数据的同时用另一根线接收数据。它很简单并且能够实现远距离通信。典型的串口用于ASCII字符的传输。串口通信最重要的参数是波特率、数据位、停止位和奇偶校验。对于进行通信的两个端口，这些参数必须匹配。

MCU一般提供一个或多个TTL电平串口接口，通信使用3根线完成，分别是GND、TXD、RXD，所以很多传感器会使用这种接口。

5）RS-485串口通信

有的传感器离单片机距离较远，通常会采用传输距离更远的RS-485接口。RS-485接口采用平衡驱动器和差分接收器的组合，抗共模干扰能力增强，即抗噪声干扰性好。RS-485采用半双工工作方式，支持多点数据通信。RS-485 的数据最高传输速率为10Mb/s，最远的通信距离约为1219m。由于传输速率与传输距离成反比，在10Kb/s的传输速率下，才可以达到最大的通信距离。

1.1.2　任务实施

1　光照度传感器认知

光照度传感器通常需要感光探头具有灵敏度高、信号稳定、精度高、测量范围宽、线性度好、防水性能好、使用方便、传输距离远等特点。图1-3是光照度传感器实物图。

图1-3　光照度传感器实物图

1）基本参数

表1-1为一款光照度传感器的基本参数。

表1-1　光照度传感器的基本参数

参数名称	参数内容
直流供电（默认）	12 ～ 24V DC
最大功耗（RS-485 输出）	< 0.4W
光照强度精度	± 5%（25℃）
光照强度	0 ～ 65535Lux/0 ～ 200000Lux
长期稳定性（光照强度）	≤ 5%/y
输出信号	RS-485 输出（Modbus 协议）

2）接口说明

表1-2为该款光照度传感器的RS-485接口线序。

表1-2　光照度传感器的RS-485接口线序

接口名称	颜色	说明
电源	棕色	电源正（12 ～ 24V DC）
	黑色	电源负

续表

接口名称	颜色	说明
信号	黄（灰）色	485-A
	蓝色	485-B

2 温湿度传感器认知

温湿度传感器通常需要探头具有灵敏度高、信号稳定、精度高、测量范围宽、线性度好、防水性能好、使用方便、传输距离远等特点。图1-4为温湿度传感器实物图。

温湿度传感器的基本参数如表1-3所示。

图1-4　温湿度传感器实物图

表1-3　温湿度传感器的基本参数

参数名称	内容
设备地址	1
通信协议	Modbus RTU
编码	8位二进制
数据位	8
奇偶校验位	无
停止位	1
错误校验	CRC循环冗余码
波特率	出厂默认为9600b/s，可设置为2400b/s、4800b/s、9600b/s

温湿度传感器接口说明如表1-4所示。

表1-4　温湿度传感器接口说明

接口名称	颜色	说明
电源	棕色	电源正（12～24V DC）
	黑色	电源负
信号	黄（灰）色	485-A
	蓝色	485-B

3 门磁传感器认知

门磁传感器是一种安全报警装置，由无线发射器和永磁体两部分组成，用来探测门、窗、抽屉等是否被非法打开或移动。

门磁传感器由两部分组成：较小的部件为永磁体，内部有一块永久磁铁，用来产生恒定的磁场；较大的是门磁主体，它内部有一个常开型的干簧管，当永磁体和干簧管靠得很近时（小于5mm），门磁传感器处于工作守候状态，当永磁体离开干簧管一定距离后，处于常开状态。永磁体和干簧管分别安装在门框（窗框）和门扇（窗扇）里，基本上都是嵌入式安装（也有表面式安装的）。

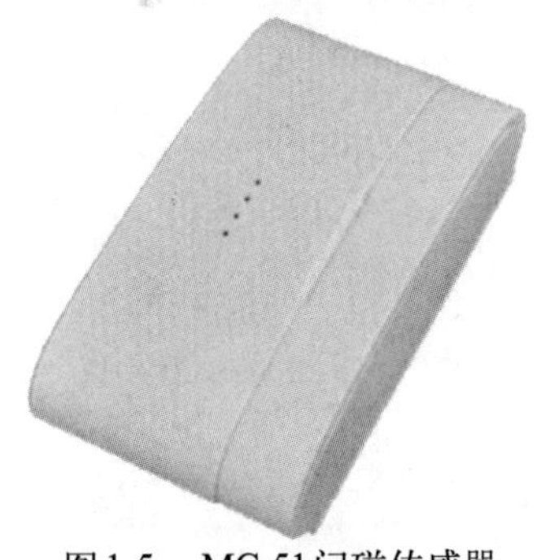

图1-5 MC-51门磁传感器实物图

图1-5为门磁传感器实物图，其型号为MC-51。

不同的门磁传感器尺寸、感应距离、电气参数等参数差异很大，MC-51门磁传感器的基本参数如表1-5所示。

表1-5 MC-51门磁传感器的基本参数

参数名称	内容
产品尺寸	30mm × 13.5mm × 7mm
感应距离	20 ～ 30mm
空距离	20mm
电气特性	最大功率10W，最高电压100V，最大电流0.5A
开关形式	常闭型
适用范围	金属门/橱窗/橱柜
电流/电压/功率	0.1A/100V DC/3W

任务 1.2 利用传感器进行数据采集

任务描述:

认识实训台，会使用实训台上配备的光照度传感器和温湿度传感器进行数据采集。

任务平台配置:

实训台、计算机、USB转串口线；串口调试助手。

1.2.1 知识准备：认识实训台

1）实训台设备编号及地址

实训台上分布控制器、传感器、执行器、插线板和网关等，图1-6是实训台设备编号及地址。

	RC1	RB1	RA1	LST1	
	开关侧01	开关侧01	开关侧01	X1对应11	L插线板
地址	01-07	01-07	01-07	11-19	LSE　LST1　LST2
板号	7号	5号	3号	1号	
地址				01-08	
				K1对应01	
LSE	传感器及执行器			LST2	
	RC2	RB2	RA2	X1对应11	RC1　RB1　RA1　RC2　RB2　RA2
地址				11-19	
板号	8号	6号	4号	2号	
地址	01-07	01-07	01-07	01-08	
	开关侧01	开关侧01	开关侧01	K1对应01	R插线板

图1-6　实训台设备编号及地址

2）认识插线板

插线板编号与控制器和传感器是一一对应的。图1-7是插线板编号。

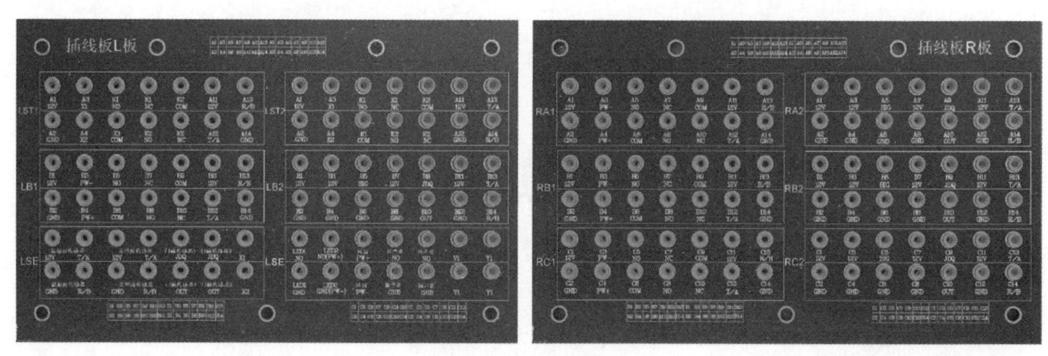

图1-7 插线板编号

1.2.2 任务实施

1）利用光照度传感器进行光照强度数据采集

（1）硬件连接：将USB转串口线的VCC、GND、A、B与图1-8中方框标注的12V、GND、T/A、R/B进行一一对应连接。

A1 12V	A3 X1	K1 NO	K1 NC	K2 COM	A11 12V	A13 R/B	A15 12V	A17 X1	K1 NO	K1 NC	K2 COM	A25 12V	A27 R/B
A2 GND	A4 X2	K1 COM	K2 NO	K2 NC	A12 T/A	A14 GND	A16 GND	A18 X2	K1 COM	K2 NO	K2 NC	A26 T/A	A28 GND
							GND		12V				
B1 12V	B3 PW−	B5 NO	B7 NC	B9 COM	B11 12V	B13 R/B	B15 12V	B17 12V	B19 SIG	B21 12V	B23 JDQ	B25 12V	B27 T/A
B2 GND	B4 PW+	B6 COM	B8 NO	B10 NC	B12 T/A	B14 GND	B16 GND	B18 GND	B20 GND	B22 GND	B24 OUT	B26 GND	B28 R/B
温湿度 传感器 12V	温湿度 传感器 T/A	光照度 传感器 12V	光照度 传感器 T/A	门磁传 感器1 JDQ	门磁传 感器2 JDQ	X1	LED1 NO	LED2 NO (PW+)	风扇 PW+	报警器 NO	扬声器 NO	V1	Y1
		12V	T/A										
温湿度 传感器 GND	温湿度 传感器 R/B	光照度 传感器 GND	光照度 传感器 R/B	门磁传 感器1 OUT	门磁传 感器2 OUT	X2	LED GND	LED2 GND (PW−)	风扇 PW−	报警器 GND	扬声器 GND	V2	Y2
		GND	R/B										

图1-8 光照度传感器使用的接线

（2）在计算机桌面进行如下操作：右击“我的电脑”，在弹出的快捷菜单中选择“属性”选项，打开“属性”对话框，选择“设备管理器”→“端口”查看COM端口，如图1-9所示。此时串口号为COM9，请记住这个串口，需要在传感器监控软件中填入这个串口号。

如果在设备管理器中没有发现COM口，则意味着没有插入USB转485或者没有正确安装驱动，请插入USB转485或者正确安装驱动后重试。

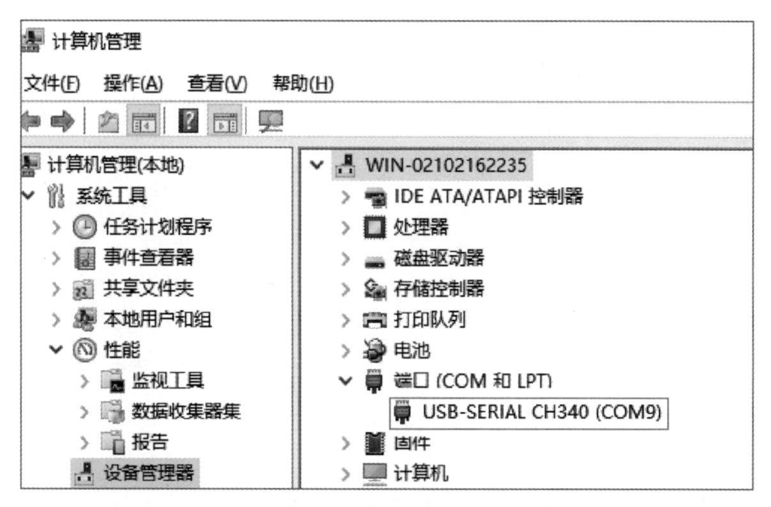

图1-9　查看串口号

(3) 打开串口调试助手，界面如图1-10所示。

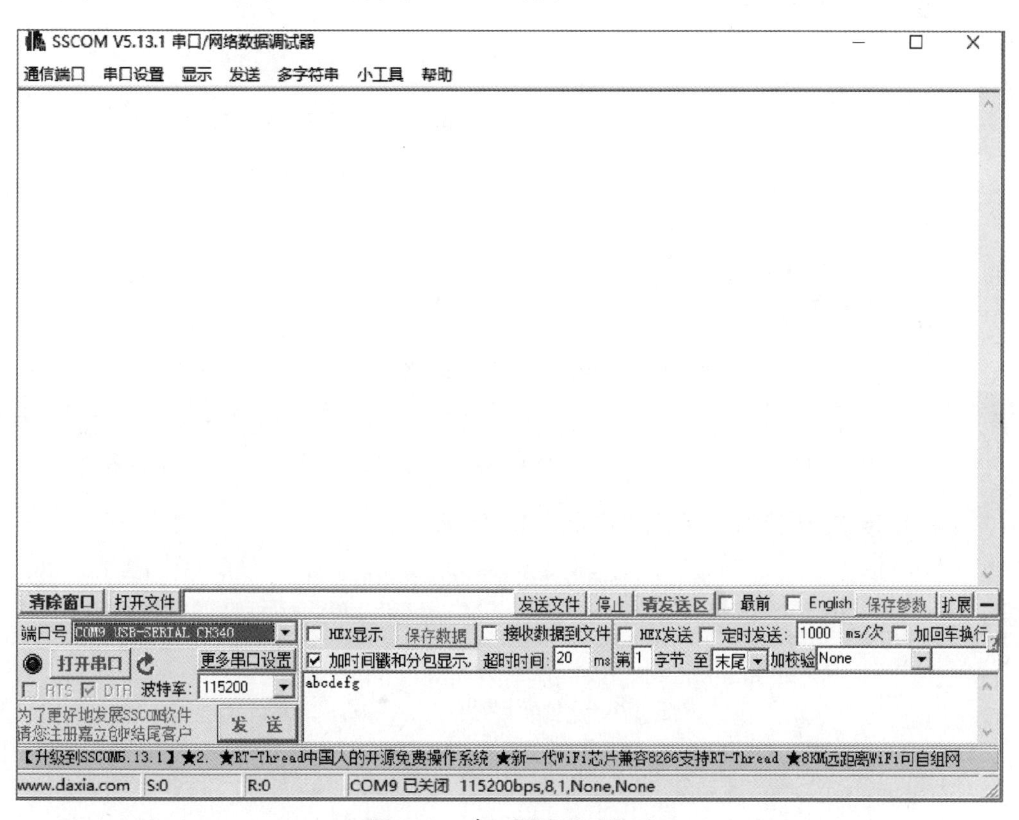

图1-10　串口调试助手界面

(4) 填写端口号，单击“打开串口”按钮，如图1-11所示。

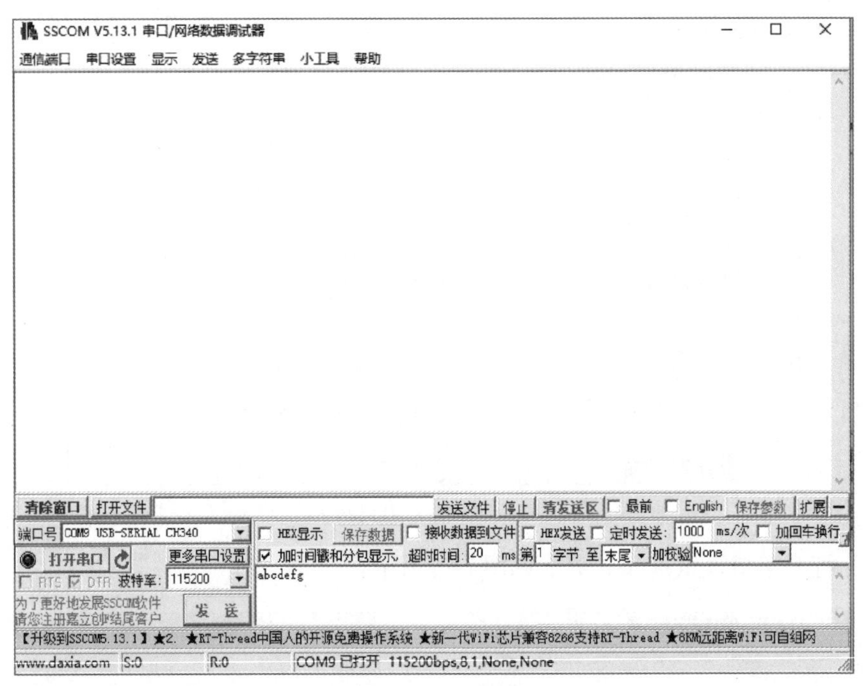

图1-11 打开串口

（5）查询光照度传感器说明书，并找到读取光照度强度的通信协议格式，举例如下。

问询帧：01 03 00 07 00 02 75 CA。

应答帧：01 03 04 00 00 FF FF FB 83。

光照度传感器问询帧各字节含义如表1-6所示。

表1-6 光照度传感器问询帧各字节含义

地址码	功能码	起始地址	数据长度	校验码低位	校验码高位
0x01	0x03	0x00,0x07	0x00,0x02	0x75	0XCA

光照度传感器应答帧各字节含义如表1-7所示。

表1-7 光照度传感器应答帧各字节含义

地址码	功能码	有效字数	光照强度值	校验码低位	校验码高位
0x01	0x03	0x04	0x00 0x02 0x06 0xF6	0XD8	0x15

例子中光照强度值为0x00,0x02,0x06,0xF6，即光照强度值为0x0206F6，转换为十进制为132854，单位为Lux。

（6）在串口调试助手发送区输入01 03 00 07 00 02 75 CA，单击“发送”按钮，则在串口调试助手接收区会出现两行数据：第一行为刚才的发送的数据，第二行为光照度传感器应答数据，每次单击“发送”按钮都会重复这个过程。图1-12为光照度数据读取与应答界面，接收区有4行数据，表示单击过2次“发送”按钮，第一、第三行数据为问询帧数据，第二、第四行数据为应答帧数据。使用上面讲到的方法，可以算出每次访问光照度传感器时，光照度传感器采集到的光照强度数据。

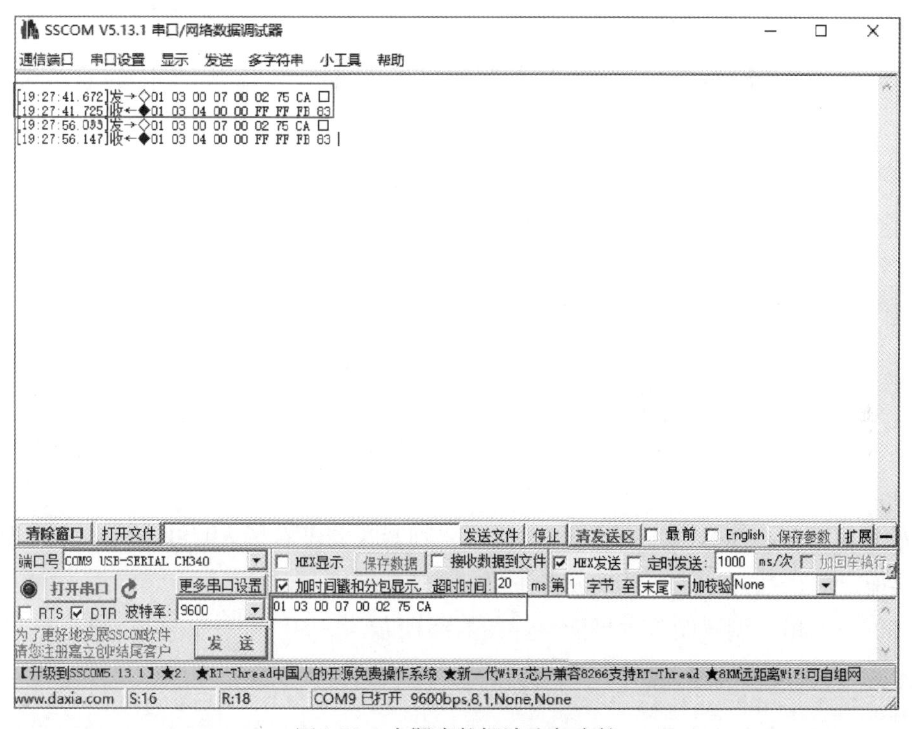

图1-12　光照度数据读取与应答

2）温湿度传感器调试

（1）硬件连接：将USB转串口线的VCC、GND、A、B与图1-13中方框标记的12V、GND、T/A、R/B进行一一对应连接。

A1 12V	A3 X1	K1 NO	K1 NC	K2 COM	A11 12V	A13 R/B	A15 12V	A17 X1	K1 NO	K1 NC	K2 COM	A25 12V	A27 R/B
A2 GND	A4 X2	K1 COM	K2 NO	K2 NC	A12 T/A	A14 GND	A16 GND	A18 X2	K1 COM	K2 NO	K2 NC	A26 T/A	A28 GND
B1 12V	B3 PW−	B5 NO	B7 NC	B9 COM	B11 12V	B13 R/B	B15 12V	B17 12V	B19 SIG	B21 12V	B23 JDQ	B25 12V	B27 T/A
B2 GND	B4 PW+	B6 COM	B8 NO	B10 NC	B12 T/A	B14 GND	B16 GND	B18 GND	B20 GND	B22 GND	B24 OUT	B26 GND	B28 R/B
温湿度传感器 12V	温湿度传感器 T/A	光照度传感器 12V	光照度传感器 T/A	门磁传感器1 JDQ	门磁传感器2 JDQ	X1	LED1 NO	LED2 NO (PW+)	风扇 PW+	报警器 NO	扬声器 NO	V1	Y1
12V	T/A												
温湿度传感器 GND	温湿度传感器 R/B	光照度传感器 GND	光照度传感器 R/B	门磁传感器1 OUT	门磁传感器2 OUT	X2	LED GND	LED2 GND (PW−)	风扇 PW−	报警器 GND	扬声器 GND	V2	Y2
GND	R/B												

图1-13　温湿度传感器使用的接线

（2）在计算机桌面进行如下操作：右击“我的电脑”，在弹出的快捷菜单中选择“属性”选项，打开“属性”对话框，选择“设备管理器”→“端口”查看COM端口，如图1-14所示。此时串口号为COM9。请记住这个串口，在串口调试助手软件中需要填入这个串口号。

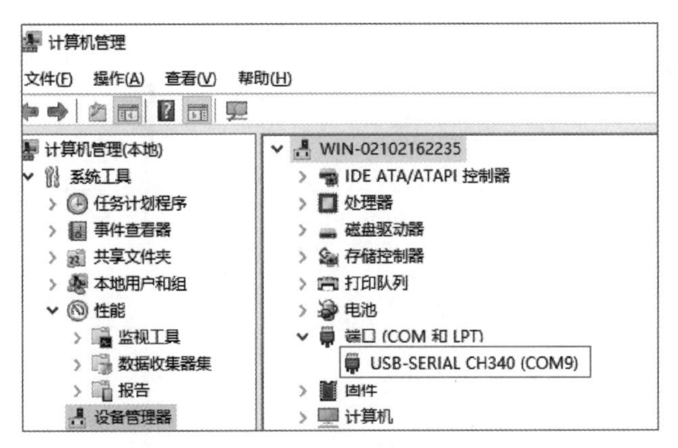

图1-14 查看串口号

如果在设备管理器中没有发现COM口，则意味着没有插入USB转485或者没有正确安装驱动，请插入USB转485或者正确安装驱动后重试。

（3）打开串口调试助手主界面，如图1-15所示。

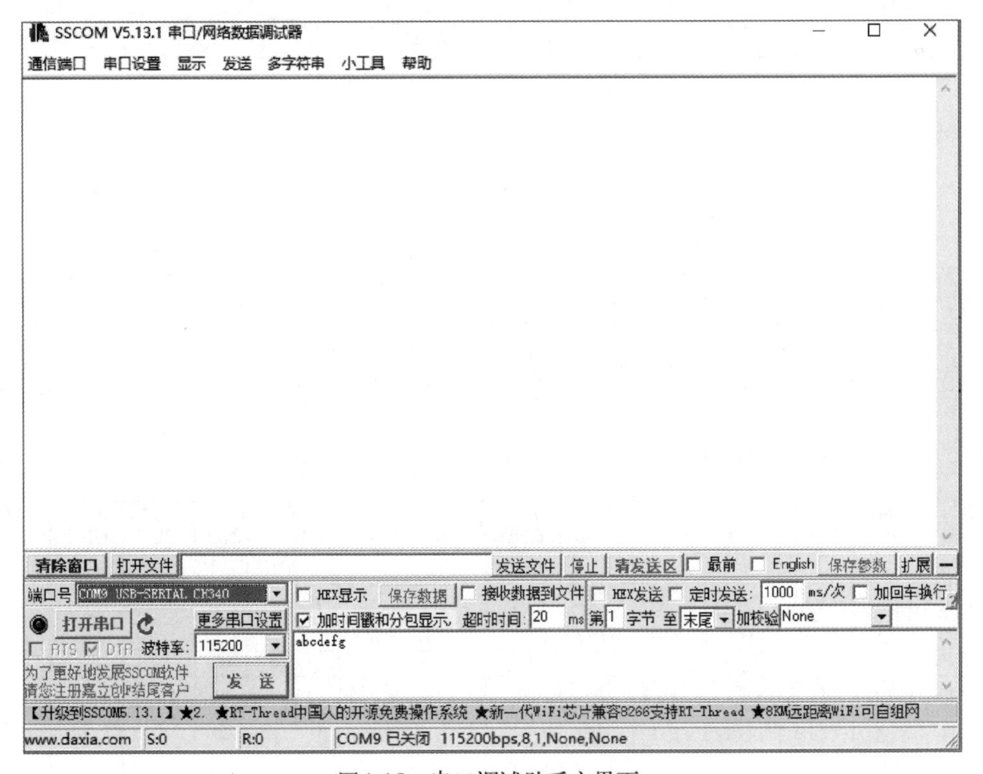

图1-15 串口调试助手主界面

（4）填写端口号，单击“打开串口”按钮，如图1-16所示。

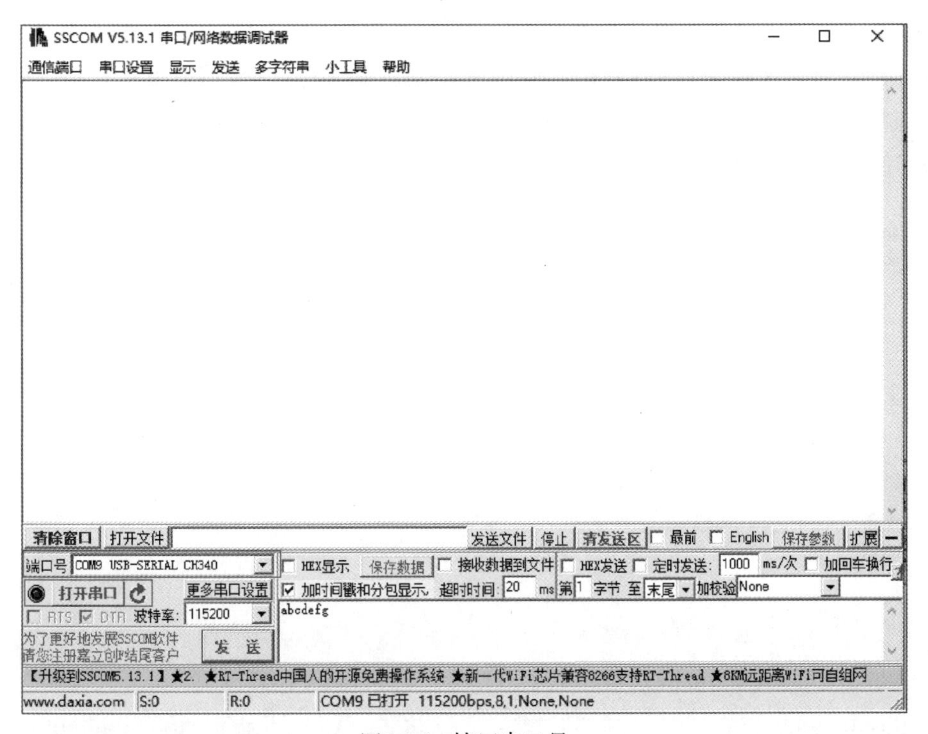

图1-16　填写串口号

（5）查询温湿度传感器说明书找到通信协议格式，举例如下。

问询帧：01 03 00 00 00 02 C4 0B。

应答帧：01 03 04 02 A7 00 E2 CA 21。

温湿度传感器问询帧各字节含义参见表1-8。

表1-8　温湿度传感器问询帧各字节含义（十六进制）

地址码	功能码	起始地址	数据长度	校验码低位	校验码高位
0x01	0x03	0x00,0x00	0x00,0x02	0xC4	0x0B

温湿度传感器应答帧各字节含义如表1-9所示。

表1-9　温湿度传感器应答帧各字节含义（十六进制）

地址码	功能码	有效字节数	湿度值	温度值	校验码低位	校验码高位
0x01	0x03	0x04	0x02 0x92	0xFF 0x9B	0x5A	0x3D

例子中应答帧湿度值为0x02和0x92，温度值为0xFF和0x9B，转换为十进制分别为658和155，温湿度传感器数据手册另有说明，传感器AD转换后将数据扩大10倍后存储与传输，所以湿度与温度分别为65.8%rh和15.5℃。

在串口调试助手发送区输入01 03 00 00 00 02 C4 0B，单击“发送”按钮，则串口调试助手接收区会出现两行数据：第一行为刚才发送的数据，第二行为温湿度传感器应答数据，每次单击“发送”按钮都会重复这个过程。图1-17为温湿度传感器数据读取与应答界面，接收区有4行数据，表示单击过2次“发送”按钮，第一、第三行数据为问询帧数据，第二、第四行数据为应答帧数据。使用上面讲到的方法，可以算出每次访问传感器采集到的温湿度数据。

图1-17 温湿度传感器数据读取与应答界面

思考与练习

1. 按传感器的输出信号标准分类，可分为哪几种类型传感器？
2. 传感器的常见通信接口都有哪些？
3. 光照度传感器通常需要感光探头具有哪些特点？
4. 简述温湿度传感器的RS-485接口线序。
5. 简述门磁传感器的工作过程。
6. 简述利用光照度传感器进行光照强度数据采集的步骤。

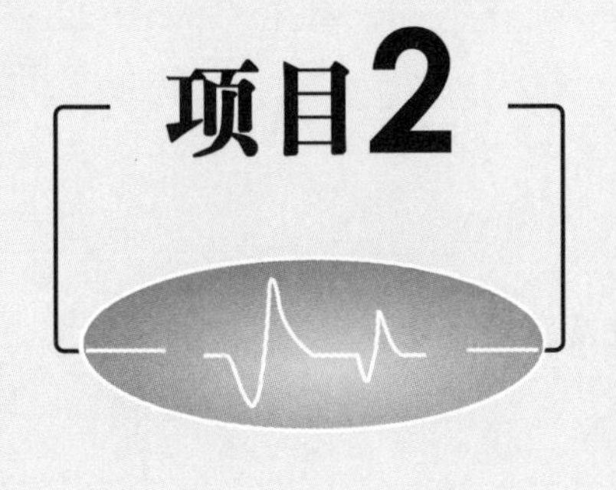

项目2 物联网执行器认知与应用

通过项目1我们学习了传感器的基本知识，以及如何在实训台上利用传感器感知周边环境变化。物联网设备的使命就是把通过传感器采集到的信息跟云端的系统挂钩并处理这些信息，基于处理结果把用户和环境引向最佳的状态。在这一连串的反馈中，负责“把用户和环境引向最佳的状态”的正是“输出设备”，即“执行器”，因此认识执行器并能使用执行器在物联网系统开发中非常重要。

【教学目标】

1. 知识目标

（1）了解执行器的基本概念。

（2）了解常见执行器的分类。

（3）掌握典型执行器的工作原理及驱动方法。

2. 技能目标

（1）掌握实训台4种执行器的驱动电路及接线。

（2）掌握实训台4种执行器的控制方法。

【任务编排】

通过相关知识学习，完成以下2个任务，掌握利用在物联网系统中控制执行器的技能。

任务2.1　物联网执行器认知。

任务2.2　在物联网系统中控制执行器。

【实施环境】

实训台和计算机；串口调试助手软件。

任务 2.1 物联网执行器认知

任务描述：

学习执行器基础知识，掌握典型执行器，并练习在物联网系统中控制执行器。

任务平台配置：

实训台；网关App。

2.1.1　知识准备：执行器基础知识

1　执行器概述

执行器是自动控制领域常用的机电一体化设备，是自动控制系统的重要组成部分。其功能是接收并解读控制系统发出的信号，并将其转换成特定的运动，实际上是通过各种简单的动作来改变周边物理环境，包括但不限于打开和关闭阀门、改变其他设备的位置或角度、激活或发出声音或光等。

在物联网设备开发中，一个非常重要的设计要素就是如何高效利用执行器。以智慧大棚为例，我们需要根据温湿度传感器和光照度传感器等，监测并调节农作物生长所需的温度、光照、供水等。

2　执行器的种类

执行器可以作用于它们的周边环境，控制嵌入执行器的机器或设备正确运行。根据工作原理及作用效果，可以将其分为4个主要类别。

① 线性执行器　用于使物体或元件沿直线运动。

② 旋转执行器　实现设备组件或整个对象的精确旋转运动。

③ 继电器执行器　包括基于电磁的执行器，通过控制较大功率的设备，用于操作灯、加热器及智能汽车中的电源开关。

④ 电磁阀执行器　作为锁定或触发机制的一部分，在家用电器中使用很广泛，它们还充当基于物联网煤气和水泄漏监测系统的控制器。

2.1.2 任务实施

1 蜂鸣器认知

蜂鸣器是一种一体化结构的电子讯响器，通常采用直流电压驱动。蜂鸣器的作用主要用于提示或报警，根据其设计和用途的不同，能发出各种不同的声音，比如音乐、汽笛、警报、电铃等，被广泛应用于计算机、打印机、报警器、电子玩具、汽车电子设备、电话机、定时器等电子产品中作发声器件。

（1）根据蜂鸣器的结构原理，可将其分为压电式蜂鸣器和电磁式蜂鸣器两种。以常见的电磁式蜂鸣器为例，电磁式蜂鸣器主要由振荡器、电磁线圈、磁铁、振动膜片及外壳等部件组成。接通电源后，振荡器产生的音频信号电流通过电磁线圈，使电磁线圈产生磁场，振动膜片在电磁线圈和磁铁的相互作用下，周期性地振动发声。

图2-1　有源蜂鸣器实物图

（2）根据蜂鸣器的驱动方式，可将其分为有源蜂鸣器和无源蜂鸣器（这里的“源”不是指电源，而是指振荡源）。有源蜂鸣器的驱动信号是直流电，因为有源蜂鸣器内部含有简单的振荡电路，能将恒定的直流电转化成一定频率的脉冲信号，从而实现磁场交变，带动振动片振动发音。图2-1为有源蜂鸣器实物图。

由于蜂鸣器的工作电流比较大，而单片机的I/O口驱动能力有限，无法直接驱动蜂鸣器工作，所以需要外加驱动电路，在实际应用中一般使用晶体管或继电器构建放大电路。

2 风扇认知

风扇是一种利用电动机驱动扇叶旋转，从而使空气加速流通的电子设备，通常用于通风、散热等场景，广泛用于家庭、教室、办公室、商店、医院和宾馆等场所。

根据风扇的工作电流，可将风扇分为直流风扇、交流风扇。以直流风扇为例，直流风扇主要由直流电动机与扇叶组成，在电动机的两电刷端加上直流电压，由于电刷和换向器的作用将电能引入电枢线圈中，并保证了同一个极下线圈边中的电流始终是一个方向，继而保证了该极下线圈边所受的电磁力方向不变，保证了电动机能带动扇叶连续地旋转。图2-2为直流风扇实物图。

直流风扇的驱动方式分为3种。

① 开/关控制　这是最简单的控制方法。控制器输出高低电平，用于开启、关闭风扇。这种方法虽然简单，但是开启后风扇以最高速度运转，功率消耗较大。

② 线性控制　这种方法通过调压器来调节风扇的直流电压。降低电压可以使风扇以较低的速度运转，增加电压则可以增大风扇的运转速度。这种方法简单、输出稳定，但是由于使用调压器增加了线路板的成本和空间，并且需要专用控制器来控制调压器。

图2-2　直流风扇实物图

③ 脉冲宽度调制　对于风扇转速控制最常用的方法是脉冲宽度调制（pulse width modulation，PWM），这是一种使用数字信号获取模拟脉冲的技术。在此方法中，PWM驱动信号施加到连接至风扇的驱动电路上，通过PWM信号的占空比（duty ratio）控制风扇转速，而施加在风扇上的电压始终为全或零。此方法的最大优势是设计简单、外部电路少且成本低。

3　LED灯认知

LED灯在家居和商场中应用都比较普遍，主要由发光二极管（light emitting diode，LED）、电路板、外壳组成。LED灯的主要发光器件是发光二极管，这是一种能够将电能转化为可见光的固态半导体器件。根据其组成材料，LED灯可以发出不同颜色的光，适用于不同的场景。

从物理学角度理解，LED由两部分组成：一端是P型半导体，在其中空穴占主导地位；另一端是N型半导体，在其中电子占主导地位。在两个半导体之间有一个过渡层，称为PN结。当电流作用于LED的时候，电子就会被推向P区，在P区里电子跟空穴复合，然后就会以光子的形式发出能量，光的强弱与电流有关。图2-3为实训台使用的LED灯。

（a）内部结构

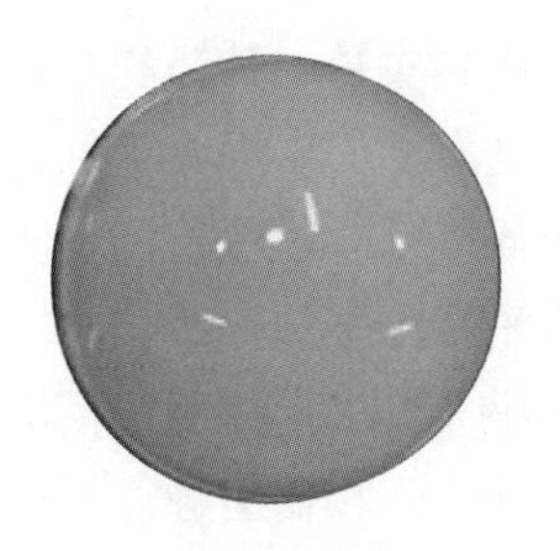

（b）灯罩

图2-3　LED灯

该LED灯的驱动方法与直流风扇类似，也可以通过3种方式控制：开关控制、线性控制、PWM控制，其中线性控制和PWM控制可以调节LED灯的亮暗程度。

4 扬声器认知

扬声器又称“喇叭”，是一种常用的电声换能器件。扬声器可以将电信号转变为声信号，常用于各种发声的电子设备，比如手机、电视、音箱等。

当扬声器的音圈通入音频电流后，在电流的作用下便产生交变的磁场，永久磁铁同时也产生一个大小和方向不变的恒定的磁场。由于音圈所产生磁场的大小和方向随音频电流的变化不断地改变，这样两个磁场的相互作用使音圈做垂直于音圈中电流方向的运动，由于音圈和振动膜相连，从而带动振动膜产生振动，由振动膜振动引起空气的振动而发出声音。输入音圈的电流越大，其磁场的作用力就越大，振动膜振动的幅度也就越大，声音就越响。图2-4为产品设计中常用的扬声器。

图2-4 各种型号扬声器

扬声器驱动方式主要有两种：DAC驱动和PWM驱动。

① DAC驱动　DAC为数字/模拟转换模块，它的作用就是把输入的数字编码转换成对应的模拟电压输出。在数字系统中，设备将模拟信号转换成易于计算机存储、处理的数字编码，由控制器处理完成后，再由DAC输出模拟信号，该模拟信号常常用来驱动某些执行器，使人类易于感知。例如，音频信号的采集及还原就是这样一个过程。

② PWM驱动　通过控制器产生PWM脉冲信号，改变PWM信号的频率和时间即可发出不同的音乐，频率和时间可以通过音乐乐谱确定。

5 智能插座认知

智能插座其实是一种节约电量的插座，是一种全新理念的安全插座，主要用于家用及办公用电器。其主要功能为防雷击、防短路、防过载、防漏电、清除电力垃圾等。此外，智能插座可以远程控制，比如智能插座连接手机后，可通过手机远程监控，并控制插座的开关状态。

智能插座一般由无线通信模块（Wi-Fi模块、蓝牙模块、ZigBee模块等）、继电器控制电路、继电器和输出触点构成。无线通信模块根据接收到的控制指令控制继电器的通断。模块收到合上指令，对应端口输出特定电平，导通继电器控制电路，继电器的线圈有电流流过，继电器的触点吸合，插座供电给负载。模块收到断开指令，对应端口输出相反电平，继电器的线圈没有电流，继电器的触点断开，插座断电。

图2-5为物联网系统中常用的3种智能插座，从左向右依次为Wi-Fi智能插座、蓝牙智能插座、ZigBee智能插座。

（a）Wi-Fi 智能插座

（b）蓝牙智能插座

（c）ZigBee 智能插座

图2-5　3种智能插座

6　电动机认知

电动机是把电能转换成机械能的一种设备，是传动以及控制系统的重要组成部分，广泛应用于家用和工业领域，如风扇、洗衣机、空调、冰箱等电器。

根据电动机的工作电流，可将其分为直流电动机、交流电动机，其中直流电动机又可分为无刷直流电动机和有刷直流电动机，交流电动机又可分为单相电动机和三相电动机。

在此以最常见的直流电动机为例，讲解其工作原理及驱动方法。图2-6为直流电动机的物理模型图。

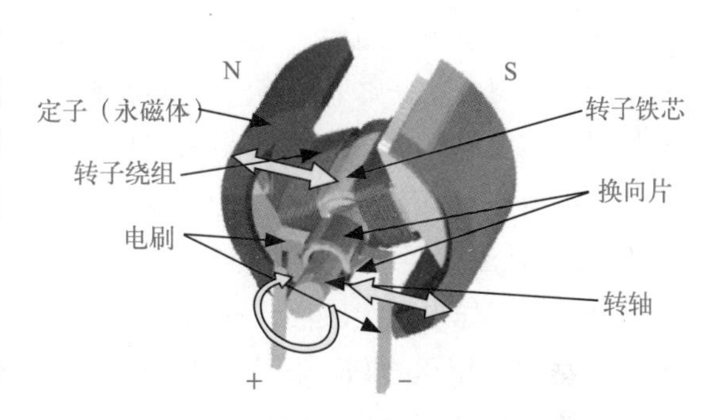

图2-6　直流电动机的物理模型图

在直流电动机的定子上，装设了一对直流励磁的静止主磁极N和S，在旋转部分（转子）上装设转子铁芯，在定子与转子之间有气隙。转子铁芯上放置了由两根导体连成的电枢线圈（转子绕组），线圈的首端和末端分别连到两个圆弧形的铜片上，此铜片称为换向片。换向片之间互相绝缘，由换向片构成的整体称为换向器。换向器固定在转轴上，换向片与转轴之间互相绝缘。在换向片上放置着一对固定不动的电刷，当电动机旋转时，线圈通过换向片和电刷与外电路接通。

在直流电动机的两电刷端加上直流电压，由于电刷和换向器的作用将电能引入转子绕组中，使同一个磁极下线圈边中的电流始终是一个方向，确保该磁极下线圈边所受的电磁力方向不变，保证了电动机能连续地旋转，以实现将电能转换成机械能。

图2-7　小型直流电动机

图2-7为电子产品中常用的一种小型直流电动机。该直流电动机的驱动方法与直流风扇类似，可以通过3种方式驱动电动机：开/关控制、线性控制、PWM控制，其中线性控制和

PWM控制可以调节直流电动机的转速。

7 电磁阀认知

电磁阀是一种依靠电磁来控制的工业设备，是用来控制流体的自动化基础元件。电磁阀可以用于调整控制系统中介质的方向、流量、速度和其他参数，并配合不同的电路实现预期的控制，从而保证控制的精度和灵活性，因此电磁阀被广泛地应用在各个生产领域中。

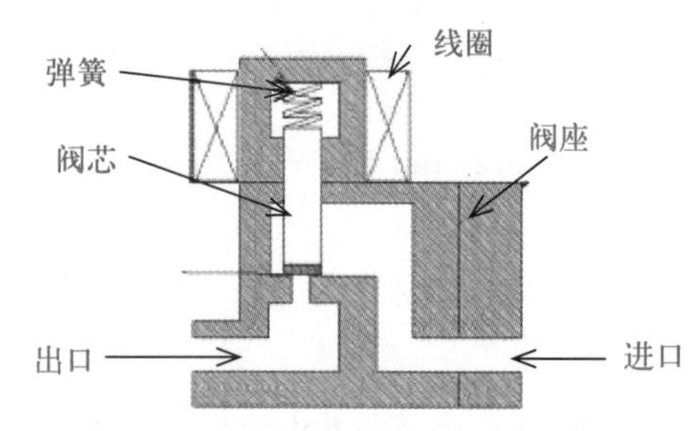

图2-8 直动式电磁阀的简易结构图

根据电磁阀的原理，可将电磁阀分为直动式电磁阀、分步直动式电磁阀、先导式电磁阀等。

图2-8是直动式电磁阀的简易结构图。电磁阀有常闭型和常开型两种。常闭型断电时呈关闭状态，当线圈通电时产生电磁力，使阀芯克服弹簧力吸合，开启阀口，介质呈通路；当线圈断电时电磁力消失，阀芯在弹簧力的作用下复位，关闭阀口，介质呈断路。常开型电磁阀正好相反。

图2-9是工业系统中常用的一种直动式电磁阀实物图。由于电磁阀工作电压比较高，一般为12V、24V或者更高，而控制器的输出电压较小，为3.3V或者5V，所以需要外加驱动电路控制电磁阀的工作。

图2-9 直动式电磁阀实物图

8 继电器认知

继电器是一种电控制器件，当输入量的变化达到规定要求时，在电气输出电路中使被控量发生预定阶跃变化的一种电器。实际上继电器是用小电流去控制大电流运作的自动开关。在电路中继电器起着自动调节、安全保护、转换电路等作用，因此广泛应用于遥控、遥测、通信、自动控制、机电一体化及电力电子设备中，是最重要的控制元件之一。

图2-10为继电器的基本结构图。继电器主要由电磁体、弹簧、衔铁、触点等组成，分为常开型和常闭型两种。当常开型继电器通电以后，电磁铁产生足够大的电磁力，吸动衔铁并带动簧片使动触点和静触点闭合，即原来断开的触点闭合；当继电器断电后电磁吸力消失，衔铁返回原来的位置，动触点和静触点又恢复到原来分开的状态。而常闭型继电器正好相反。

图2-11为电子产品中常用的一种继电器实物图。由于继电器的驱动电流比较大，一般无法直接使用控制器驱动继电器工作，所以需要外加驱动电路，比如晶体管、光

耦或者驱动芯片等。

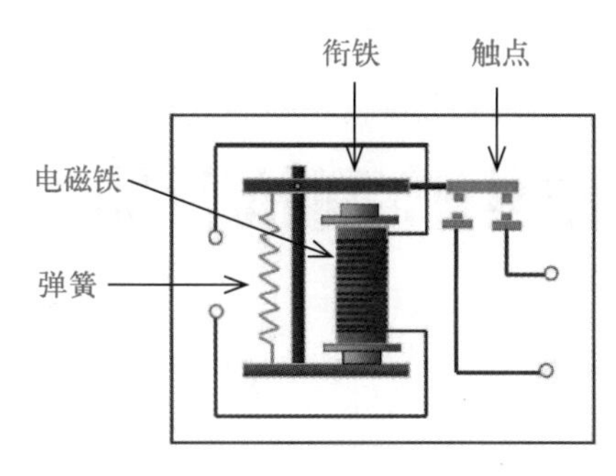

图2-10　继电器的基本结构图

图2-11　继电器实物图

读 书 笔 记

任务 2.2 在物联网系统中控制执行器

任务描述：

认识实训台，会使用实训台上配备的各种执行器。

任务平台配置：

实训台、计算机、USB转串口线；串口调试助手。

2.2.1 知识准备：实训台使用规范

1 实训台接线规范

（1）禁止带电操作电路，如电路需改动，应及时切断电源。
（2）实验中有异常情况，马上断开本组电源，检查线路，排除故障后重新送电。
（3）接线前，必须确认设备电源正负极，防止电源反接造成设备损坏。
（4）接线前，必须确认设备工作电压，防止过压造成设备损坏。
（5）完成设备接线后，在通电之前，应反复确认电路是否正确。

2 其他注意事项

（1）实训台上禁止放置水杯等液体容器以防液体泼溅。
（2）实验完毕后退出实验程序，将仪器设备恢复原状。
（3）实验完毕后应切断电源，检查设备上是否有遗忘的工具等物品。
（4）实训台必须定期检查，摆放场地必须保持干燥、通风、整洁。

2.2.2 任务实施

1 报警器的使用

1）设备接线

将控制器的电源端口A15端接入电源正极12V，A16端接入GND，继电器K1 COM

端（公共端）连接12V，K1 NO端（常开端）连接报警器NO端，报警器GND端接地。接线点如图2-12所示。

A1 12V	A3 X1	K1 NO	K1 NC	K2 COM	A11 12V	A13 R/B	A15 12V	A17 X1	K1 NO	K1 NC	K2 COM	A25 12V	A27 R/B
							12V		BEEP				
A2 GND	A4 X2	K1 COM	K2 NO	K2 NC	A12 T/A	A14 GND	A16 GND	A18 X2	K1 COM	K2 NO	K2 NC	A26 T/A	A28 GND
							GND		12V				
B1 12V	B3 PW-	B5 NO	B7 NC	B9 COM	B11 12V	B13 R/B	B15 12V	B17 12V	B19 SIG	B21 12V	B23 JDQ	B25 12V	B27 T/A
B2 GND	B4 PW+	B6 COM	B8 NO	B10 NC	B12 T/A	B14 GND	B16 GND	B18 GND	B20 GND	B22 GND	B24 OUT	B26 GND	B28 R/B
温湿度 传感器 12V	温湿度 传感器 T/A	光照度 传感器 12V	光照度 传感器 T/A	门磁传 感器1 JDQ	门磁传 感器2 JDQ	X1	LED1 NO	LED2 NO (PW+)	风扇 PW+	报警器 NO	扬声器 NO	V1	Y1
										BEEP			
温湿度 传感器 GND	温湿度 传感器 R/B	光照度 传感器 GND	光照度 传感器 R/B	门磁传 感器1 OUT	门磁传 感器2 OUT	X2	LED GND	LED2 GND (PW−)	风扇 PW−	报警器 GND	扬声器 GND	V2	Y2
										GND			

图2-12　报警器实验接线

2）硬件电路

与同在感知层的传感器一样，执行器连接到控制板，控制板经网络层到应用层，可以通过应用层的网关App控制感知层的执行器。

报警器驱动电路如图2-13所示。

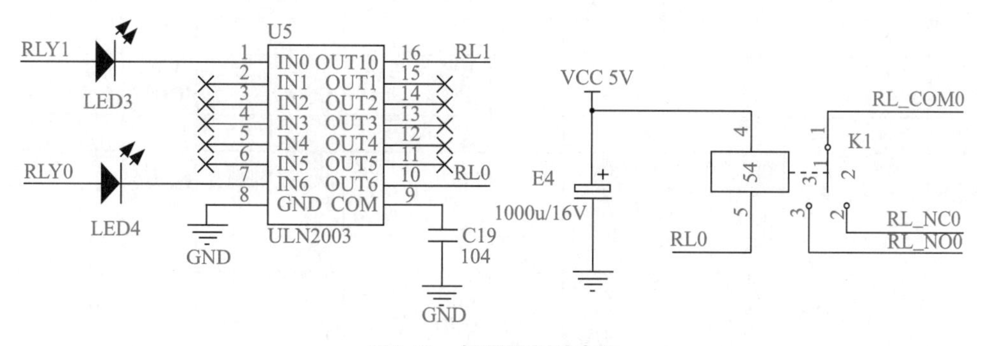

图2-13　报警器驱动电路

3）控制方法

用户可以通过网关App控制报警器，如图2-14所示，单击“警铃”图标即可开启报警器，再次单击“警铃”图标可以关闭报警器。

图2-14 网关App警铃图标

2 风扇的使用

1）设备接线

将控制器的电源端口A1端接入电源正极12V，A2端接入GND，风扇PW+端连接控制器B4端，风扇PW-端连接控制器B3端。接线点如图2-15所示。

A1 12V	A3 X1	K1 NO	K1 NC	K2 COM	A11 12V	A13 R/B	A15 12V	A17 X1	K1 NO	K1 NC	K2 COM	A25 12V	A27 R/B
A2 GND	A4 X2	K1 COM	K2 NO	K2 NC	A12 T/A	A14 GND	A16 GND	A18 X2	K1 COM	K2 NO	K2 NC	A26 T/A	A28 GND
B1 12V	B3 PW-	B5 NO	B7 NC	B9 COM	B11 12V	B13 R/B	B15 12V	B17 12V	B19 SIG	B21 12V	B23 JDQ	B25 12V	B27 T/A
12V	FAN-												
B2 GND	B4 PW+	B6 COM	B8 NO	B10 NC	B12 T/A	B14 GND	B16 GND	B18 GND	B20 GND	B22 GND	B24 OUT	B26 GND	B28 R/B
GND	FAN+												
温湿度 传感器 12V	温湿度 传感器 T/A	光照度 传感器 12V	光照度 传感器 T/A	门磁传 感器1 JDQ	门磁传 感器2 JDQ	X1	LED1 NO	LED2 NO (PW+)	风扇 PW+	报警器 NO	扬声器 NO	V1	Y1
									FAN+				
温湿度 传感器 GND	温湿度 传感器 R/B	光照度 传感器 GND	光照度 传感器 R/B	门磁传 感器1 OUT	门磁传 感器2 OUT	X2	LED GND	LED2 GND (PW-)	风扇 PW-	报警器 GND	扬声器 GND	V2	Y2
									FAN-				

图2-15 风扇控制实验接线点

2）硬件电路

风扇驱动电路如图2-16所示。

3）控制方法

用户可以通过网关App控制风扇，如图2-17所示。单击“风扇”图标，弹出风速选择界面，如图2-18所示，App内置4种风速选项：高速、中速、低速、关闭，用户可根据实际需求选择合适的风扇转速。

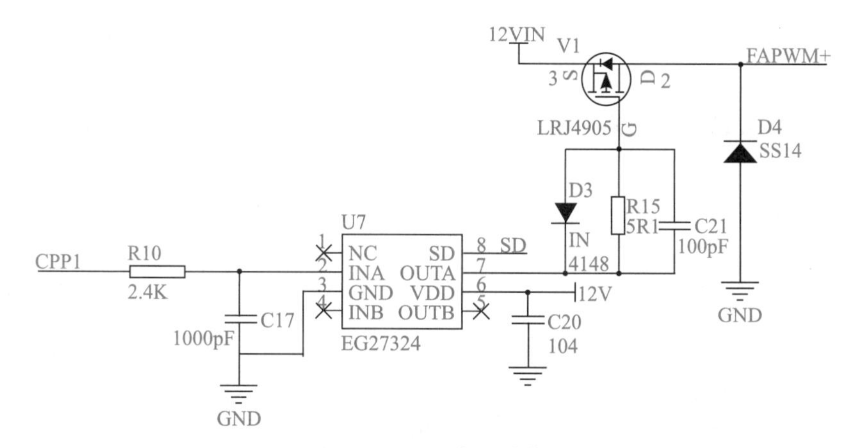

图2-16　风扇驱动电路

图2-17　网关App风扇图标

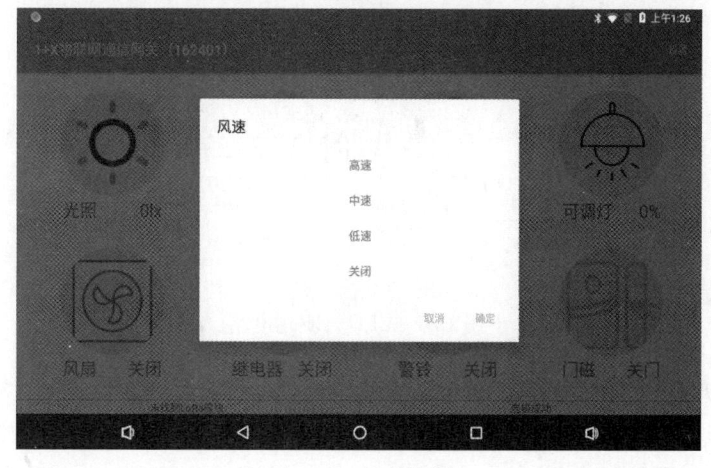

图2-18　风速控制

3 LED灯的使用

1）设备接线

将控制器的电源端口A1端接入电源正极12V，A2端接入GND，LED2灯NO（PW+）端连接控制器B4端，LED2灯GND（PW-）端连接控制器B3端。接线点如图2-19所示。

A1 12V	A3 X1	K1 NO	K1 NC	K2 COM	A11 12V	A13 R/B	A15 12V	A17 X1	K1 NO	K1 NC	K2 COM	A25 12V	A27 R/B
A2 GND	A4 X2	K1 COM	K2 NO	K2 NC	A12 T/A	A14 GND	A16 GND	A18 X2	K1 COM	K2 NO	K2 NC	A26 T/A	A28 GND
B1 12V	B3 PW-	B5 NO	B7 NC	B9 COM	B11 12V	B13 R/B	B15 12V	B17 12V	B19 SIG	B21 12V	B23 JDQ	B25 12V	B27 T/A
12V	LED-												
B2 GND	B4 PW+	B6 COM	B8 NO	B10 NC	B12 T/A	B14 GND	B16 GND	B18 GND	B20 GND	B22 GND	B24 OUT	B26 GND	B28 R/B
GND	LED+												
温湿度传感器 12V	温湿度传感器 T/A	光照度传感器 12V	光照度传感器 T/A	门磁传感器1 JDQ	门磁传感器2 JDQ	X1	LED1 NO	LED2 NO （PW+）	风扇 PW+	报警器 NO	扬声器 NO	V1	Y1
								LED+					
温湿度传感器 GND	温湿度传感器 R/B	光照度传感器 GND	光照度传感器 R/B	门磁传感器1 OUT	门磁传感器2 OUT	X2	LED GND	LED2 GND （PW-）	风扇 PW-	报警器 GND	扬声器 GND	V2	Y2
								LED-					

图2-19 LED灯实验接线图

2）硬件电路

LED灯驱动电路如图2-20所示。

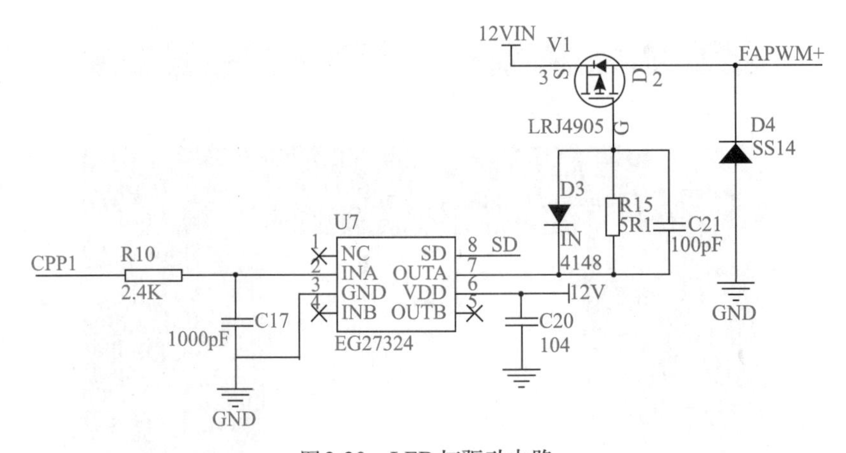

图2-20 LED灯驱动电路

3）控制方法

用户可以通过网关App控制LED灯，如图2-21所示。单击“可调灯”图标，弹出灯光亮度调节界面，如图2-22所示，LED灯亮度可调范围为0 ~ 100%，用户可根据实际需求选择合适的LED灯亮度。

图2-21　网关App LED图标

图2-22　LED灯亮度调节

4　继电器的使用

1）设备接线

将控制器的电源端口A1端接入电源正极12V，A2端接入GND，控制器K1 COM端为K1继电器的公共端，K1 NO端为继电器的常开端，K1 NC端为K1继电器的常闭端，用户可以根据需求连接相应的继电器端口。接线点如图2-23所示。

2）硬件电路

继电器驱动电路如图2-24所示。

3）控制方法

用户可以通过网关App控制继电器，如图2-25所示，单击“继电器”图标即可开启继电器，再次单击“继电器”图标可以关闭继电器。

A1 12V	A3 X1	K1 NO	K1 NC	K2 COM	A11 12V	A13 R/B	A15 12V	A17 X1	K1 NO	K1 NC	K2 COM	A25 12V	A27 R/B
12V		常开端	常闭端										
A2 GND	A4 X2	K1 COM	K2 NO	K2 NC	A12 T/A	A14 GND	A16 GND	A18 X2	K1 COM	K2 NO	K2 NC	A26 T/A	A28 GND
GND		公共端											
B1 12V	B3 PW−	B5 NO	B7 NC	B9 COM	B11 12V	B13 R/B	B15 12V	B17 12V	B19 SIG	B21 12V	B23 JDQ	B25 12V	B27 T/A
B2 GND	B4 PW+	B6 COM	B8 NO	B10 NC	B12 T/A	B14 GND	B16 GND	B18 GND	B20 GND	B22 GND	B24 OUT	B26 GND	B28 R/B
温湿度 传感器 12V	温湿度 传感器 T/A	光照度 传感器 12V	光照度 传感器 T/A	门磁传 感器1 JDQ	门磁传 感器2 JDQ	X1	LED1 NO	LED2 NO (PW+)	风扇 PW+	报警器 NO	扬声器 NO	V1	Y1
温湿度 传感器 GND	温湿度 传感器 R/B	光照度 传感器 GND	光照度 传感器 R/B	门磁传 感器1 OUT	门磁传 感器2 OUT	X2	LED GND	LED2 GND (PW−)	风扇 PW−	报警器 GND	扬声器 GND	V2	Y2

图2-23 继电器实验接线点

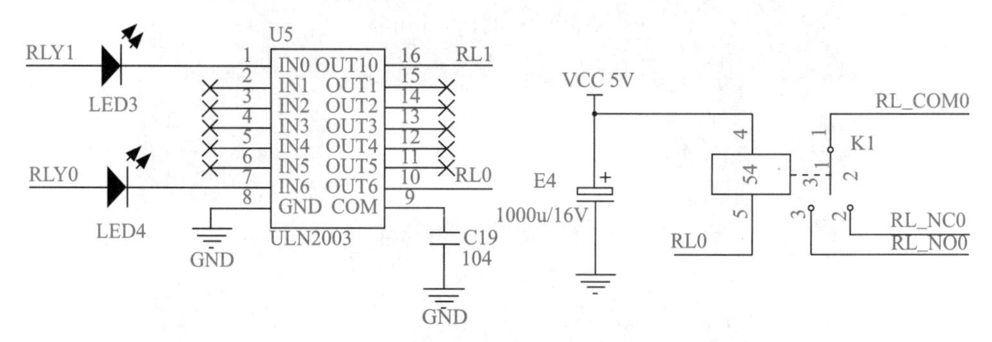

图2-24 继电器驱动电路

图2-25 网关App继电器图标

思考与练习

1. 执行器根据工作原理及作用效果，可以将其分为哪些主要类别?
2. 简述直流风扇用脉冲宽度调制进行驱动的方法。
3. 根据智能插座的无线通信网络协议，分为哪几种开关?
4. 简述常闭型电磁阀的工作原理。
5. 简述常开型继电器的工作原理。
6. 本实训台中的报警器是如何接线的?
7. 用户对风扇是如何控制的?
8. 绘制继电器驱动硬件电路图。

读 书 笔 记

读书笔记

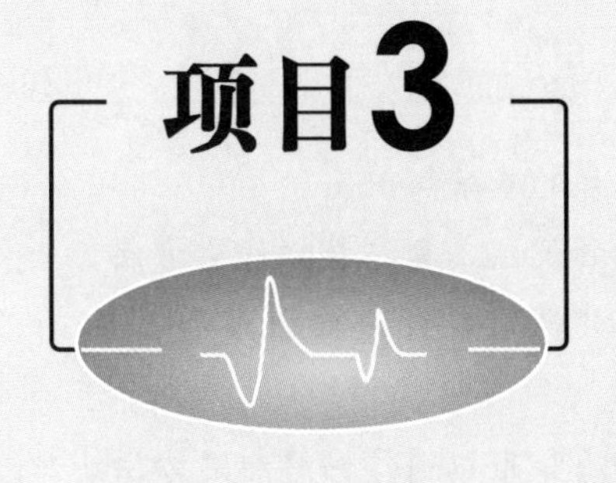

项目3 物联网通信终端开发

本项目以学会物联网通信技术相应的调试工具、开发平台为目标，以相应串口通信应用为重点。完成本项目后，学生可以掌握Keil软件平台开发环境的配置与应用，以及关于3种典型物联网终端串口通信方式的基本知识和技能，能够独立完成开发软件的应用和终端数据的传输工作，达到物联网通信工程师的基本岗位能力。

【教学目标】

1. 知识目标

（1）了解Keil软件开发平台和编程的基础知识。

（2）熟悉物联网通信软件与终端的调试工具与数据传输方法。

（3）掌握物联网各终端设备之间典型串行传输原理和基础知识。

（4）掌握物联网数据传输开发方法和串口通信网络组建方法。

2. 技能目标

（1）能够正确安装Keil软件平台并进行开发环境配置。

（2）能够进行工程的创建和详细设置，能够进行程序的编译、设计与烧录。

（3）能够正确使用ST-Link、STC-ISP、串口调试助手等工具软件进行工程开发应用。

（4）能够熟练应用I2C、SPI、RS-485等串行数据通信方式进行数据传输。

【任务编排】

通过相关知识学习，完成以下5个任务，掌握物联网通信终端开发的技能。

任务3.1 Keil MDK开发环境的安装与系统配置。

任务3.2 物联网终端数据传输通信。

任务3.3 I2C通信及应用。

任务3.4 SPI通信及应用。

任务3.5 RS-485通信及应用。

【实施环境】

实训台、计算机、ST-Link硬件；Keil程序软件、串口调试助手。

任务 3.1 Keil MDK 开发环境的安装与系统配置

任务描述:

搭建Keil开发环境，新建一个工程，完成系统配置，并下载到控制板进行调试。

任务平台配置:

实训台、计算机、ST-Link硬件；串口调试助手、Keil MDK安装包。

3.1.1 知识准备：Keil MDK相关知识

1 Keil MDK 开发环境概述

Keil公司是一家业界领先的微控制器（MCU）软件开发工具的独立供应商，制造和销售种类繁多的开发工具，包括ANSIC编译器、宏汇编程序、调试器、连接器、库管理器、固件和实时操作系统核心。

MDK即MDK-ARM，是ARM公司收购Keil公司以后，基于uVision界面推出的针对ARM7、ARM9、Cortex-M0、Cortex-M1、Cortex-M2、Cortex-M3、Cortex-R4等ARM处理器的嵌入式软件开发工具。MDK-ARM集成了业内最领先的技术，包括uVision4集成开发环境与RealView编译器RVCT，集成了Flash烧写模块，能自动配置启动代码，具有强大的Simulation设备模拟、性能分析等功能。

Keil MDK是目前针对ARM处理器，尤其是Cortex-M内核处理器的最佳开发工具，全球有超过10万嵌入式开发工程师使用Keil MDK。

2 STM32 固件库

STM32固件库也称固件函数库，是一个固件函数包，由程序、数据结构和宏组成，包括了微控制器所有外设的性能特征以及每个外设的驱动描述和应用实例，为开发者访问底层硬件提供了一个中间API（application programming interface，应用编程接口）。通过使用固件函数库，无须深入掌握底层硬件细节，开发者就可以轻松应用每个外设。每个外设驱动都由一组函数组成，这组函数覆盖了该外设的所有功能。ST公司先后提供了两套固件库：标准库和HAL库。

STM32芯片面市之初就提供了全面、丰富的标准库，便于用户程序开发，为广大开发者所推崇，同时也为ST公司积累了大量标准库用户。HAL库和标准库本质上是一样的，都是提供底层硬件操作API，而且在使用上也是大同小异，在新型的STM32芯片中，HAL库逐步淘汰了标准库。

近年新出的STM32芯片中，ST公司直接只提供HAL库，绝大多数都可以直接复制粘贴。使用ST公司研发的STMcube软件，可以通过图形化的配置功能，直接生成整个使用HAL库的工程文件。图3-1为本书使用的STM32F103芯片的固件库的文件目录结构。

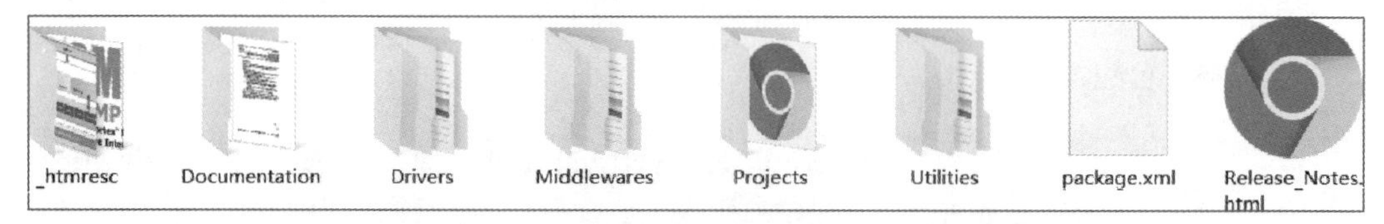

图3-1　STM32F103芯片的固件库的文件目录结构

将文件目录展开，得到官方库包目录结构，如图3-2所示。

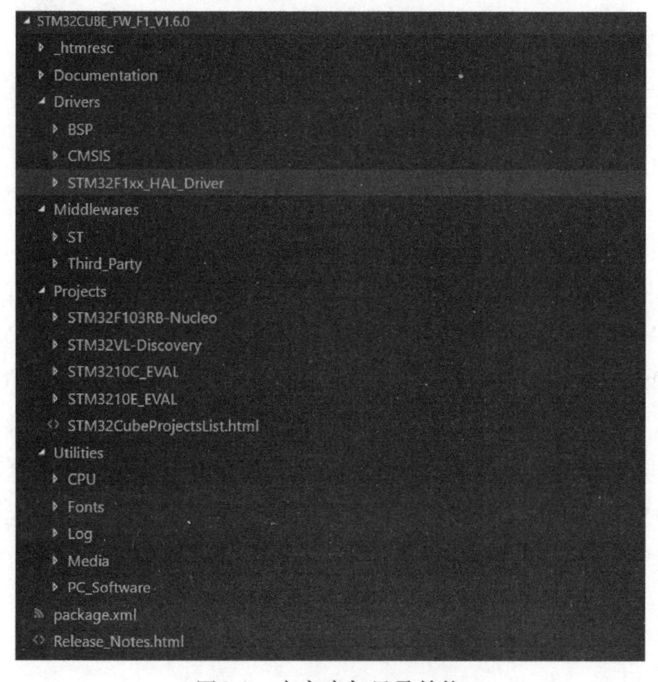

图3-2　官方库包目录结构

从图3-2可看出，官方库包的目录主要包括Documentation、Drivers、Middlewares、Projects、Utilities等文件夹。

1）Documentation 文件夹

Documentation文件夹里面有一个STM32F1的英文说明文档。

2）Drivers 文件夹

Drivers文件夹包含BSP、CMSIS和STM32F1xx_HAL_Driver三个子文件夹。三个子文件夹具体说明见表3-1。

表3-1 Drivers文件夹

子文件夹	说明
BSP子文件夹	也叫板级支持包，提供的是直接与硬件打交道的API，如触摸屏、LCD、SRAM、EEPROM等板载硬件资源的驱动。BSP子文件夹下面有多种ST官方Discovery开发板、Nucleo开发板、EVAL开发板的硬件驱动API文件，每一种开发板对应一个文件夹
CMSIS子文件夹	顾名思义就是符合CMSIS标准的软件抽象层组件相关文件。文件夹内部文件比较多，主要包括DSP库（DSP_LIB文件夹）、Cortex-M内核及其设备文件（Include文件夹）、微控制器专用头文件/启动代码/专用系统文件等（Device文件夹）
STM32F1xx_HAL_Driver子文件夹	包含了所有的STM32F1xx系列HAL库头文件和源文件，也就是所有底层硬件抽象层API声明和定义。它的作用是屏蔽复杂的硬件寄存器操作，统一外设的接口函数。该文件夹包含Src和Inc两个子文件夹，其中Src子文件夹存放的是.c源文件，Inc子文件夹存放的是与之对应的.h头文件。每个.c源文件对应一个.h头文件。源文件名称基本遵循stm32f1xx_hal_ppp.c定义格式，头文件名称基本遵循stm32f1xx_hal_ppp.h定义格式

3）Middlewares 文件夹

该文件夹下面有ST和Third_Party两个子文件夹。ST子文件夹下面存放的是STM32相关的一些文件，包括STemWin和USB库等。Third_Party子文件夹是第三方中间件，这些中间件都是非常成熟的开源解决方案，具体说明见表3-2。

表3-2 Middlewares文件夹

子文件夹	相关文件夹	说明
ST子文件夹	STemWin文件夹	STemWin工具包，Segger提供
	STM32_Audio文件夹	
	STM32_USB_Device_Library文件夹	
	STM32_USB_Host_Library文件夹	
Third_Party子文件夹	FatFs文件夹	FAT文件系统支持包。采用的是FATFS文件系统
	FreeRTOS文件夹	FreeRTOS实时系统支持包
	LibJPEG文件夹	基于C语言的JPEG图形解码支持包
	PolarSSL文件夹	SSL/TLS安全层解决方案支持包，基于开源的PolarSSL

4）Projects 文件夹

该文件夹存放的是一些可以直接编译的实例工程。每个文件夹对应一个ST官方的Demo板。这里因为介绍的是STM32F103开发板，所以直接打开子文件夹STM32F103RB-Nucleo即可。里面有很多实例可以用来参考。每个工程下面都有一个MDK-ARM子文件夹，该子文件夹内部会有名称为Project.uvprojx的工程文件，只需要单击它就可以在MDK中打开工程。

5）Utilities 文件夹

该文件夹下面是一些其他组件。

通过STM32固件库，每个器件的开发都由一个通用API驱动，API对该驱动程序的结构、函数和参数名称都进行了标准化，覆盖了从GPIO到定时器，再到CAN、I2C、SPI、UART和ADC等的所有标准外设，所有代码经过严格测试，易于理解和使用，并且配有完整的文档，非常方便进行二次开发和应用。这样可以大大减少开发者开发使用片内外设的时间，进而降低开发成本。

本书使用标准库的方法进行MDK工程开发。

3.1.2 任务实施

1 Keil MDK 安装与配置

1）Keil MDK软件下载

（1）进入Keil官网。图3-3是Keil官网首页。

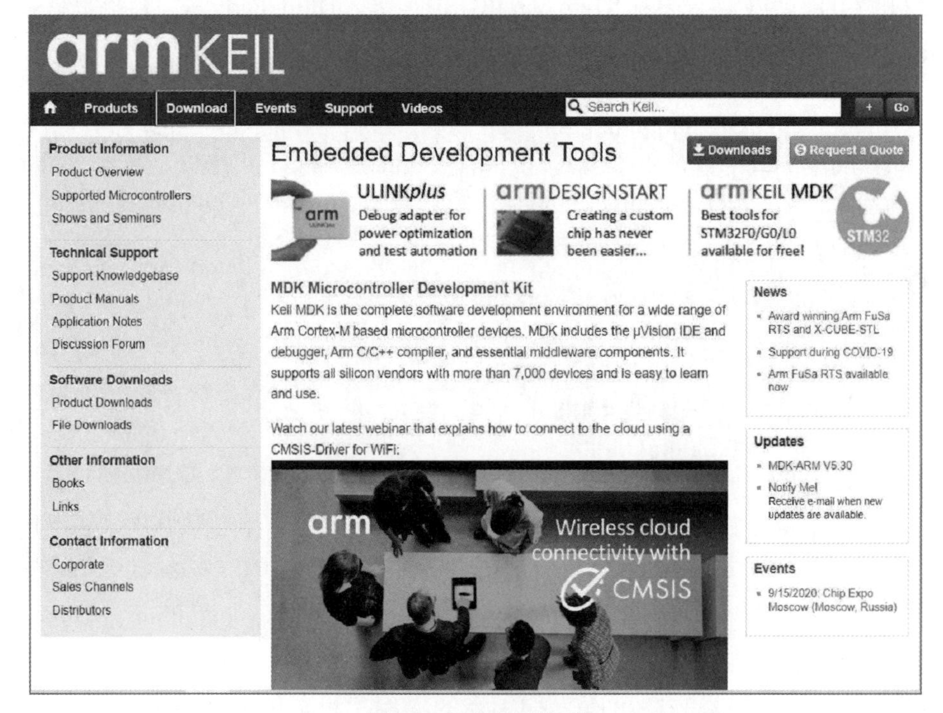

图3-3 Keil官网首页

（2）进入Download界面，根据需要下载相应的版本。单击Product Downloads选项框，如图3-4所示。

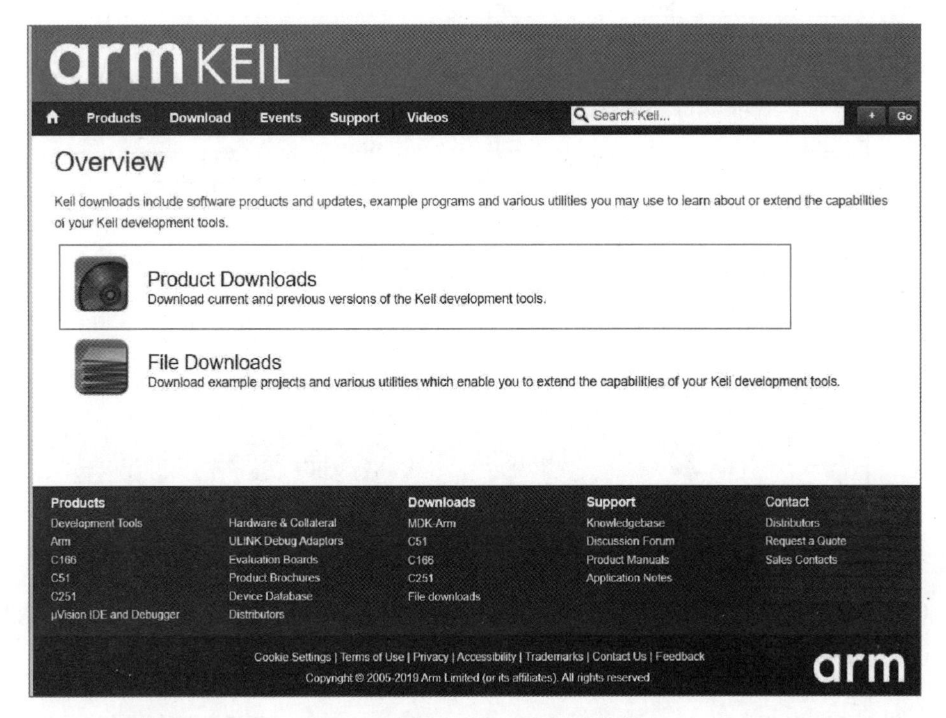

图3-4　官网下载Keil的单击位置

2）Keil MDK安装

（1）右击安装包mdk5.14.exe，以管理员身份运行，出现安装向导界面，如图3-5所示，单击Next按钮。

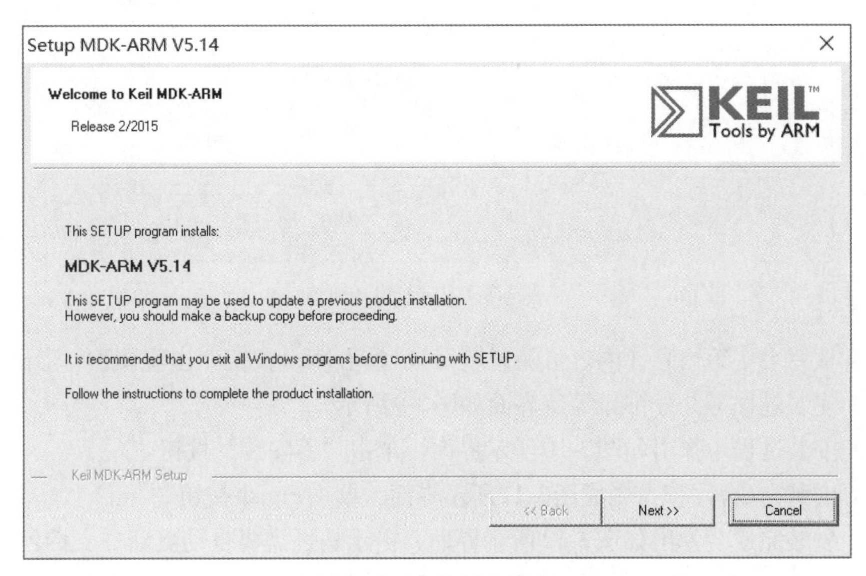

图3-5　安装Keil（1）

（2）进入图3-6所示界面，勾选“I agree to all the terms of the preceding License Agreement”复选框，单击Next按钮。

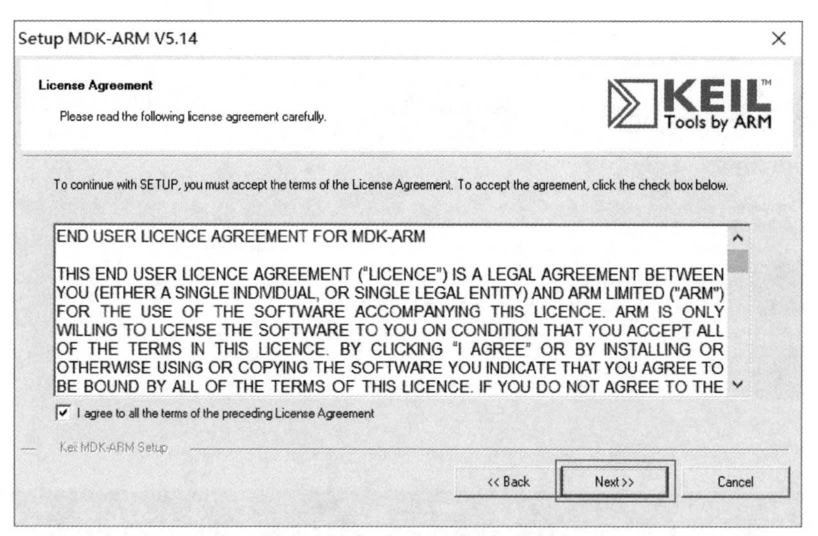

图3-6 安装Keil（2）

（3）出现图3-7所示界面，选择软件和支持包路径（可以保持默认），单击Next按钮。

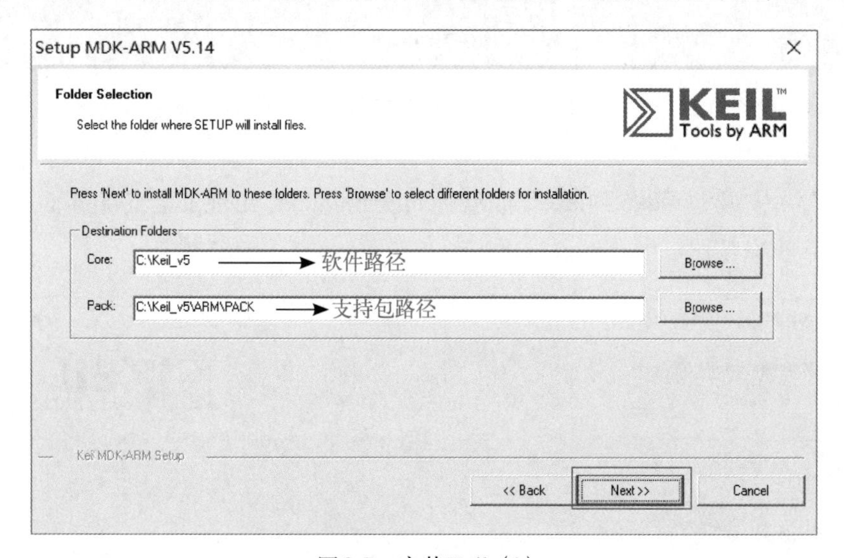

图3-7 安装Keil（3）

（4）填写名字等信息（内容可随意填写），单击Next按钮，出现图3-8所示界面。

（5）安装过程等几分钟。等待界面如图3-9所示。

（6）安装过程中弹出如图3-10所示界面，单击“不安装”按钮。

（7）安装完成，图3-9变成图3-11所示界面，单击Finish按钮。

（8）安装完成会弹出如图3-12所示界面，提示是否需要自动更新“支持包”，可单击OK按钮确认，也可以直接退出，自己下载支持包安装。

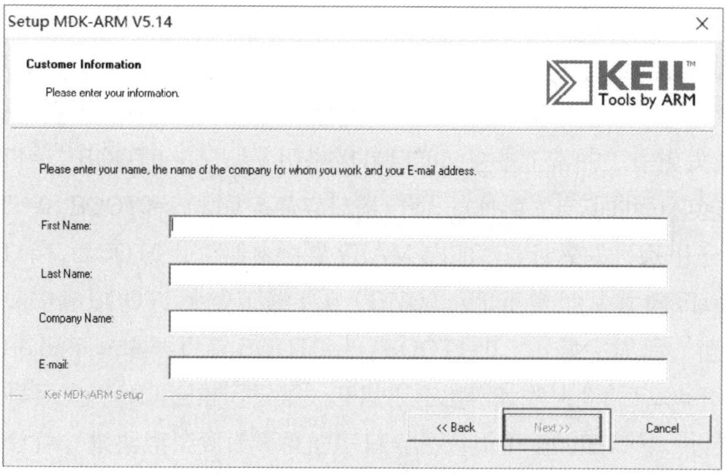

Setup MDK-ARM V5.14
Customer Information
Please enter your information.
KEIL
Tools by ARM
Please enter your name, the name of the company for whom you work and your E-mail address.
First Name:
Last Name:
Company Name:
E-mail:
Keil MDK-ARM Setup
<< Back
Next >>
Cancel

图3-8 安装Keil（4）

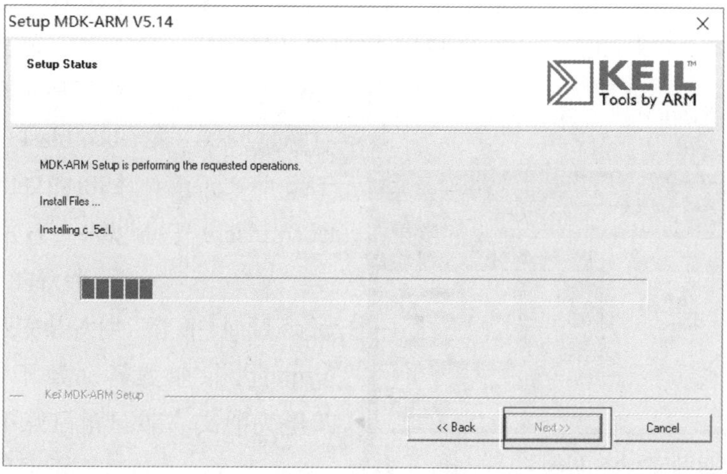

Setup MDK-ARM V5.14
Setup Status
KEIL
Tools by ARM
MDK-ARM Setup is performing the requested operations.
Install Files ...
Installing c_5e.l.
Keil MDK-ARM Setup
<< Back
Next >>
Cancel

图3-9 安装Keil（5）

Setup MDK-ARM V5.14
Setup Status
Windows 安全
你想安装这个设备软件吗?
名称: KEIL - Tools By ARM 通用串行总线控制器
发布者: ARM Ltd
始终信任来自 "ARM Ltd" 的软件(A)。
安装(I)
不安装(N)
你应仅从可信的发布者安装驱动程序软件。我如何确定哪些设备软件可以安全安装?
Keil MDK-ARM Setup
<< Back
Next >>
Cancel

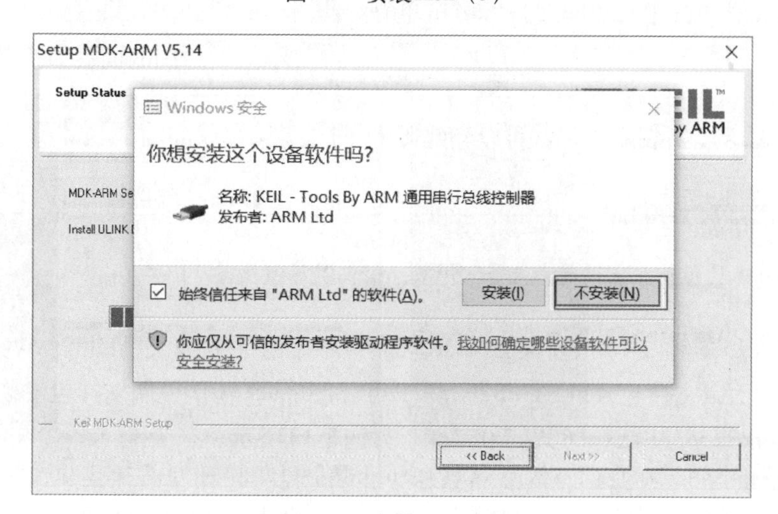

图3-10 安装Keil（6）

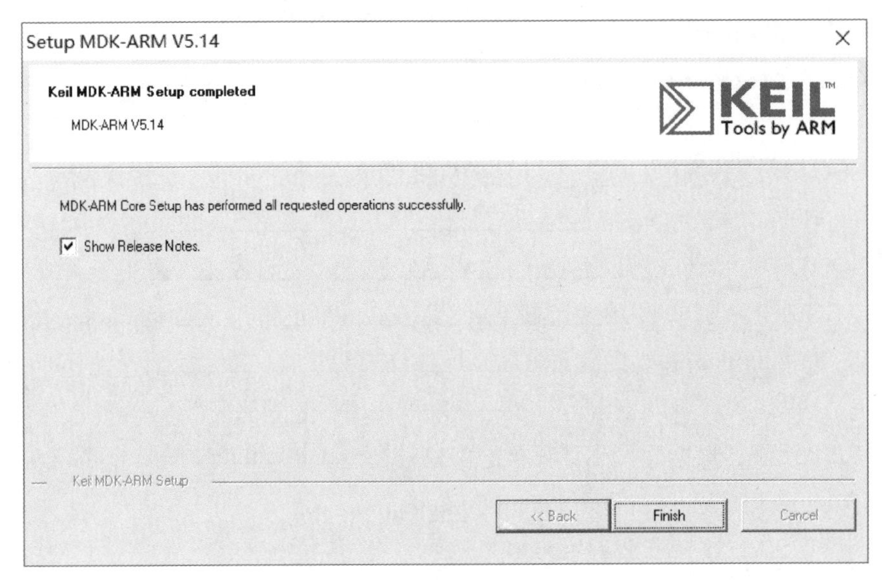

图3-11 安装Keil（7）

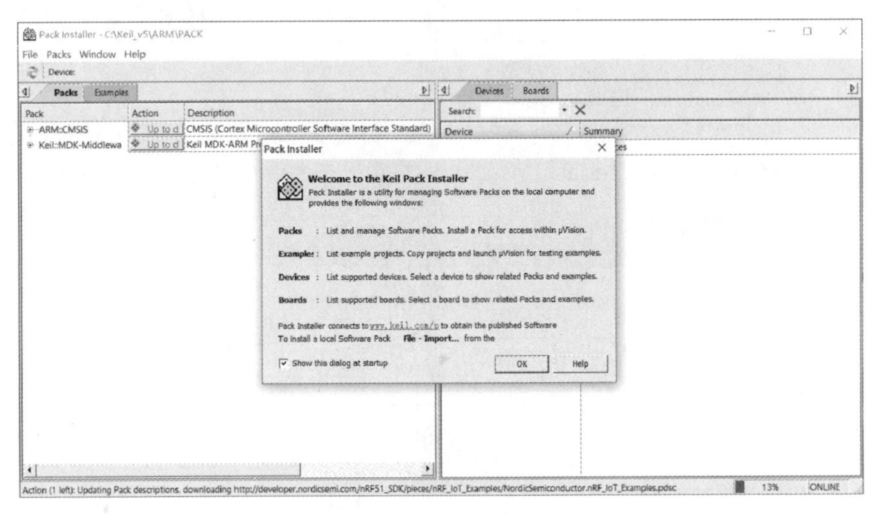

图3-12 安装Keil（8）

至此，MDK5安装完成，就可以新建工程了。

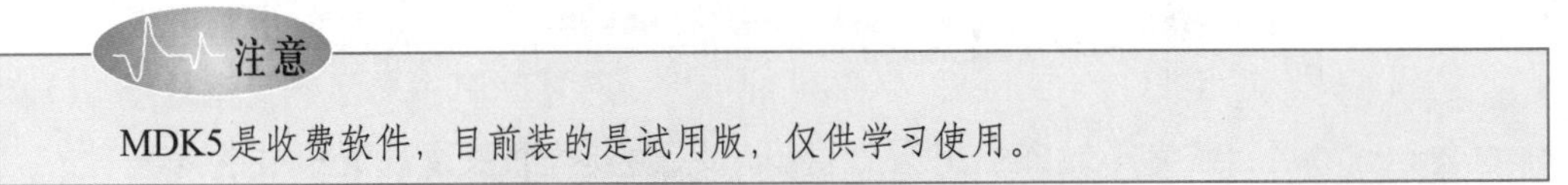
注意

MDK5是收费软件，目前装的是试用版，仅供学习使用。

（9）MDK5器件支持包安装。MDK5器件支持包下载地址：http://www.Keil.com/dd2/pack，下面以支持包Keil.STM32F1xx_DFP.2.2.0.pack为例说明支持包安装步骤。

双击Keil.STM32F1xx_DFP.2.2.0.pack，如图3-13所示。

选择MDK5的安装路径，单击Next按钮开始安装，如图3-14所示。

安装完成，单击Finish按钮，如图3-15所示。

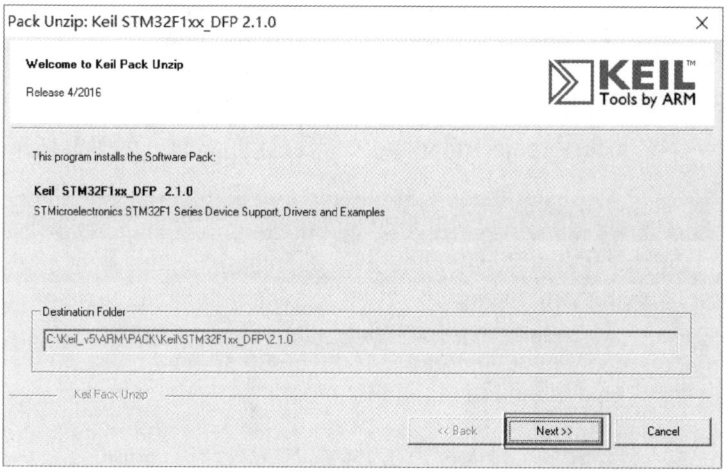

Pack Unzip: Keil STM32F1xx_DFP 2.1.0

Welcome to Keil Pack Unzip

Release 4/2016

KEIL Tools by ARM

This program installs the Software Pack:

Keil STM32F1xx_DFP 2.1.0

STMicroelectronics STM32F1 Series Device Support, Drivers and Examples

Destination Folder

C:\Keil_v5\ARM\PACK\Keil\STM32F1xx_DFP\2.1.0

Keil Pack Unzip

<< Back　Next >>　Cancel

图3-13　安装MDK5器件支持包（1）

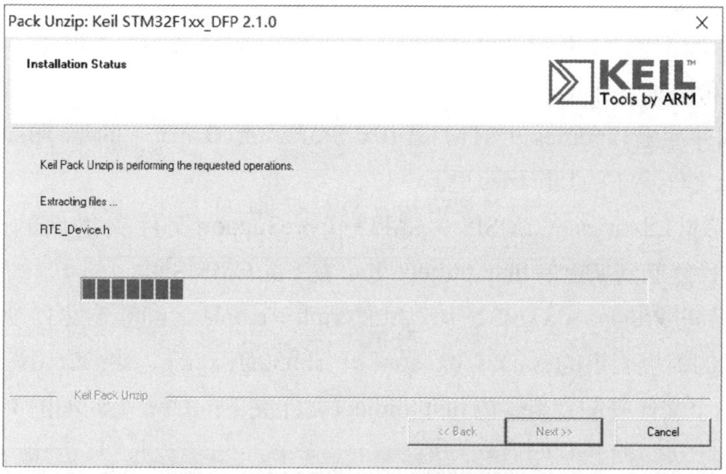

Pack Unzip: Keil STM32F1xx_DFP 2.1.0

Installation Status

KEIL Tools by ARM

Keil Pack Unzip is performing the requested operations.

Extracting files ...

RTE_Device.h

Keil Pack Unzip

<< Back　Next >>　Cancel

图3-14　安装MDK5器件支持包（2）

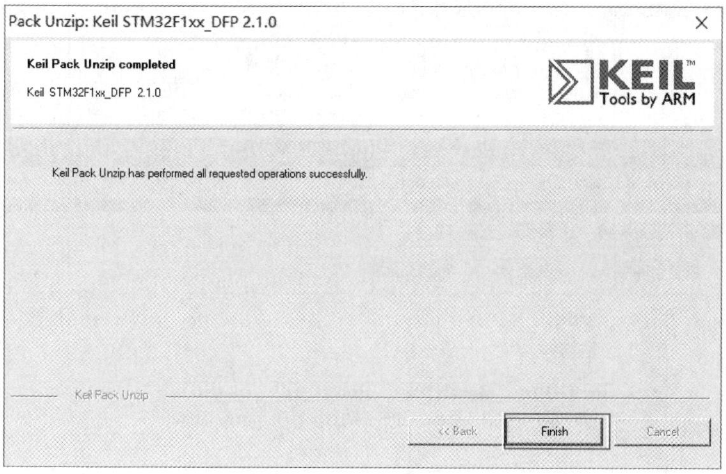

Pack Unzip: Keil STM32F1xx_DFP 2.1.0

Keil Pack Unzip completed

Keil STM32F1xx_DFP 2.1.0

KEIL Tools by ARM

Keil Pack Unzip has performed all requested operations successfully.

Keil Pack Unzip

<< Back　Finish　Cancel

图3-15　安装MDK5器件支持包（3）

2 Keil MDK 工程创建

1）新建Keil MDK工程

（1）新建一个名为first_project的文件夹，可以建在桌面，如图3-16所示。

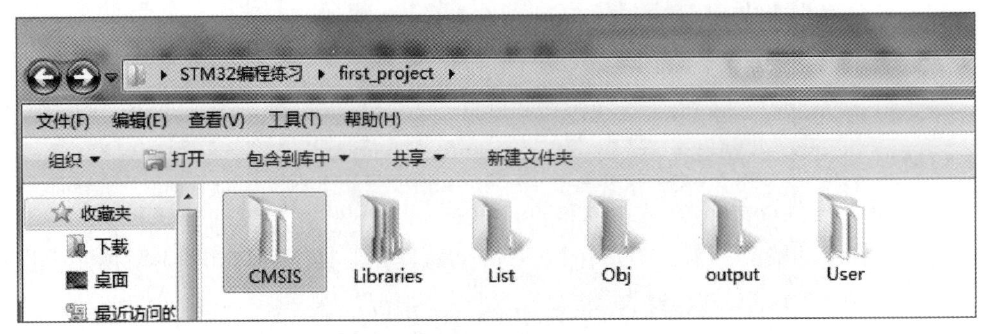

图3-16 新建Keil MDK工程（1）

（2）在里面新建CMSIS、Libraries、List（用于链接的）、Obj（工程文件）、output（输出hex文件）和User文件夹。

（3）将固件库里Libraries → STM32F10x_StdPeriph_Driver下的inc和src文件夹复制到first_project文件夹下的Libraries里。

将固件库里Libraries → CMSIS → CM3 → CoreSupport文件夹里面的core_cm3.c和core_cm3.h文件复制到新建的first_project文件夹下的CMSIS里。

将固件库里Project → STM32F10x_StdPeriph_Template（这个文件夹里有Keil和IAR建好工程的模板）里的stm32f10x_conf.h、stm32f10x_it.c、stm32f10x_it.h、system_stm32f10x.c四个文件复制到新建的first_project文件夹下的User里，如图3-17所示。

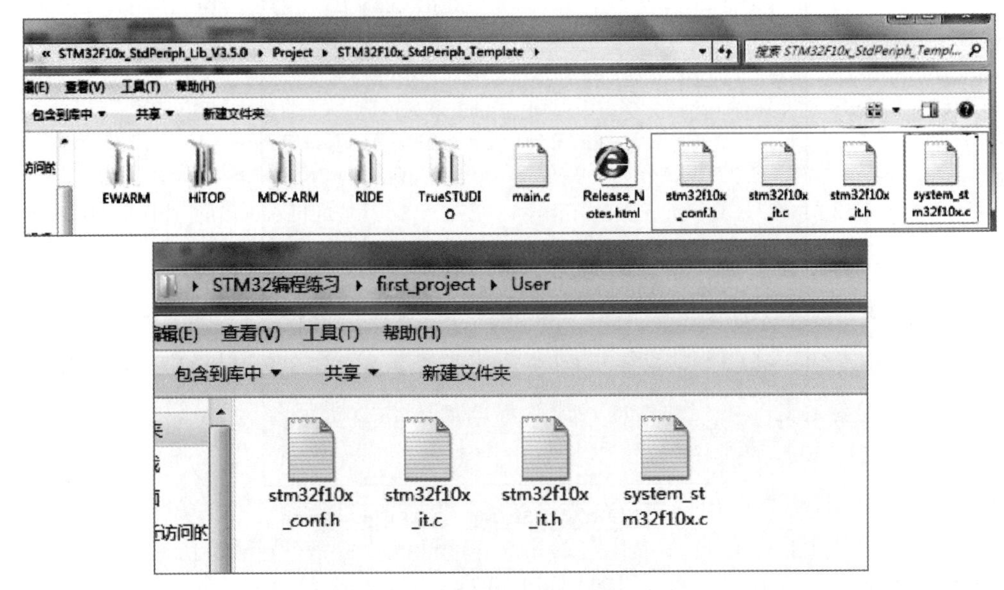

图3-17 新建Keil MDK工程（2）

（4）打开Keil uVision4 MDK，在菜单栏里单击Project，选择New uVision Project选项，界面如图3-18所示。

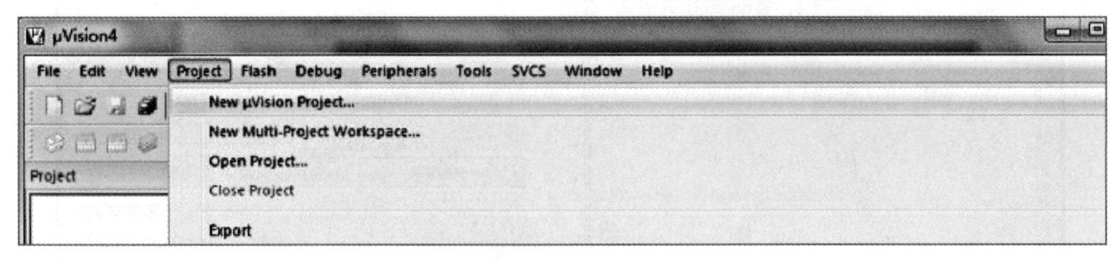

图3-18　新建Keil MDK工程（3）

（5）保存工程名，选择Obj文件夹，文件名为first_project，不用加后缀格式，系统默认。界面如图3-19所示。

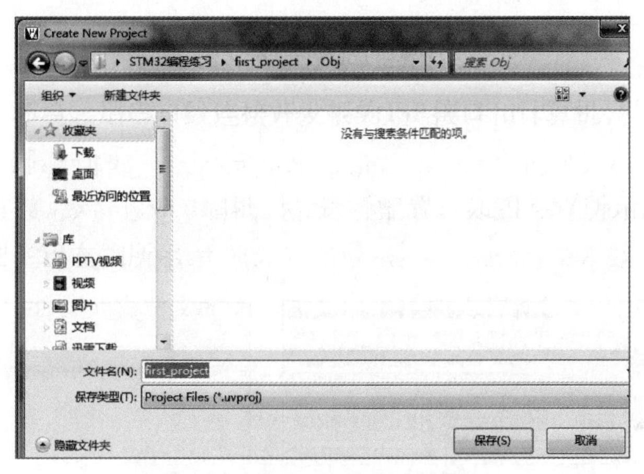

图3-19　新建Keil MDK工程（4）

（6）接下来会弹出选择器件的窗口，如图3-20所示，这里选择STmicroelectronics的STM32F103C8。

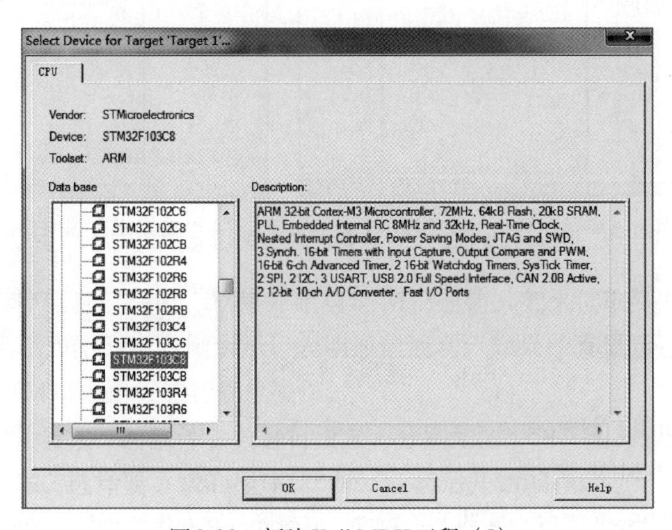

图3-20　新建Keil MDK工程（5）

（7）最后会弹出是否复制启动代码的对话框，如图3-21所示，单击“是”按钮。

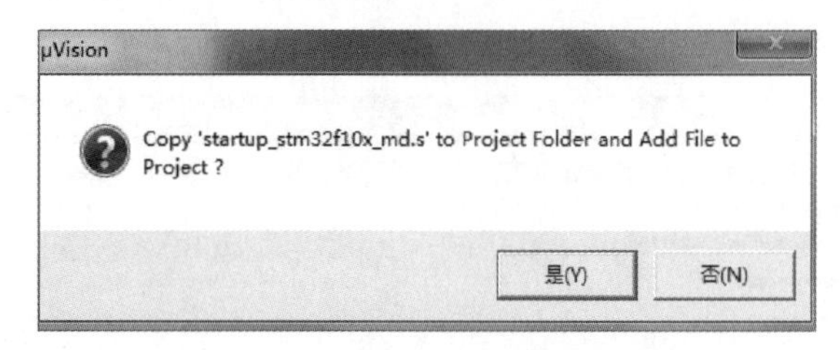

图3-21　新建Keil MDK工程（6）

2）管理Keil MDK工程

（1）在project窗口，右击Tagert1选择manage conponents或者找到倒数第二个品字形图标，界面如图3-22所示。

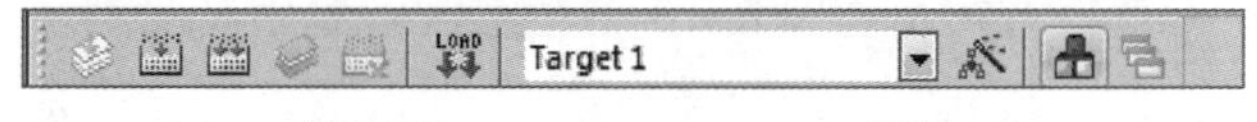

图3-22　manage conponents图标

（2）在Groups框下面将Groups1重命名为startup，同时添加CMSIS、Libraries和User；选择CMSIS，在Files框下将CMSIS文件夹的core_cm3.c添加进去；选择Libraries，在Files框下将Libraries→src文件下的所有文件都添加进去；选择User，在Files框下将User文件下的所有文件都添加进去。添加文件夹及文件界面如图3-23所示。

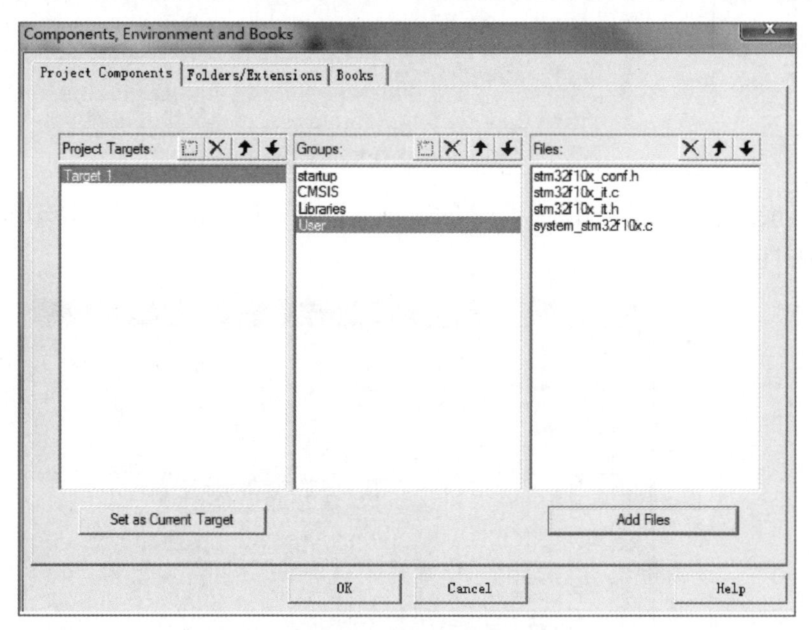

图3-23　添加文件夹及文件界面

工程架构如图3-24所示。

3）编写Keil MDK文件

（1）新建main.c，并保存到User文件夹里，将其添加到User工程名下。

```
#include "stm32f10x.h"
int main (void)
{
    while (1)
    {;}
}
```

（2）在project框下，右击Target 1，选择Options for Target 'Target1'，弹出界面如图3-25所示。

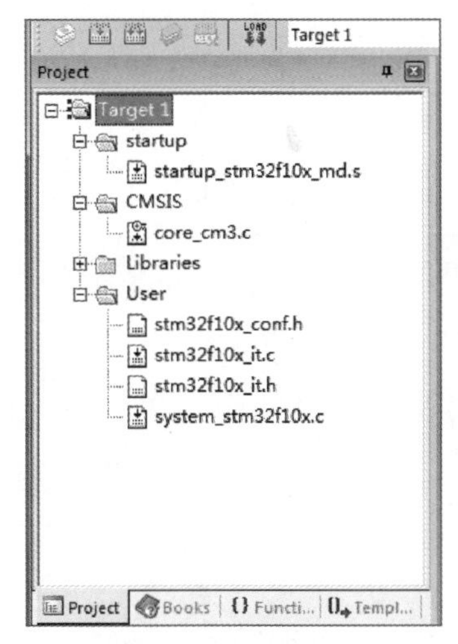

图3-24　工程架构

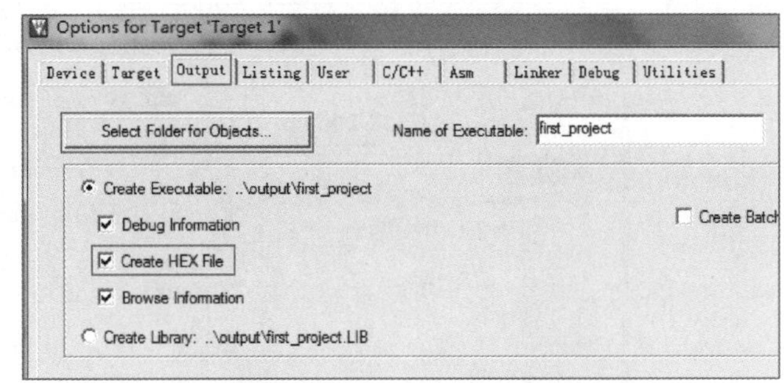

图3-25　Options for Target 'Target1' 界面

在Output选项卡下，在Create HEX File复选框前打上钩，单击Select Folder for Objects...按钮，选择输出文件夹为Output文件夹。

在Listing选项卡下，单击Select Folder for Listings按钮，选择链接文件夹为List文件夹。

在C/C++选项卡下，在Define文本框里输入USE_STDPERIPH_DRIVER, STM32F10X_MD，中间用英文的逗号；在Include Paths选择框里，单击右边的文件路径框，选择相应的CMSIS ...\Libraries里的inc、src和User。

也可以填绝对路径，比如C:\Users\Administrator\Desktop\STM32编程练习\first_project\CMSIS，但这样比较麻烦。添加文件时填写C/C++项目需注意关键信息位置，如图3-26所示。

3　编译Keil MDK工程

根据工程配置、编写的程序文件，对工程进行编译，开始编译链接。编译完成界面如图3-27所示。

至此，first_project就建好了。关键是Options for Target的设置，包括Output、Listing和C/C++，尤其是C/C++这个选项卡一定要设置对。

图3-26 C/C++项目需注意关键信息位置

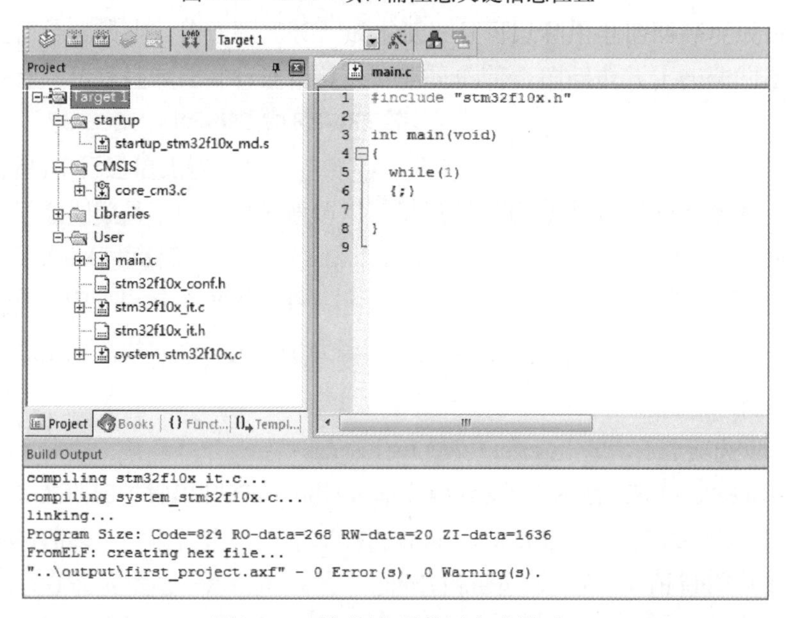

图3-27 无问题代码编译完成界面

4 Keil MDK 程序 ST-Link 下载与调试

MDK程序的下载调试有两种方式：一种是通过ST-Link连接线进行程序包的下载，该方法可以直接在Keil软件平台下进行在线完成；另一种是通过STC_Isp工具软件离线方式进行。

1）ST-Link驱动安装

打开ST-Link驱动目录，单击“dpinst_amd64.exe”开始安装，弹出如图3-28所示的界面，一直按“下一步”按钮直到安装完成，如图3-29所示。

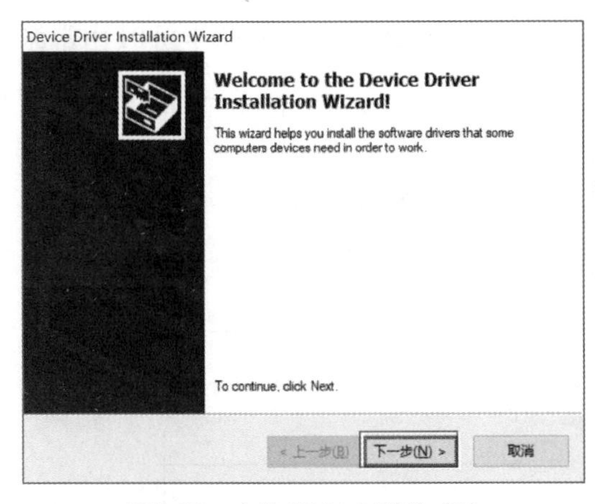

图3-28　安装ST-Link驱动（1）

图3-29　安装ST-Link驱动（2）

2）STM32程序下载设置

（1）打开已经编写好的例程，编译一遍确保程序可用，如图3-30所示。

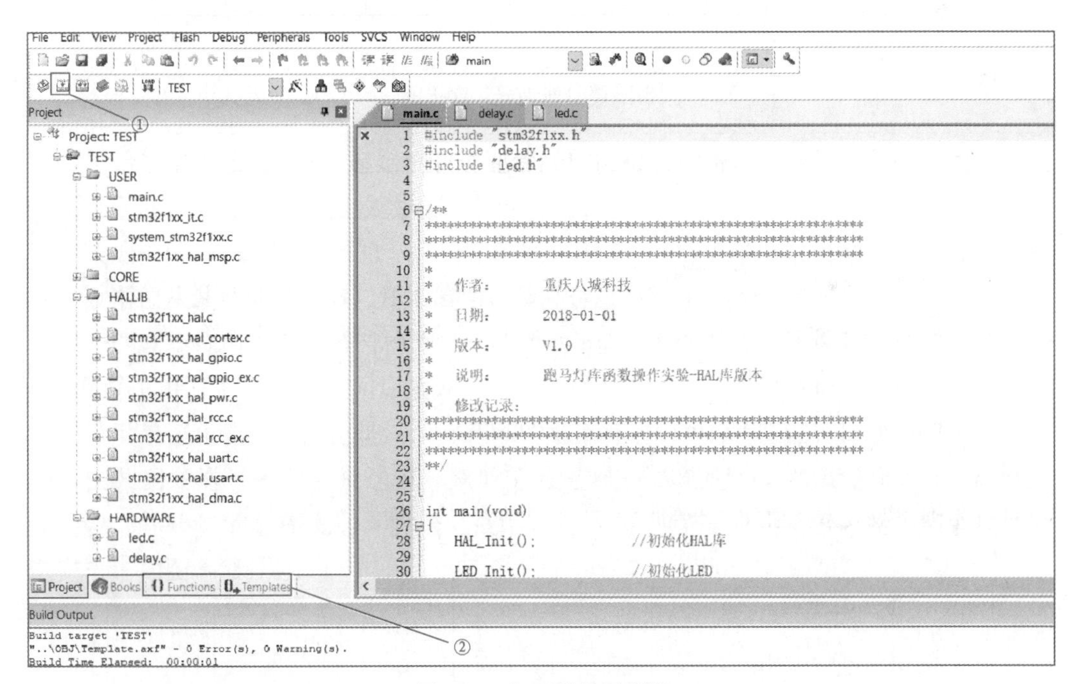

图3-30　打开并编译例程

（2）根据图3-31所示步骤配置MDK的仿真器下载设置：①单击魔术棒；②选择“Debug”；③选择仿真器，本书以ST-Link为例；④单击“Settings”进入下一个设置页面。

（3）按图3-32所示设置：如①框中选择仿真器的设置，一般Port选SW，频率根据仿真器的版本选择；单击“Flash Download”按钮进入下一个设置页面。

（4）按图3-33所示设置：①选中3个复选框；②根据自己使用的STM32芯片类型配置。单击“确定”按钮回到上一个界面。

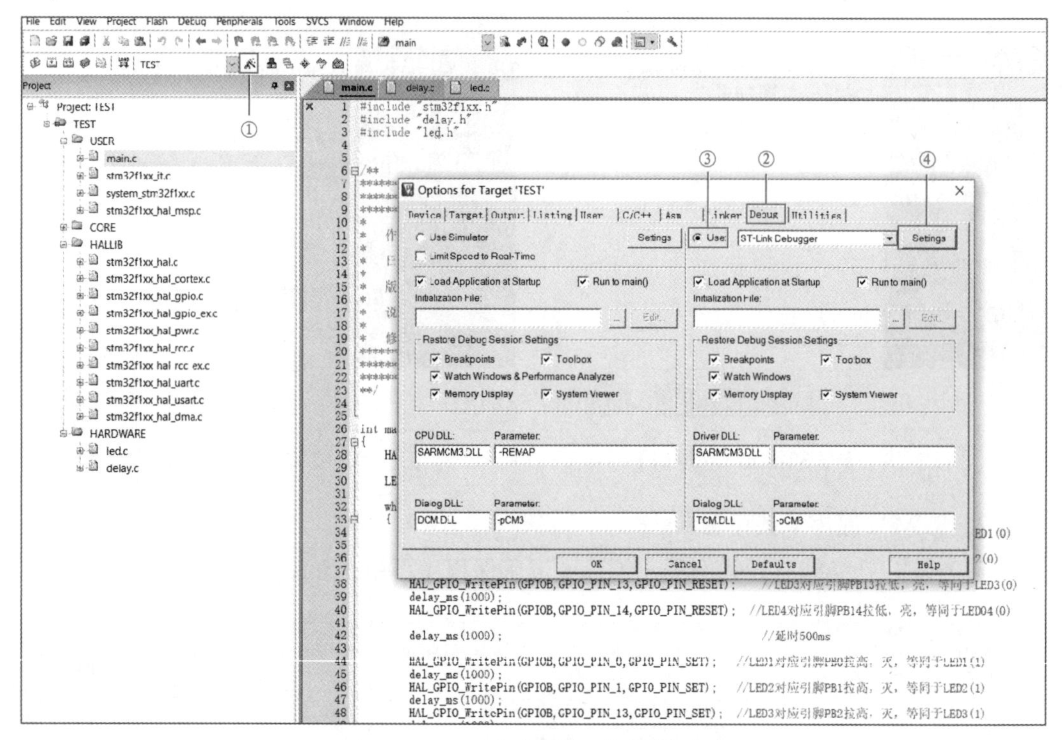

图3-31 MDK的仿真器下载设置（1）

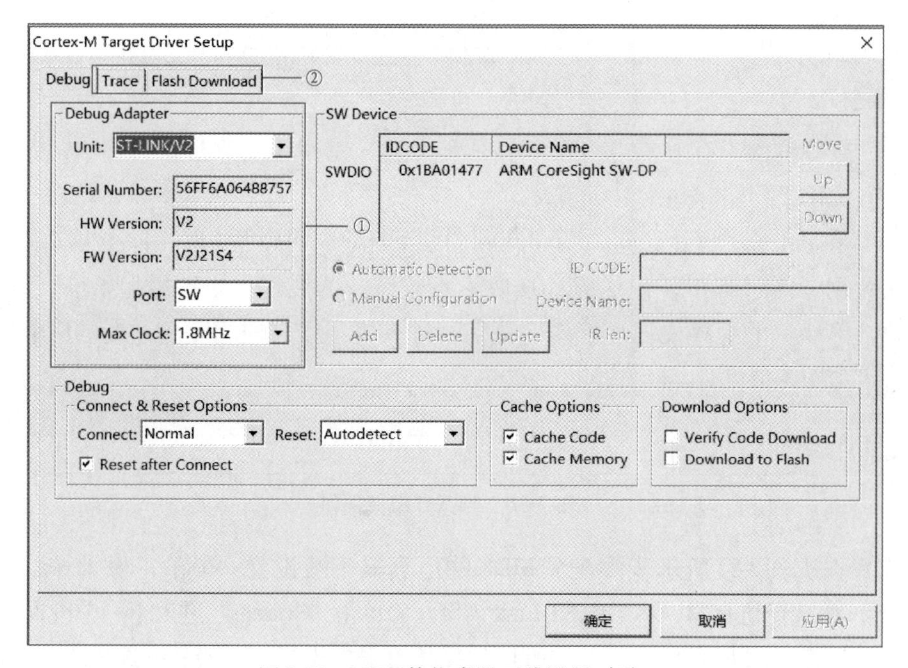

图3-32 MDK的仿真器下载设置（2）

（5）如图3-34所示：①选择Utilities选项卡；②勾选图中复选框，完成后单击OK按钮，至此仿真器下载设置完成。

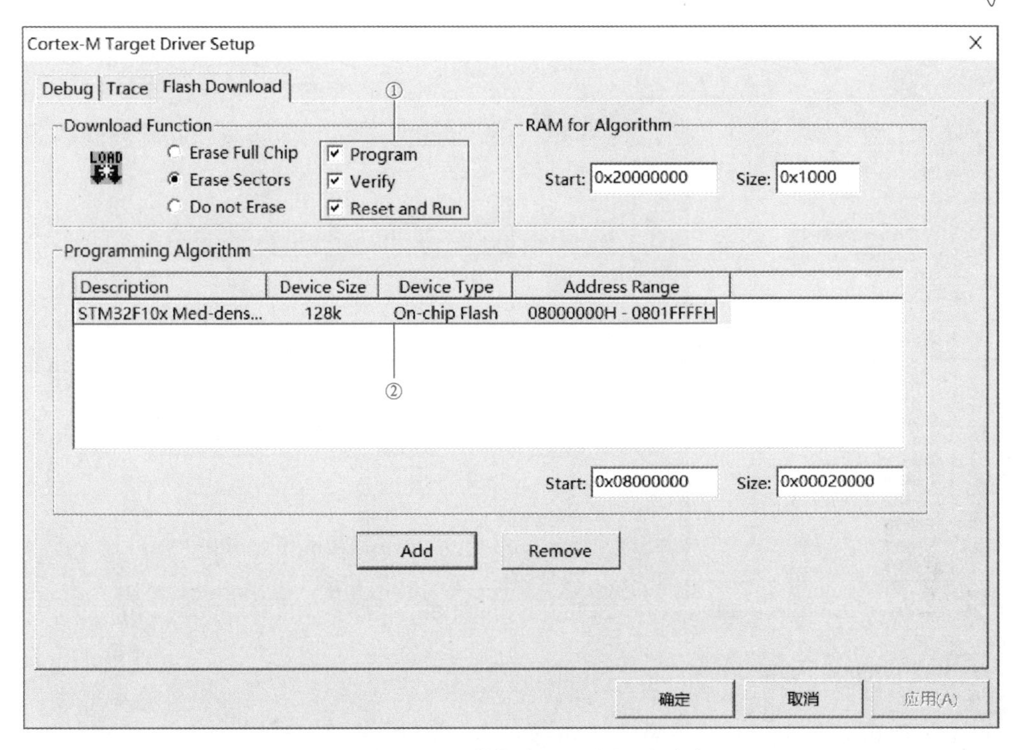

图3-33　MDK的仿真器下载设置（3）

图3-34　MDK的仿真器下载设置（4）

（6）如图3-35所示：①单击下载图标，程序下载成功显示如②所示。

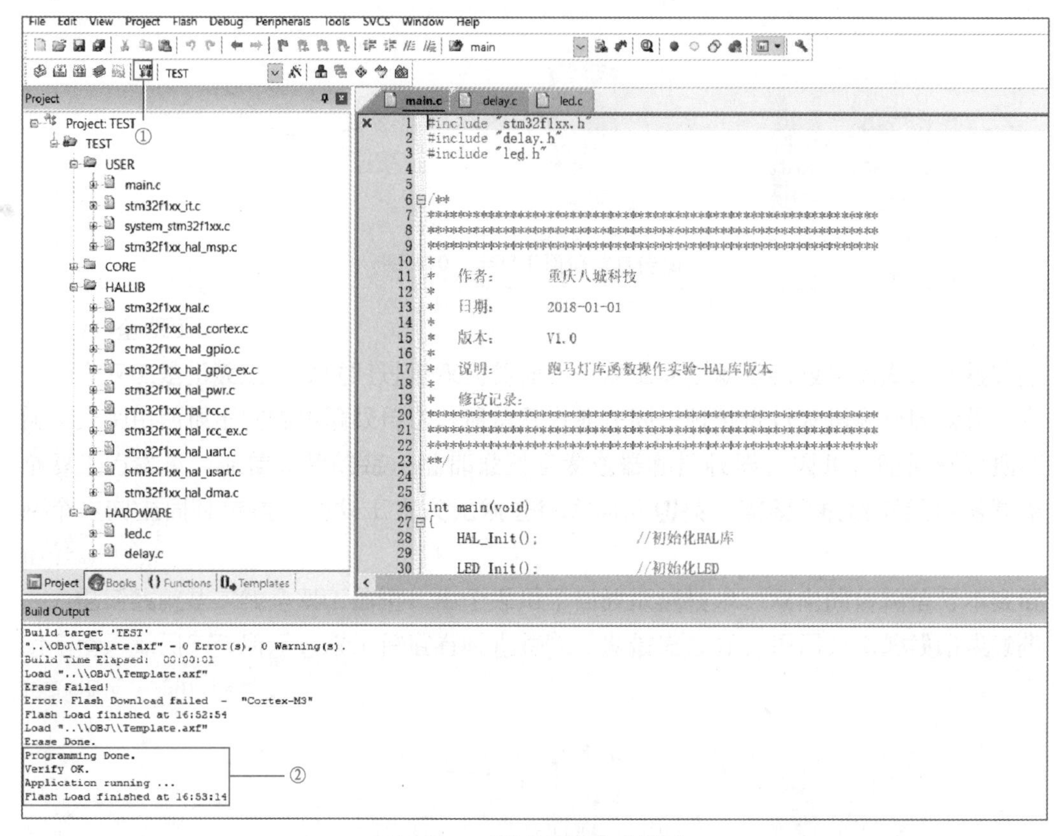

图3-35 下载程序及完成界面

3）ST-Link仿真与调试

使用仿真工具debug有时候可以很快地解决代码运行出现的问题，以及确定问题所出现的位置，因此掌握好调试工具的使用是很有必要的。

（1）硬件连接：ST-Link仿真器一端连接在开发板上，另一端通过USB数据线连接到计算机上（用于下载程序至开发板）；另用一根USB连接线一端连接在开发板串口上，另一端连接在计算机上，打开串口调试助手，查看串口调试数据。

（2）新建一个工程Template，在主函数main.c输入如下代码:

```
1 //main.c 串口输入输出实验
2 #include "sys.h"
3 #include "delay.h"
4 #include "usart.h"
5 int main (void)
6 {
7       u8 t=0;
8     NVIC_PriorityGroupConfig (NVIC_PriorityGroup_2) ;//设置中断优先级分组
//为组2: 2位抢占优先级，2位响应优先级
9     delay_init () ;                    //延时函数初始化
```

```
10    uart_init (115200) ;            //串口初始化为115200
11  while (1)
12    {
13        printf ("t: %d\r\n",t) ;
14        delay_ms (500) ;
15        t++;
16    }
17}
```

（3）单击或者单击Project → Options for Target 'Template'，在Debug选项卡中进行如下设置，选择Use：ST-Link Debugger，如图3-36所示。

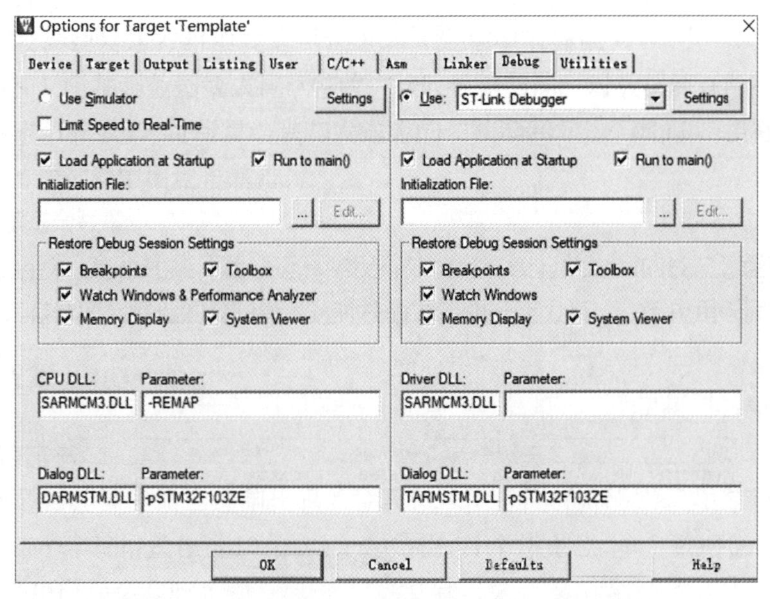

图3-36　Options for Target 'Template' 中的Debug界面

（4）然后再进入Utilities选项卡，按照图3-37所示进行勾选。

（5）回到Debug选项卡，单击ST-Link Debugger旁边的Settings按钮，进入Flash Download选项卡，进行相应设置，如图3-38所示。

（6）用ST-Link连接开发板和计算机，进行下一步设置。进入Debug选项卡，注意Port下拉框中选择SW，其他的根据需要修改，然后连接开发板开始调试即可，如图3-39所示。

（7）先对程序进行编译，将程序下载到开发板中，单击Start/Stop Debug Session按钮或单击图3-40界面所示Keil MDK工具栏的Debug图标，进入调试模式。

此时打开串口调试助手，可以观察到相应数据。调试变量值的变化也可通过Watch1窗口查看。

（8）在调试过程中，可以通过设置断点和不同的断点调试模式进行调试，如图3-41所示。

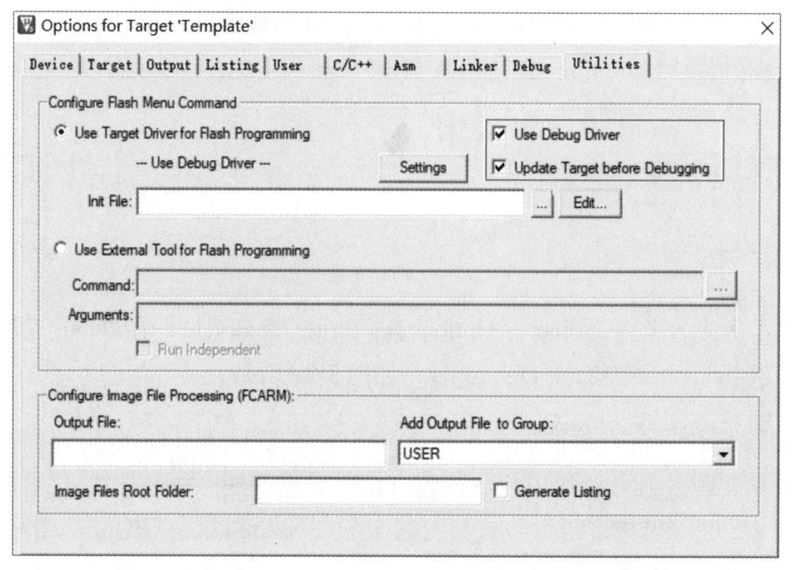

图3-37 Options for Target 'Template' 中的 Utilities 设置

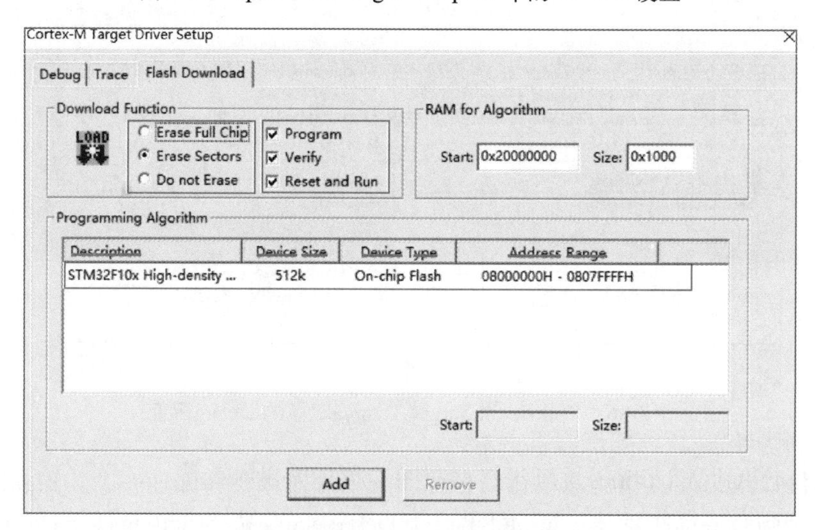

图3-38 Flash Download参数设置

4）ST-Link固件升级

ST-Link在使用过程中，会出现各类连接问题，诸如“ST-Link is not in the DFU mode. Plesse restart it.”，此类问题的原因在于固件版本与现有硬件设备不匹配导致，这种情况下必须进行固件升级。

（1）解压升级文件。下载新的ST-Link固件升级软件包，三个关键文件如图3-42所示。

（2）升级固件。对于 Windows 操作系统，可以直接进入 Windows 文件夹下面，单击 ST-LinkUpgrade.exe 可执行文件，弹出如图3-43所示界面即可，打开设备连接。

此时要把 ST-Link 通过USB接口连接到计算机。连接后再单击界面的 Device Connect 按钮，会出现如图3-44所示的提示信息。

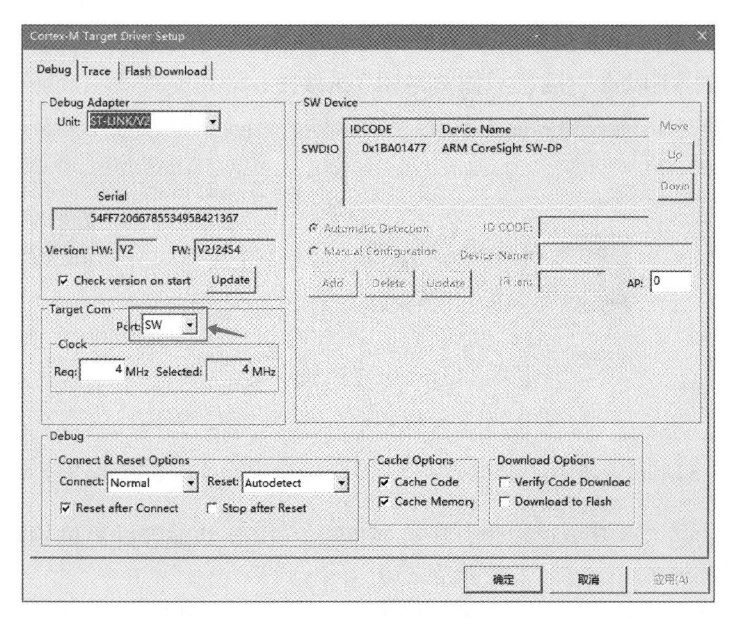

图3-39　ST-Link设定

图3-40　进入Debug模式按钮

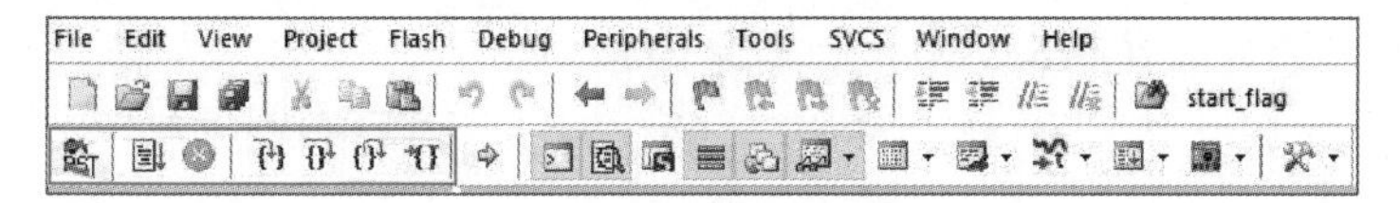

图3-41　断点调试图标

AllPlatforms	2015/5/27 20:11	文件夹
Windows	2015/5/27 20:11	文件夹
readme.txt	2015/5/27 20:14	文本文档

图3-42　ST-Link固件升级包的三个关键文件

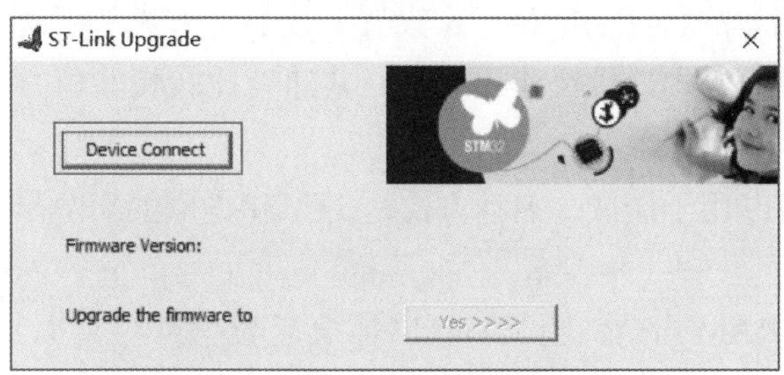

图3-43　ST-Link升级固件包（1）

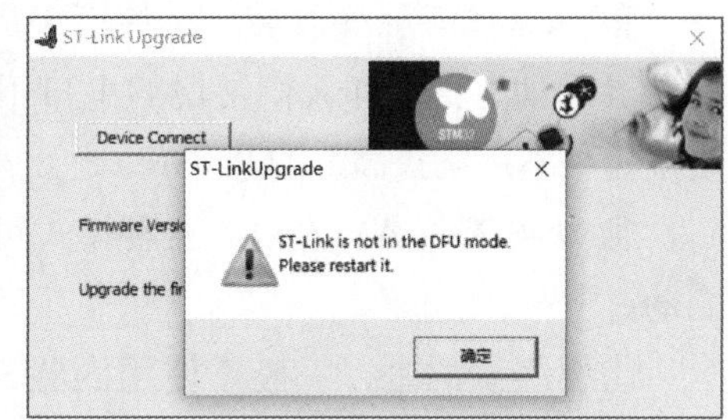

图3-44　ST-Link升级固件包（2）

界面提示："ST-Link is not in the DFU mode. Please restart it."，也就是重启，重启时请拔掉ST-Link的USB线，重启后重新插入计算机再重复上面的步骤。

（3）再次将ST-Link插入计算机，软件界面如图3-45所示。

正确连接到ST-Link之后，只需要单击Yes按钮，即可完成ST-Link最新固件升级。完成后弹出如图3-46所示的界面。

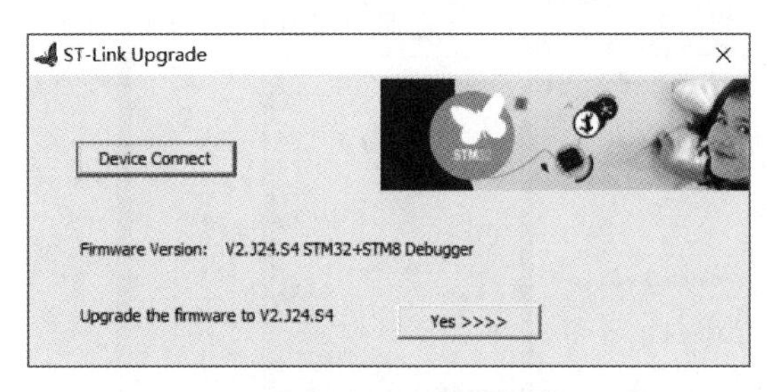

图3-45 ST-Link升级固件包（3）

图3-46 ST-Link升级固件包（4）

需要注意的是，在升级过程中，千万不能断开USB线或者计算机的网络。ST-Link升级完成之后，就可以跟升级前一样正常使用。

5 Keil MDK 程序 ST-ISP 下载与调试

1）STM32的BOOT概述

STM32存储介质均是芯片内置的，主要由三部分组成：

① *用户闪存* 芯片内置的Flash，即主存储器Flash。

② SRAM 芯片内置的SRAM区，就是内存。

③ *系统存储器* 芯片内部一块特定的区域。芯片出厂时在这个区域预置了Bootloader，就是通常说的ISP程序，内部的内容在芯片出厂后没有人能够修改或擦除，即它是一个ROM区。

同时也对应有三种启动模式：

① *从用户闪存启动* 这是正常的工作模式。该启动方式是最常用的用户Flash启动，STM32内置的Flash可以擦写10万次，所以不用担心芯片哪天损坏。

② *从系统存储器启动* 这种模式启动的程序功能由厂家设置。该启动方式是系统存储器启动方式，即我们常说的串口下载方式，建议使用这种，其速度比较慢，但方便快捷，不用购买高额的JLINK。

③ *从内置SRAM启动* 这种模式可以用于调试。启动方式是STM32内嵌的SRAM启动。

需要注意的是，一般不使用内置SRAM启动，因为SRAM掉电后数据就会丢失。多数情况下SRAM只是在调试时使用，也可以做其他一些用途。如做故障的局部诊断，写一段小程序加载到SRAM中诊断板上的其他电路，或用此方法读写板上的Flash或EEPROM等。还可以通过这种方法解除内部Flash的读写保护，当然解除读写保护的同时Flash的内容也被自动清除，目的是防止恶意的软件拷贝。

2）ST-ISP程序下载模式分析

在每个STM32的芯片上都有两个管脚BOOT0和BOOT1，这两个管脚在芯片复位时的电平状态决定了芯片复位后从哪个区域开始执行程序:

若 BOOT1=x，BOOT0=0，则从用户闪存启动，这是正常的工作模式。

若 BOOT1=0，BOOT0=1，则从系统存储器启动，这种模式启动的程序功能由厂家设置。

若 BOOT1=1，BOOT0=1，则从内置 SRAM 启动，这种模式可以用于调试。

一般BOOT0和BOOT1跳线都跳到0（GND），即正常地从片内Flash运行，只是在ISP下载的情况下，需要设置BOOT0=1，BOOT1=0。下载完成后，把BOOT0 的跳线接回0，这样系统就可以正常运行了。开发板在出厂时默认为以Flash ISP模式自动下载，打开ISP软件，根据连接到计算机的串口号，选择正确的串口号，设置波特率等参数，即可以下载程序。

相比于用SWD接口下载程序，ISP下载程序要慢一些，操作起来也相对复杂，如果没有特殊需求，根据经验使用SWD接口优点要比ISP多，能够减少一些端口的引出，避免用户操作失误无法正常启动程序等。

3）基于FlashLoader的ST-ISP的程序下载

用于STM32的ISP软件有很多种，ST公司也发布了一款基于FlashLoader Demonstrator 的软件。

（1）下载安装软件。软件FlashLoader可以到官网下载，下载地址为https://my.st.com，下载后解压缩，文件夹里的文件如图3-47所示。

图3-47　FlashLoader安装包文件列表

按照默认流程设置安装软件，根据步骤单击Next按钮即可。中间过程界面如图3-48所示，安装完成界面如图3-49所示。

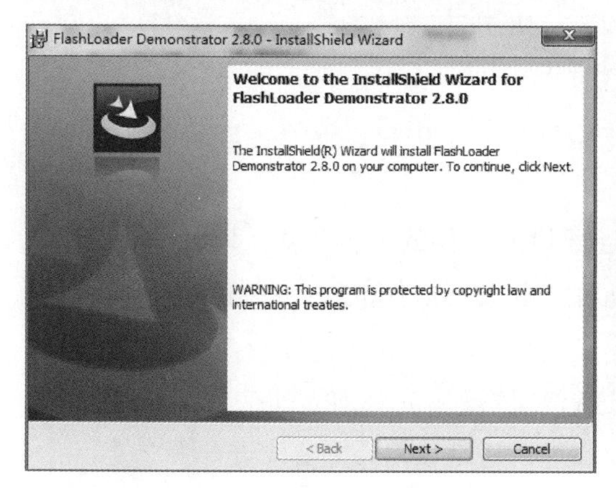

图3-48　FlashLoader安装过程界面

图3-49　FlashLoader安装完成界面

（2）配置下载环境。要使用烧录工具进行ISP升级前，需先进行硬件配置：Boot0=1，Boot1=0，即上拉电阻或下拉电阻均可，按照下载程序的配置去配置BOOT引脚，根据不同的情况，开发板的BOOT引脚按照表3-3进行配置。

表3-3 BOOT引脚配置

配置方式	BOOT0	BOOT1
下载程序时配置	1	0
运行程序时配置	0	0

准备一条USB转TTL串口线，用串口线连接开发板的ISP接口和计算机，串口线连接PC和STM32硬件电路板的UART1。这里要注意必须是UART1，其他不行。

（3）连接单片机。给开发板上电，打开FlashLoader软件，弹出如图3-50所示的界面。

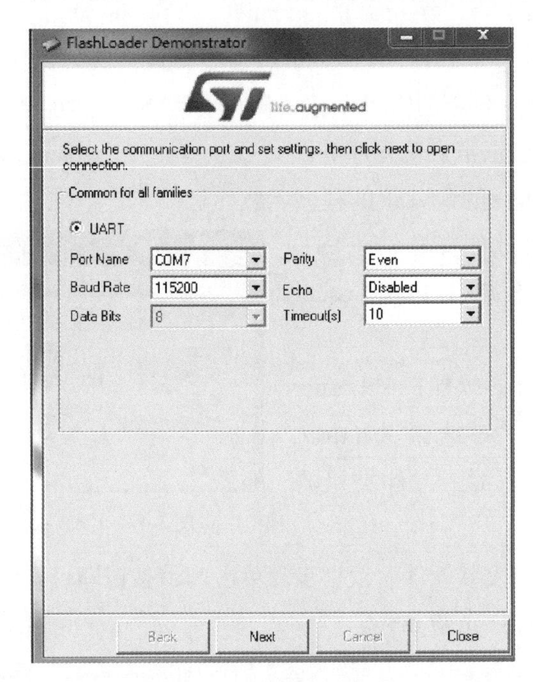

图3-50 FlashLoader主界面

开发板通电后打开软件，如果计算机上只连接一个串口，软件会自动识别使用的端口，默认配置然后单击Next按钮。

打开软件并设置好上述硬件连接后，还要设置软件的如下参数：Parity——Even，Echo——Disabled；然后在reset硬件电路板后立刻按下软件的Next按钮，一般都会联通成功，否则重试上述动作。

该软件的不合理之处就是开发板每次进行复位操作后必须立即按Next按钮才行，而不是在Next连接期间按下reset（复位键）联通，这是该软件需要改进升级之处。

（4）查询单片机信息。连接成功后会进入如图3-51所示界面，然后继续单击Next

按钮。

此时会显示当前MCU的一些信息，如MCU型号、版本，扇区的号，每个扇区的起始地址、结束地址和大小，具体信息如图3-52所示，确认这些信息后继续单击Next按钮。

（5）功能选择。进入下一个界面如图3-53所示，会给予四个功能选择，后两个平常很少用到。第一个是用来擦除指定扇区或者全部扇区；第二个是往MCU内部写程序。具体信息如图3-53所示，现在只用下载程序这个功能，选择第二个。

图3-51　FlashLoader查询单片机界面

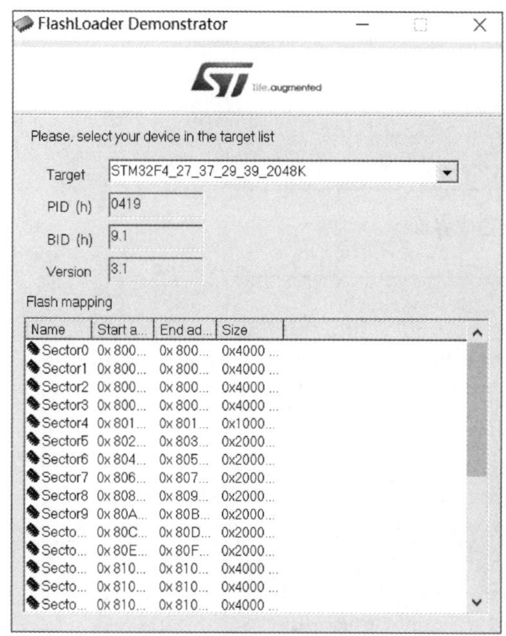

图3-52　MCU信息界面

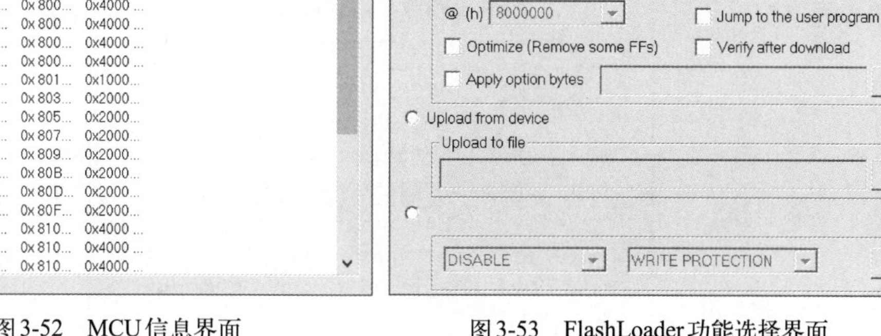

图3-53　FlashLoader功能选择界面

（6）下载程序。选择好需要的.hex文件，单击Next按钮即可开始下载，稍等片刻后程序就下载完成了，如图3-54所示，单击close按钮关闭此软件。

（7）重启系统。最后也是最重要的一步就是断电，重新配置BOOT引脚为程序运行的配置，重新上电即可启动程序，成功界面如图3-55所示。

4）基于FlyMcu的ST-ISP程序下载

利用官方软件进行应用程序开发比较复杂，可以使用仿真软件.FlyMcu软件是由国内一家专门做ISP下载器的公司开发的STM32串口烧写器，FlyMcu仿真软件通过串口可以更方便地烧写程序。

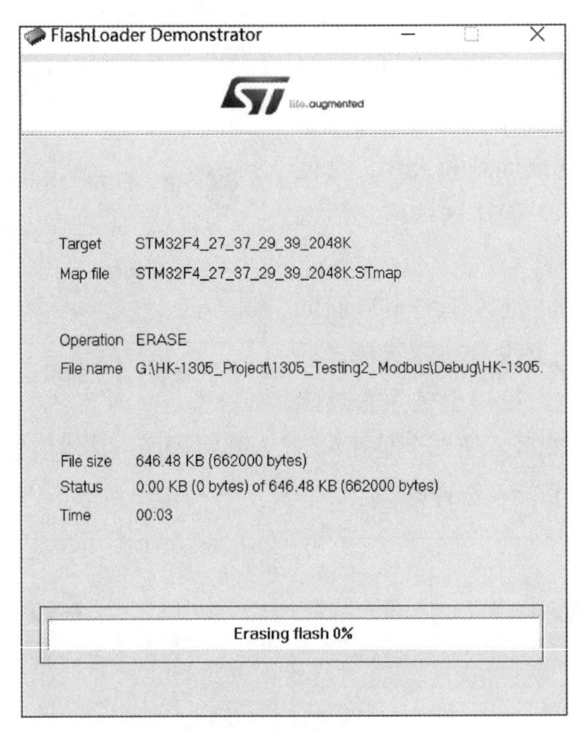

图3-54 下载完成界面

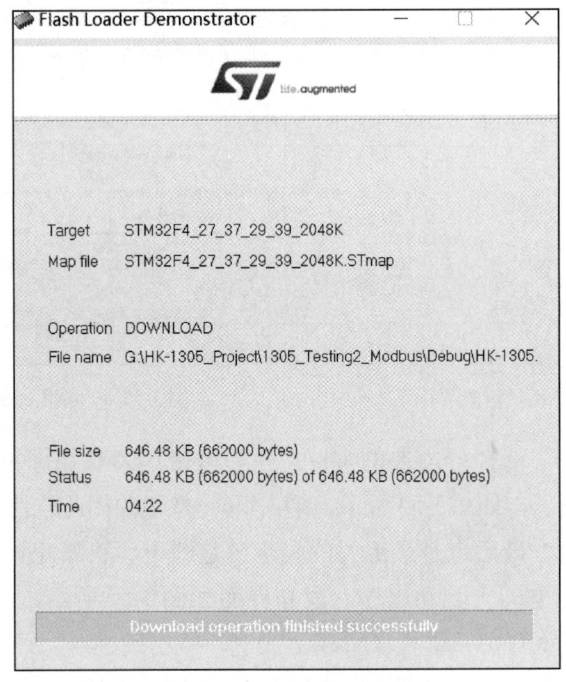

图3-55 重启系统成功界面

（1）安装软件。该软件为绿色版，打开就可以使用。图3-56所示为FlyMcu主界面。

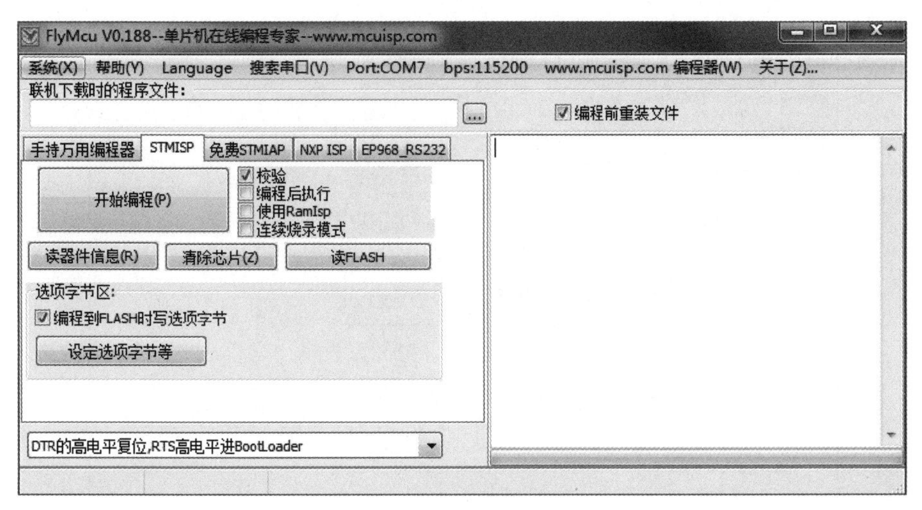

图3-56　FlyMcu主界面

（2）连接配置环境。用串口线连接开发板的ISP接口和计算机，按照下载程序的要求去配置BOOT引脚。

（3）软硬件连接。对FlyMcu刷机工具进行配置，如图3-57所示。选择串口端口，设置波特率，如图3-58左侧所示。

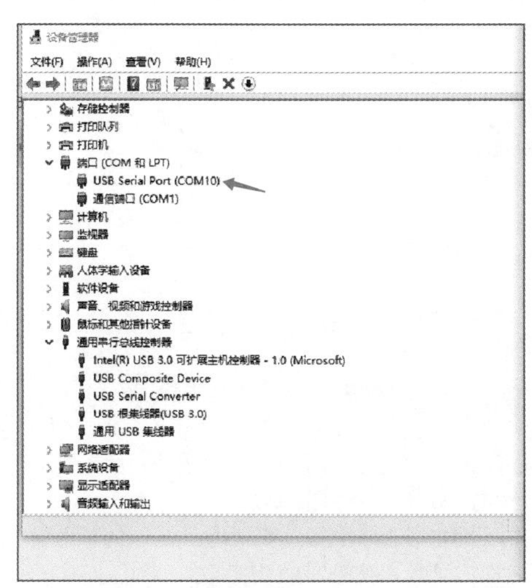

图3-57　设备管理器查询串口号

图3-58　设置波特率与读器件信息

按下“读器件信息”按钮，软件开始与STM32通信，如果读取到芯片的型号、版本、容量等信息，如图3-58右侧所示，表明通信成功；如果一直显示连接中，则需按下reset键，对STM32电路板进行复位操作。

（4）设置软件参数。对软件参数进行设置，分别如图3-59、图3-60所示。

（5）下载程序。选择要下载的程序“*.hex”，然后开始编程。

（6）重启系统。下载完成，Boot0置0，重新启动电源，设置生效。

图3-59　设置软件参数（1）

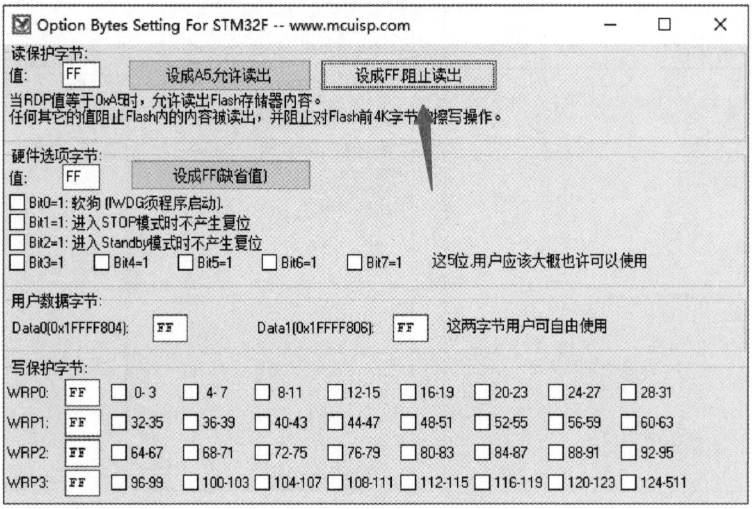

Option Bytes Setting For STM32F -- www.mcuisp.com
读保护字节:
值: FF　设成A5允许读出　设成FF阻止读出
当RDP值等于0xA5时，允许读出Flash存储器内容。
任何其它的值阻止Flash内的内容被读出，并阻止对Flash前4K字节的擦写操作。
硬件选项字节:
值: FF　设成FF(缺省值)
Bit0=1: 软狗 (IWDG须程序启动).
Bit1=1: 进入STOP模式时不产生复位
Bit2=1: 进入Standby模式时不产生复位
Bit3=1　Bit4=1　Bit5=1　Bit6=1　Bit7=1　这5位用户应该大概也许可以使用
用户数据字节:
Data0(0x1FFFF804): FF　Data1(0x1FFFF806): FF　这两字节用户可自由使用
写保护字节:
WRP0: FF　0-3　4-7　8-11　12-15　16-19　20-23　24-27　28-31
WRP1: FF　32-35　36-39　40-43　44-47　48-51　52-55　56-59　60-63
WRP2: FF　64-67　68-71　72-75　76-79　80-83　84-87　88-91　92-95
WRP3: FF　96-99　100-103　104-107　108-111　112-115　116-119　120-123　124-511

图3-60　设置软件参数（2）

任务 3.2 物联网终端数据传输通信

任务描述:

基于虚拟串口的终端数据模拟收发。通过两个虚拟串口，利用串口助手，模拟实现串口之间数据的收发传输。

任务平台配置:

计算机、串口调试助手、虚拟串口软件。

3.2.1 知识准备：通信基础知识

1 串行与并行通信

单片机与外界进行信息交换统称为通信。通信分为两大类：并行通信与串行通信。

1）并行通信

并行通信通常是指将一组数据的各数据位在多条线上同时传输的通信方式，如图3-61所示。

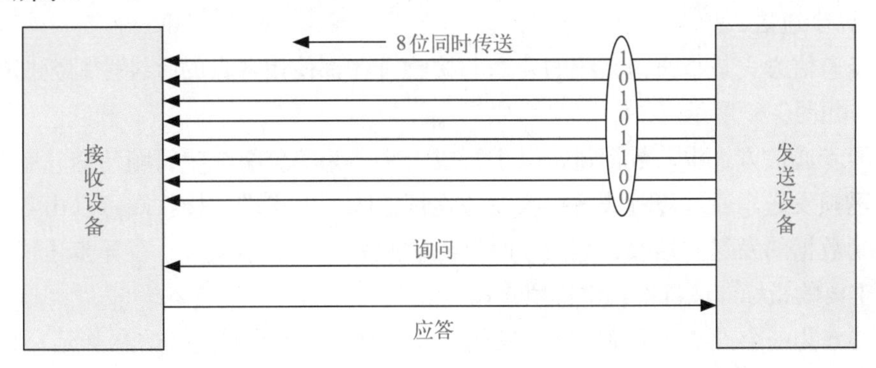

图3-61　并行通信

由图可知可以同时传送8位数据，跟并行的A/D、D/A相似。询问和应答是指发送设备和接收设备询问是否准备好了。

并行通信控制简单，传输速率快、效率高，多用在实时、快速的场合。由于传输线较多，长距离传送成本高且接收方的各位同时接收存在困难，故不宜进行远距离通信。

2）串行通信

串行通信是使用一条数据线，将数据字节分成一位一位的形式依次传输，每一位数据占据一个固定的时间长度，如图3-62所示。

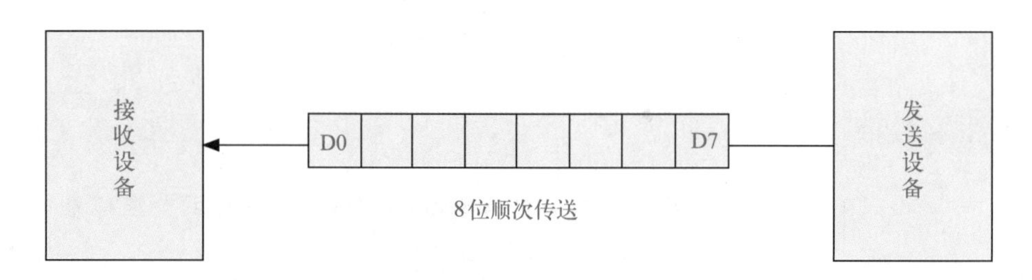

图3-62 串行通信

串行通信传输线少，传送距离长，成本低，且可以利用电话网等现成设备。但数据传送效率低，传送控制比并行通信复杂。常见的符合国际电气化标准的串行接口标准有RS-232、RS-232C、RS-422和RS-485等。

3）并行与串行通信比较

（1）发送数据数量不同。串行通信用一根线在不同的时刻发送8位数据，并行通信在同一时刻发送多位数据。

（2）优点不同。串行通信传输距离远、占用资源少，并行通信发送速度快。

（3）缺点不同。串行通信发送速度慢，并行通信传输距离短、资源占用多。

2 异步与同步通信

按照串行数据的时钟控制方式，串行通信又可分为异步通信和同步通信两种方式。

1）异步通信

异步通信方式是指通信系统的发送与接收设备都使用各自的时钟控制数据的发送和接收，如图3-63所示。

在异步通信方式中，数据通常以字符或者字节为单位组成字符帧传送，字符帧由发送端逐帧发送，通过传输线被接收设备逐帧接收，发送端和接收端可以由各自的时钟来控制数据的发送和接收，这两个时钟源彼此独立，互不同步。在异步通信中有两个比较重要的指标：波特率和字符帧格式。

波特率为一个设备在单位时间内发送（或接收）了多少码元（信息单元）的数据，即单位时间内通过信道传输的码元数称为码元传输速率，简称波特率，其单位是波特（Baud）。波特率是传输通道频宽的指标，是对符号传输速率的一种度量。

异步通信字符帧格式一般由起始位、数据位、奇偶校验位和停止位四部分组成，通常由10位字符组成，如图3-64所示。

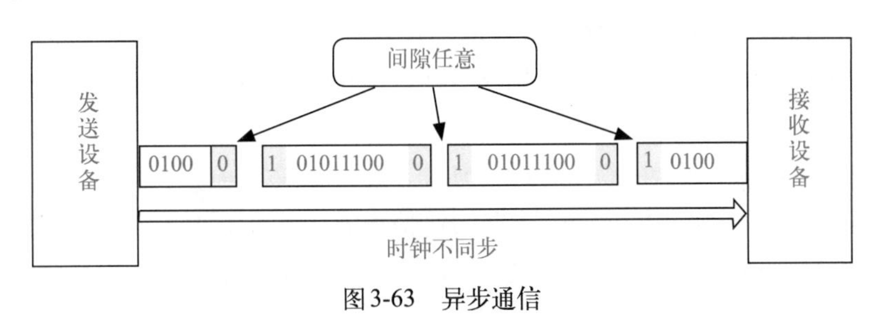

图3-63　异步通信

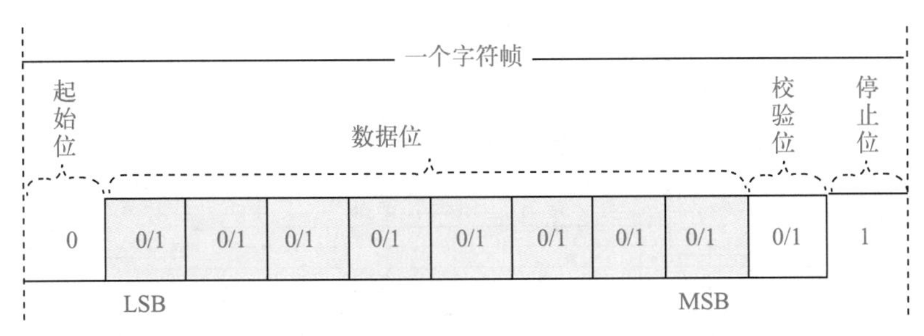

图3-64　异步通信数据格式

起始位字符数为1位。起始位通过通信线传向接收设备，当接收设备检测到这个逻辑低电平后，就开始准备接收数据位信号。

数据位即发送的有效信息，字符个数可以是5、6、7或8位。在字符数据传送过程中，数据位从最低位（LSB）开始传输，最高位（MSB）结束。

奇偶校验位用于有限差错检测，字符个数1位。通信双方在通信时需约定一致的奇偶校验方式用于检错，通常可以省略。

最后是停止位，停止位是一个字符帧的结束标志，可以是1位、1.5位或2位。

在数据发送过程中，发送方和接收方设定统一的波特率，按照起始位、数据位、校验位、停止位的顺序发送。发送完成后，进入下一字符帧的发送，直至整个数据发送完毕，如图3-65所示。

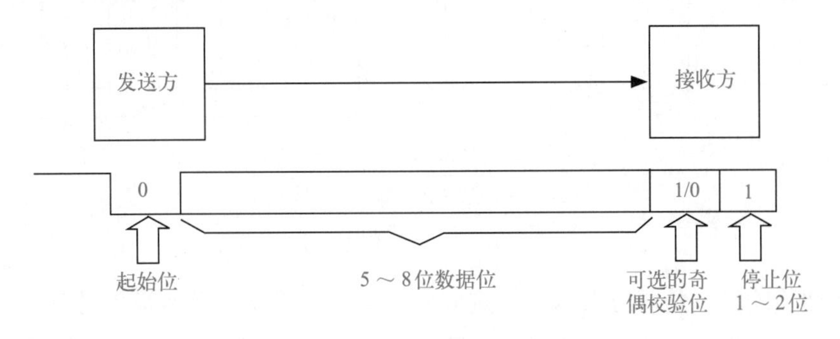

图3-65　异步通信数据发送

异步通信是按字符帧传输的，每传输一个字符帧就用起始位来统一收、发双方的同步，不会因收发双方的时钟频率偏差导致错误，且通信设备简单，实现容易，设备开销较小。异步通信的缺点是信道利用率较低，传输效率不高。但随着光网络的发展，这些已不是根本问题。

2）同步通信

同步通信是一种连续串行传送数据的通信方式，同步通信双方必须先建立同步，即双方的时钟要调整到同一个频率，收发双方不停地发送和接收数据信息，如图3-66所示。同步通信方式下，发送方除了发送数据，还要传输同步时钟信号，信息传输的双方用同一个时钟信号确定传输过程中的每1位字符。

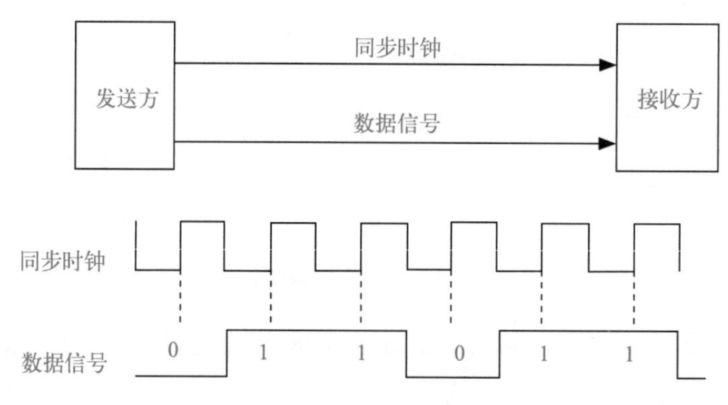

图3-66 同步通信

同步通信一次通信只传送一帧信息，这里的信息帧与异步通信中的字符帧不同，同步通信方式是把许多字符组成一个信息帧组，字符一个接一个地传输，是一种连续串行传送数据的通信方式。

由于确保收发双方时钟同步的因素，在每组信息（通常称为信息帧）的开始要加上同步字符，在没有信息要传输时，要填上空字符，因为同步传输不允许有间隙。同步通信要确保收发双方在同一时钟上信息数据的一致，如图3-67所示。

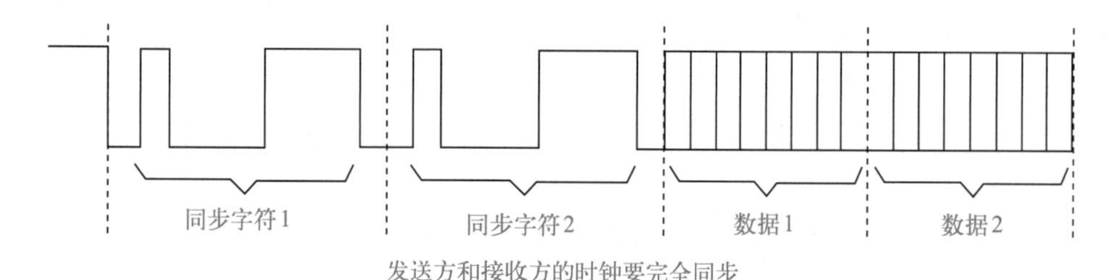

图3-67 同步通信数据帧

同步通信的优点是双方要事先约定同步的字符个数及同步字符代码，可以实现高速度、大容量的数据传送；缺点是进行数据传输时，发送和接收双方要保持完全的同步，因此要求接收和发送设备必须使用同一时钟，同时硬件比较复杂。

3 串行通信的传输方式

根据信息的传送方向，串行通信可以进一步分为单工、半双工和全双工三种，如图3-68所示。信息只能单向传送为单工，信息能双向传送但不能同时双向传送称为半双工，信息能够同时双向传送则称为全双工。

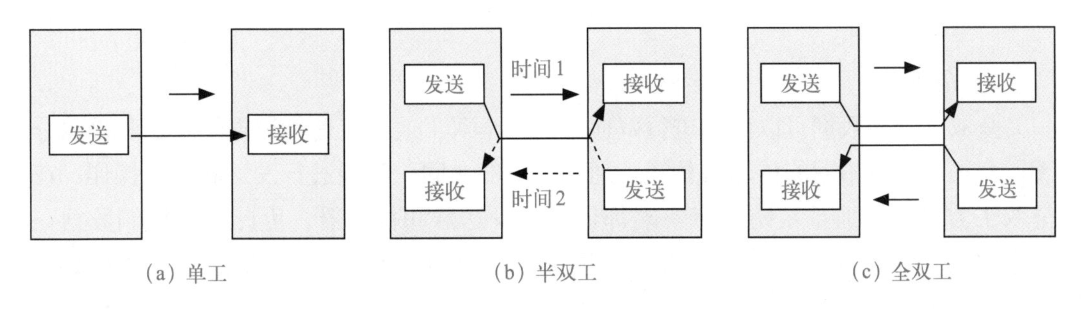

图3-68　串行通信信息传送方式

1）单工

单工是指数据传输仅能沿着一个方向，不能实现反向传输。单工通信属于点到点的通信。单工通信信道是单向信道，发送端和接收端的身份是固定的，发送端只能发送信息，不能接收信息；接收端只能接收信息，不能发送信息，数据信号仅从一端传送到另一端，即信息流是单方向的。遥控、遥测、收音机、电视机等，就是单工通信方式，如图3-69所示。

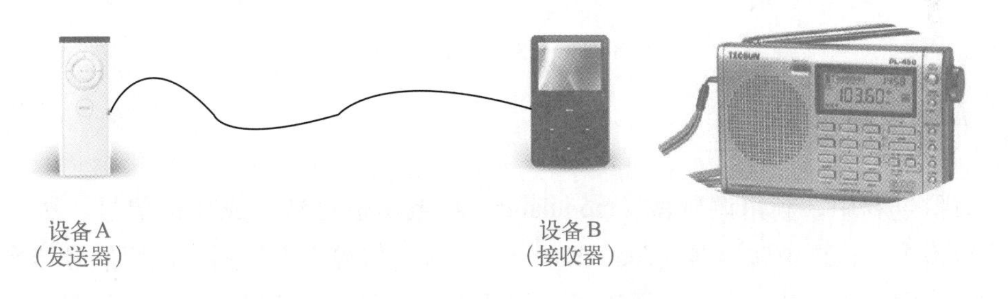

图3-69　单工通信信息传输

2）半双工

半双工是指数据传输可以沿两个方向，不能实现反向传输。半双工通信发送和接收使用同一根传输线，虽然数据可以在两个方向上传送，但通信双方不能同时收发数据。采用半双工方式时，通信系统每一端的发送器和接收器，通过收/发开关转接到通信线上，进行方向的切换，因此会产生时间延迟。对讲机就是工作中常用的半双工通信方式，收/发开关实际上是由软件控制的电子开关，如图3-70所示。

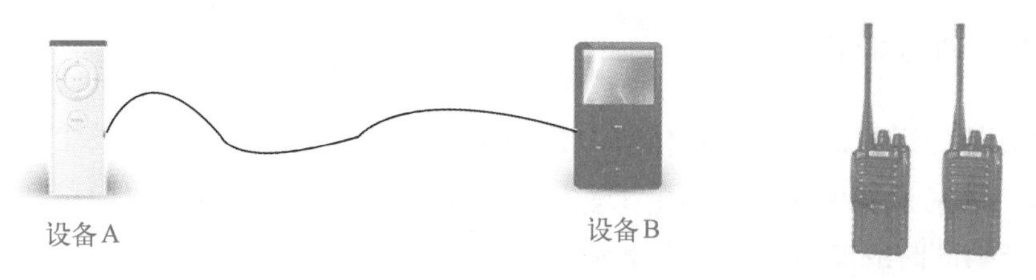

图3-70 半双工通信信息传输

3）全双工

全双工是指数据可以同时进行双向传输。全双工通信就是指数据的发送和接收分流，分别由两根不同的传输线传送，通信双方能在同一时刻进行发送和接收操作。在全双工方式下，通信系统的每一端都设置了发送器和接收器，因此，能控制数据在两个方向上同时传送。全双工方式无须进行方向的切换，需要2根数据线传送数据信号。

电话线就是二线全双工信道。由于采用了回波抵消技术，双向的传输信号不致混淆不清，如图3-71所示。双工信道有时也将收、发信道分开，采用分离的线路或频带传输相反方向的信号。

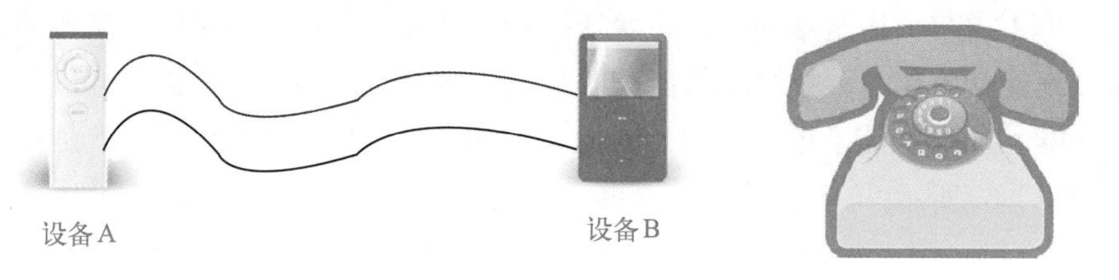

图3-71 全双工通信信息传输

4 信号的调制与解调

通信过程中，利用调制器（modulator）把数字信号转换成模拟信号，然后送到通信线路上去，再由解调器（demodulator）把从通信线路上收到的模拟信号转换成数字信号。由于通信是双向的，调制器和解调器合并在一个装置中，这就是调制解调器（modem）。

从图3-72可以看出，早期的计算机网络通信就是利用串口RS-232C（是计算机串口电平）经过调制解调器实现双向通信的，当然传输速率相当低。

5 串行通信的错误校验

1）奇偶校验

在发送数据时，数据位尾随的1位为奇偶校验位（1或0）。奇校验时，数据中“1”的个数与校验位“1”的个数之和应为奇数；偶校验时，数据中“1”的个数与校验位

“1”的个数之和应为偶数。接收字符时，对“1”的个数进行校验，若发现不一致，则说明传输数据过程中出现了差错。注意，本书后面列出的程序并没有加校验。

图3-72　早期的计算机网络通信

2）代码和校验

代码和校验是发送方将所发数据块求和（或各字节异或），产生一个字节的校验字符（校验和）附加到数据块末尾。接收方接收数据的同时对数据块（除校验字节外）求和（或各字节异或），将所得结果与发送方的“校验和”进行比较，相符则无差错，否则即认为传送过程中出现了差错。

3）循环冗余校验

循环冗余校验是通过某种数学运算实现有效信息与校验位之间的校验，常用于对磁盘信息的传输、存储区完整性的校验等。这种校验方法纠错能力强，广泛应用于同步通信中。

6　传输速率与传输距离

1）传输速率

比特率是每秒钟传输二进制代码的位数，单位是位/秒（b/s）。如每秒钟传送240个字符，而每个字符格式包含10位（1个起始位，1个停止位，8个数据位），这时的比特率为10 × 240个/s=2400b/s。

2）传输距离与传输速率的关系

串行接口或终端直接传送串行信息位流的最大距离与传输速率及传输线的电气特性有关。当传输线使用每0.3m（约1英尺）有50pF电容的非平衡屏蔽双绞线时，传输距离随传输速率的增加而减小，当比特率超过1000b/s时，最大传输距离迅速下降，如9600b/s时最大距离下降到只有76m（约250英尺）。

3.2.2　任务实施

1　虚拟串口安装与使用

虚拟串口（virtual serial port driver，VSPD）是一款非常好用的工具，由著名软件公司Eltima开发，是虚拟串口软件中的佼佼者。它支持快速调试代码、添加无限个虚拟串口、实时虚拟串口数据传输监控等多种功能，并且能够创建任何用户想使用的端口号。使用VSPD XP，可以在系统中创建任意数量的纯虚拟串行端口，并通过虚拟调制解调器电缆成对连接，而无须占用实际的串行端口。虚拟串口软件的界面十分友好，拥有多种工作模式以适应不同的开发者用户。下面以vspd6.9版本为例进行介绍。

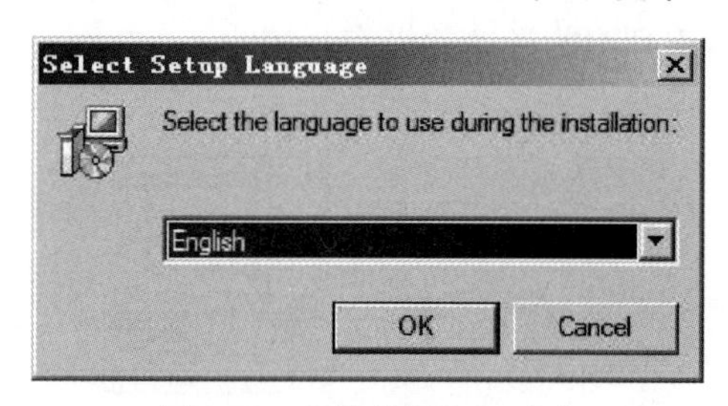

图3-73　安装虚拟串口（1）

（1）双击vspd.exe图标，弹出如图3-73所示的界面，选择软件语言为English。

（2）单击OK按钮，进入到Virtual Serial Port Driver 6.9的安装向导界面，如图3-74所示。

（3）单击Next按钮，出现如图3-75所示的界面，选择I accept the agreement。

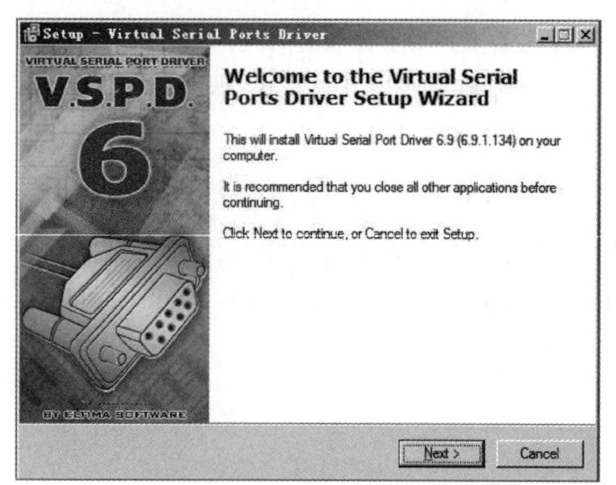

图3-74　安装虚拟串口（2）

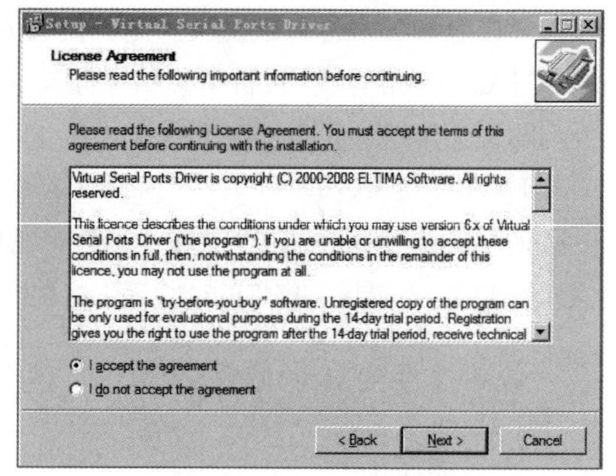

图3-75　安装虚拟串口（3）

（4）单击Next按钮，弹出如图3-76所示的界面，选择软件安装目录，默认为“C:Program Files（x86）Eltima Software Virtual Serial Port Driver 6.9”，完成安装。

（5）打开虚拟串口软件，主界面如图3-77所示，创建虚拟端口对：选择要配对的端口。用户可以从下拉列表中选择端口或指定自定义端口名称，单击“添加虚拟对”按钮。

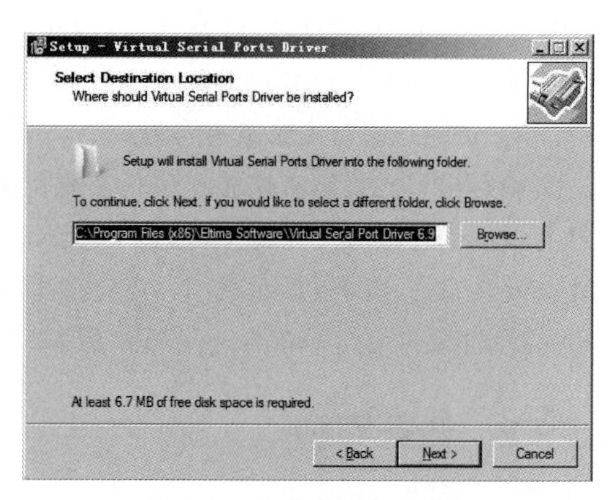

图3-76　安装虚拟串口（4）

虚拟对的数量不受限制，可以根据需要创建任意数量的虚拟端口对。

然后右击“我的电脑”→“设备管理器”，查看新添加的端口号，此时，端口已经可以使用了。图3-78为设备管理器界面。

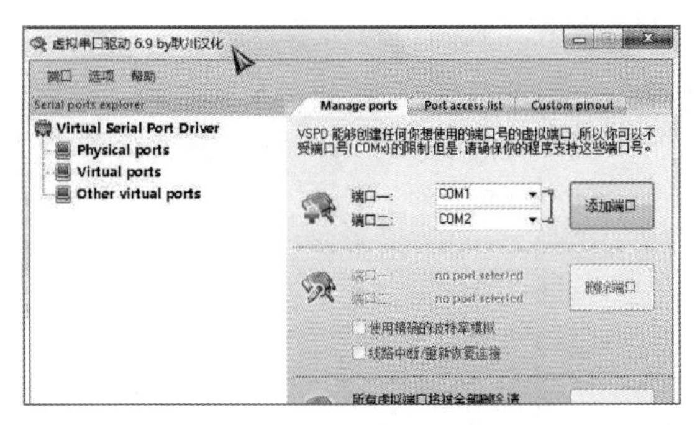

图3-77　虚拟串口主界面

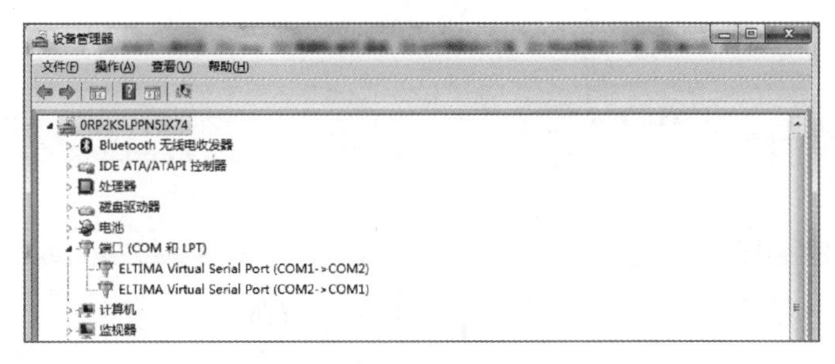

图3-78　设备管理器界面

2　通过串口助手模拟串口数据收发

（1）设置端口。同时打开两个SSCOM串口助手，如图3-79所示，分别设定端口号为COM1、COM2，其余参数设为默认。单击“打开串口”按钮。

通过设置，利用两个串口助手对虚拟产生的两个互连端口进行了对应控制，即可通过串口助手进行数据的传输操作。

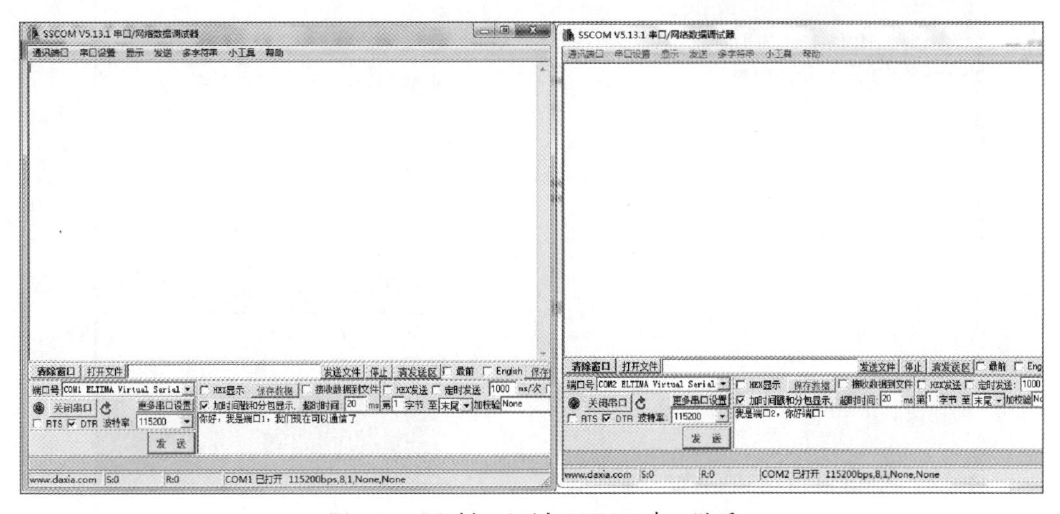

图3-79　同时打开两个SSCOM串口助手

（2）发送数据。在SSCOM串口助手2的发送窗口中输入“你好，端口1，我是端口2。”，然后单击“发送”按钮，如图3-80所示。

图3-80 虚拟串口1界面

（3）接收数据。在SSCOM串口助手1的发送窗口中输入“你好，我是端口1。我们现在可以通信了！”，然后单击“发送”按钮，如图3-81所示。测试结束后停止发送，关闭串口。

COM1和COM2两个端口如果都能实现数据的收发，说明整个实验环境安装正确，即可进入更高级别的实验。

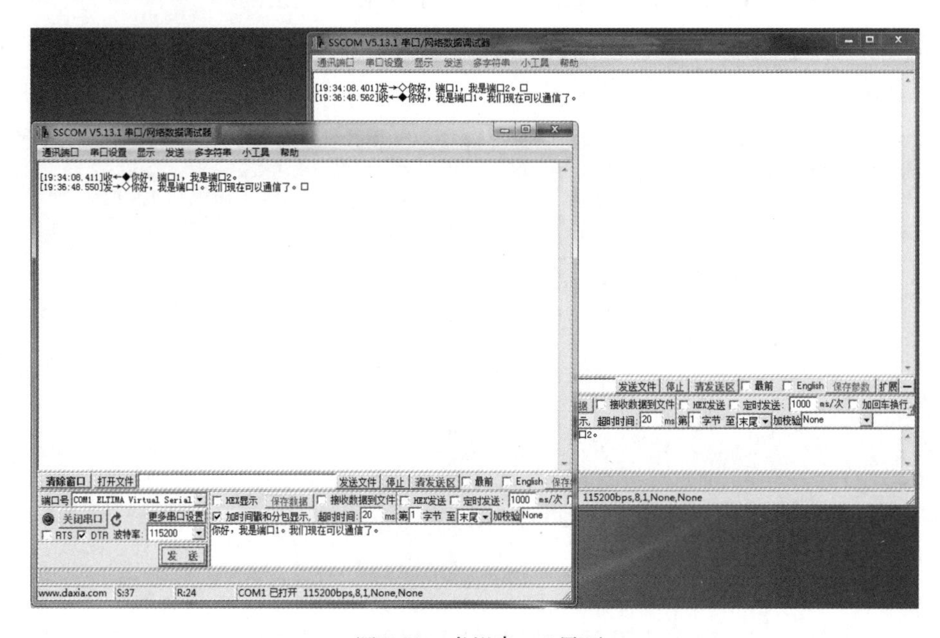

图3-81 虚拟串口2界面

任务 3.3 I2C 通信及应用

任务描述:

运用控制板对I2C接口的设备FW24W256进行访问，实现I2C通信。

任务平台配置:

实训台、计算机、ST-Link；Keil MDK。

3.3.1　知识准备：I2C通信相关知识

1　I2C 通信概述

在前文的项目1中介绍过I2C。它是一种串行通信总线，是由飞利浦公司开发的两线式串行总线，用于连接微控制器及其外围设备。它是由数据线 SDA 和时钟线 SCL 构成的，可发送和接收数据。在 CPU（单片机）与I2C模块之间、I2C模块与I2C模块之间进行双向传送。其主要术语如表3-4所示。

表3-4　I2C总线术语的定义

术语	描述
发送器	发送数据到总线的器件
接收器	从总线接收数据的器件
主机	初始化发送、产生时钟信号和终止发送的器件
从机	被主机寻址的器件
多主机	同时有多于一个主机尝试控制总线，但不破坏报文
仲裁	是一个有多个主机尝试控制总线，但只允许其中一个控制总线并使报文不被破坏的过程
同步	两个或多个器件同步时钟信号的过程

2 I2C 通信物理连接

I2C串行总线由两根信号线组成：一根是双向的数据线SDA，另一根是时钟线SCL。所有设备上的串行数据线接到总线的SDA上，所有设备上的时钟线接到总线的SCL上。如图3-82所示，I2C总线通过上拉电阻接正电源，当总线空闲时，两根线均为高电平。连到总线上的任一器件输出的低电平，都将使总线的信号变低，即各器件的SDA及SCL都是线“与”关系。连接到总线的器件输出必须是漏极开路或集电极开路才能执行线与功能。I2C总线上数据的传输速率在标准模式下可达100Kb/s，在快速模式下可达400Kb/s，在高速模式下可达3.4Mb/s。连接到总线的接口数量只由总线电容是400pF的限制决定。

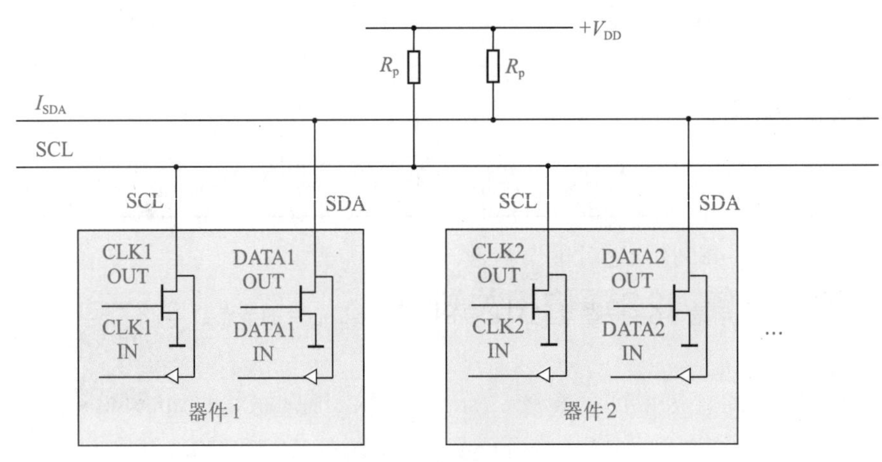

图3-82 I2C硬件连接

I2C总线数据传输由主机控制。主机启动数据的传送、发出时钟信号以及传送结束时发出停止信号，通常主机都是微处理器。被主机寻址的设备是从机，为了进行通信，每个接到I2C总线的设备都有一个唯一的地址，以便于主机寻访。主机和从机的数据传送，可以由主机发送数据到从机，也可以由从机发送数据到主机。

3 I2C 通信数据传输

1）空闲状态

I2C总线的SDA和SCL两条信号线同时处于高电平时，规定为总线的空闲状态。此时各个器件的输出级场效应管均处在截止状态，即释放总线，由两条信号线各自的上拉电阻把电平拉高。

2）数据的有效性

I2C总线进行数据传送时，时钟信号为高电平期间，数据线上的数据必须保持稳定，只有在时钟线上的信号为低电平期间，数据线上的高电平或低电平状态才允许变化。图3-83是I2C总线的位传输示意图。

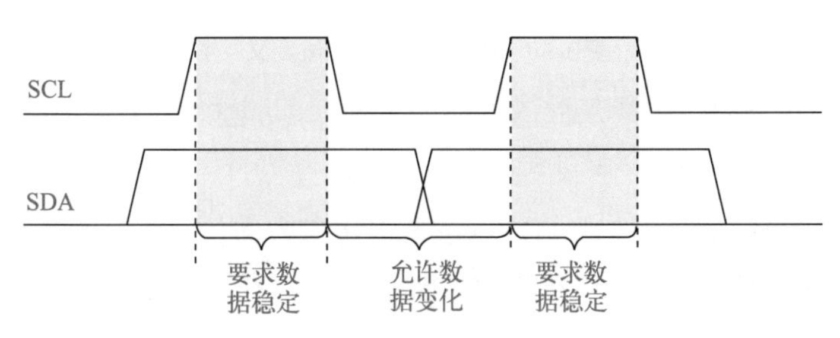

图3-83　I2C总线的位传输

3）起始和终止信号

起始和终止信号由主机产生，SCL时钟线为高电平期间，SDA数据线由高电平向低电平的变化表示起始信号，由低电平向高电平的变化表示终止信号，如图3-84所示。

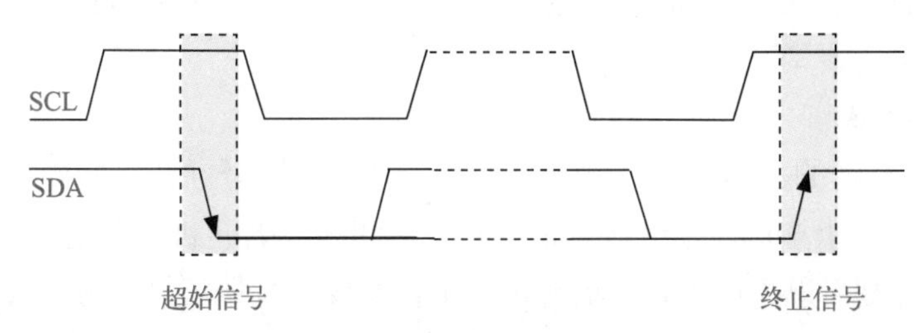

图3-84　起始和终止条件

4）I2C数据传输

发送到SDA总线上的每一个字节都必须是8位，每次传输发送的字节数量不受限制。数据传送时，每一个被传送的字节后面必须跟随一位应答位（即一帧共有9位），先传送最高位（MSB），如图3-85所示。

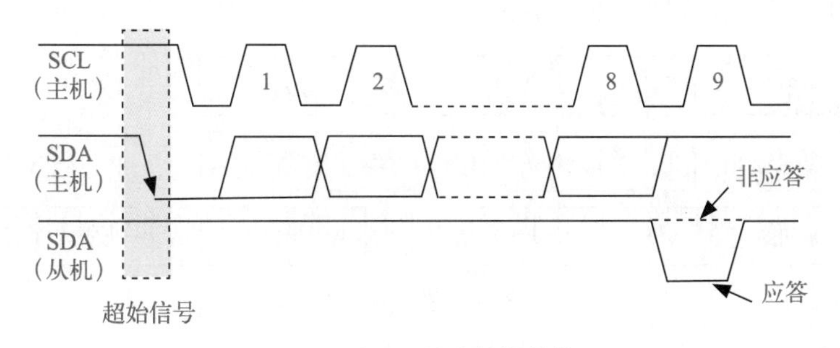

图3-85　I2C总线数据传输

5）应答信号

数据传输必须带应答，相关的应答时钟由主机产生。在应答的时钟脉冲期间，发送器释放SDA线，接收器必须将SDA线拉低，使它在这个时钟脉冲的高电平期间保持稳定的低电平，同时必须考虑建立和保持时间。

6）总线的寻址

I2C总线协议有明确的规定：采用7位的寻址字节（寻址字节是起始信号后的第一个字节），寻址字节的位定义如表3-3所示。

表3-3 I2C寻址字节的位定义

位	7	6	5	4	3	2	1	0
	从机地址							读写

D7 ~ D1位组成从机的地址。D0位是数据传送方向位，为“0”时表示主机向从机写数据，为“1”时表示主机由从机读数据。

主机发送地址时，总线上的每个从机都将这7位地址码与自己的地址进行比较，如果相同，则认为自己正被主机寻址，根据R/W位将自己确定为发送器或接收器。从机的地址由固定部分和可编程部分组成。在一个系统中可能希望接入多个相同的从机，从机地址中可编程部分决定了可接入总线该类器件的最大数目。例如，一个从机的7位寻址位有4位是固定位，3位是可编程位，这时仅能寻址8个同样的器件，即可以有8个同样的器件接入该I2C总线系统中。

7）数据帧格式

I2C总线上传送的数据信号是广义的，既包括地址信号，又包括真正的数据信号。每次数据传送总是由主机产生的终止信号结束。但是，若主机希望继续占用总线进行新的数据传送，则可以不产生终止信号，马上再次发出起始信号对另一从机进行寻址。在总线的一次数据传送过程中，可以有以下几种组合方式:

（1）主机向从机发送数据，数据传送方向在整个传送过程中不变。

（2）主机在第一个字节后，立即从从机读数据。

（3）在传送过程中，当需要改变传递方向时，起始信号和从机地址都被重复一次产生一次，但两次读/写方向位正好相反。

图3-86分别是以上3种数据帧格式。

S	从机地址	0	A	数据	A	数据	A/$\overline{A}$	P

S	从机地址	1	A	数据	A	数据	$\overline{A}$	P

S	从机地址	0	A	数据	A/$\overline{A}$	S	从机地址	1	A	数据	$\overline{A}$	P

图3-86 数据帧格式

3.3.2 任务实施

1 电路分析

I2C通信的芯片与控制器之间通常采用如图3-87所示的连接方式。

I2C芯片与主控芯片之间的连接采用两根线：一根数据线SDA，一根时钟线SCL。两根线需连接到主控芯片的I/O口。同时数据线与时钟线需要上拉到电源，其中A0、A1、A2是从器件的地址，从电路图中可见该地址固定为001。

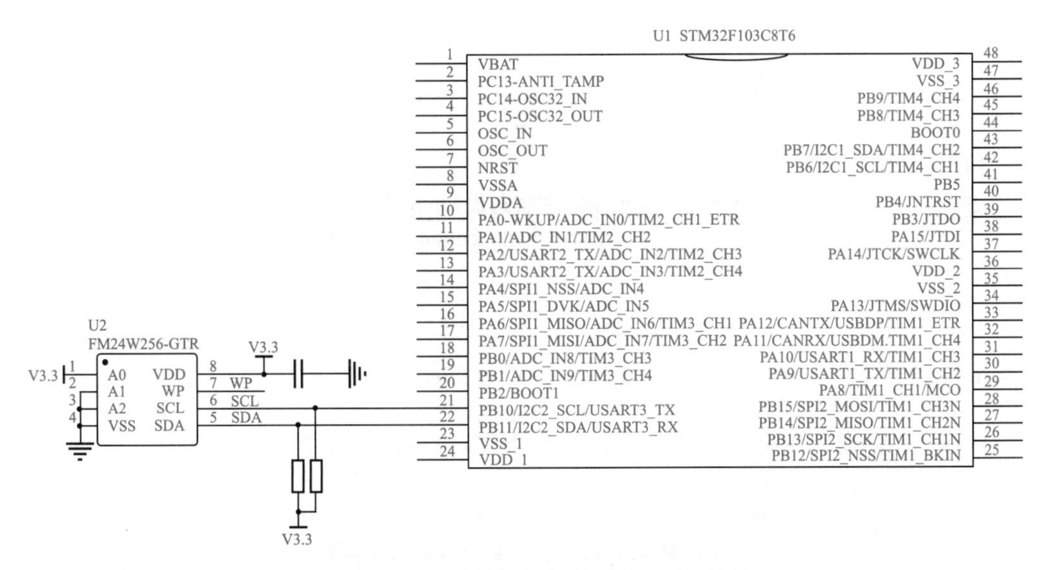

图3-87　I2C芯片与控制器之间的硬件连接

2　代码分析

1）起始信号

起始信号是由主机发出的，当 SCL 线是高电平时 SDA 线从高电平向低电平切换，这种情况表示通信的起始。

```
void I2C_Start (void)
{
  SDA_OUT () ;           //设置SDA线方向是输出
  I2C_SDA=1;             //数据线为高电平
  delay_us (2) ;         //延时2μs
  I2C_SCL=1;             //时钟线为高时
  delay_us (2) ;         //延时2μs
  I2C_SDA=0;             //数据线由高到低
  delay_us (4) ;         //延时2μs
  I2C_SCL=0;             //时钟线拉低，钳住I2C总线，准备发送数据
}
```

2）终止信号

当 SCL 是高电平时 SDA 线由低电平向高电平切换，这种情况表示通信的停止。

```
void I2C_Stop (void)
{
  SDA_OUT () ;           //设置SDA线方向是输出
  I2C_SCL=0;             //时钟线为低时，数据线才能变化为0
  delay_us (2) ;         //延时2μs
  I2C_SDA=0;             //数据线为低
  delay_us (2) ;         //延时2μs
  I2C_SCL=1;             //时钟线为高时
```

```
I2C_SDA=1;            //数据线由低到高
delay_us (4) ;        //延时4μs
}
```

3）应答信号

应答信号是SCL时钟线为高电平期间，SDA数据线由低电平向高电平的变化。

```
void I2C_Ack (void)
{
  I2C_SCL=0;     //确保时钟线为低时，数据线才能变化为0，否则可能变成起始信号
  SDA_OUT () ;          //SDA由读取改为发送
  delay_us (2) ;
  I2C_SDA=0;            //拉低SDA，表示应答
  delay_us (2) ;
  I2C_SCL=1;            //SCL先上升
  delay_us (2) ;
  I2C_SCL=0;            //SCL再下降，形成一个脉冲，应答才生效
}
```

4）无应答信号

```
void I2C_NoAck (void)
{
        SCL_L;
        I2C_delay () ;
        SDA_H;
        I2C_delay () ;
        SCL_H;
        I2C_delay () ;
        SCL_L;
        I2C_delay () ;
}
```

5）等待应答信号

```
FunctionalState I2C_WaitAck (void)
{
        SCL_L;
        I2C_delay () ;
        SDA_H;
        I2C_delay () ;
        SCL_H;
        I2C_delay () ;
        if (SDA_read)
        {
    SCL_L;
    return DISABLE;
```

```
        }
        SCL_L;
        return ENABLE;
}
```

6）发送1字节

```
void I2C_SendByte (uint8_t SendByte)
{
        uint8_t i=8;
        while (i--)
        {
                SCL_L;
                I2C_delay () ;
                if (SendByte&0x80)
                        SDA_H;
                else
                        SDA_L;
                SendByte<<=1;
                I2C_delay () ;
                SCL_H;
                I2C_delay () ;
        }
        SCL_L;
}
```

7）接收1字节

```
uint8_t I2C_ReceiveByte (void)
{
  uint8_t i=8;
  uint8_t ReceiveByte=0;

  SDA_H;
  while (i--)
  {
    ReceiveByte<<=1;
    SCL_L;
    I2C_delay () ;
    SCL_H;
    I2C_delay () ;
    if (SDA_read)
    {
      ReceiveByte|=0x01;
    }
  }
  SCL_L;
  return ReceiveByte;
}
```

任务 3.4 SPI 通信及应用

任务描述:

运用控制板对SPI接口的设备DS1302进行访问，实现SPI通信。

任务平台配置:

实训台、计算机、ST-Link；Keil MDK。

3.4.1　知识准备：SPI通信相关知识

1　SPI 通信概述

1）SPI介绍

SPI（serial peripheral interface，串行外围设备接口）是摩托罗拉公司首先在其MC68HCXX系列处理器上定义的。SPI 接口主要应用在EEPROM、Flash、实时时钟、AD 转换器，还有数字信号处理器和数字信号解码器之间。

SPI是一种高速的、全双工、同步的通信总线，并且在芯片的管脚上只占用四根线，节约了芯片的管脚，同时节省了印制电路板的布局空间。正是出于这种简单易用的特性，现在越来越多的芯片集成了这种通信协议。

2）SPI通信特点

（1）采用主-从模式（master-slave）的控制方式。SPI协议规定两个SPI设备之间通信必须由主设备来控制从设备。一个主设备可以通过对从设备进行片选来控制多个从设备，同时SPI协议还规定从设备的时钟（Clock）由主设备通过SCK管脚提供给从设备，从设备本身不能产生时钟。

（2）采用同步方式（synchronous）传输数据。主设备会根据将要交换的数据来产生相应的时钟脉冲，时钟脉冲组成了时钟信号，时钟信号通过时钟极性（CPOL）和时钟相位（CPHA）控制两个 SPI 设备间何时数据交换以及何时对接收到的数据进行采样，以保证数据在两个设备之间是同步传输的。

（3）数据交换（data exchange）。SPI设备间的数据传输之所以又被称为数据交换，是因为SPI协议规定一个SPI设备不能在数据通信过程中仅仅充当一个“发送者（transmitter）”或者“接收者（receiver）”。在每个时钟周期内，SPI设备都会发送并接收1比特（bit）的数据，相当于该设备有1比特的数据被交换了。

由此可见，SPI通信具有全双工通信、通信简单、数据传输速率快等优点。但同时SPI通信也有其缺点，比如没有指定的流控制，没有应答机制确认是否接收到数据，所以跟其他总线协议（比如I2C通信）相比，在数据可靠性上，SPI通信有一定的缺陷。

2　SPI通信的物理连接

SPI通信采用主从工作模式，一个SPI主机可以挂载多个SPI从机，如图3-88所示。

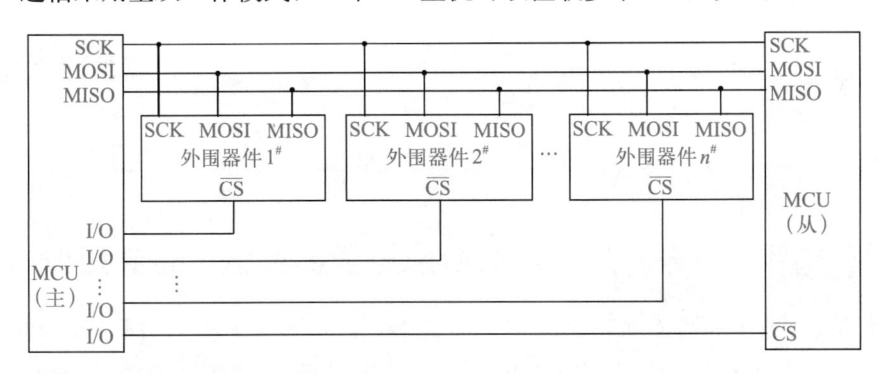

图3-88　SPI一主挂多从示意图

可以看出，SPI通信包含4根连接线（单向传输时可以使用3根线）：

① CS（chip select）　片选信号线，常称为从设备选择信号线，也称为SS（slave select）。每个从设备都有一条独立的片选信号线，主机通过将某个设备的片选信号线置低电平来选择与之通信的从设备，有多少个从设备，就有多少条片选信号线，所以SPI通信以片选信号线电平置低为起始信号，以片选信号线电平拉高为停止信号。

② SCK（serial clock）　时钟信号线，用于通信同步。该信号由主设备产生，不同的设备支持的时钟频率不一样。

③ MOSI（master output，slave input）　主设备输出/从设备输入信号线。主机的数据从这条信号线输出，从机的数据从这条信号线读入，即这条信号线数据的方向为主机到从机。

④ MISO（master input，slave output）　主设备输入/从设备输出信号线。主机的数据从这条信号线读入，从机的数据从这条信号线输出，即这条信号线数据的方向为从机到主机。

3　SPI通信数据传输

SPI通信有4种不同的工作模式，如表3-5所示。不同的从设备在出厂时就配置为某种模式，这是不能改变的，但SPI又要求通信双方必须工作在同一模式下，所以需要对主设备的SPI模式进行配置。这里需要了解两个概念：时钟极性和时钟相位。

时钟极性（CPOL）用来配置SCLK的电平处于哪种状态时是空闲态或者有效态：

CPOL=0，表示当SCLK=0时处于空闲态，当SCLK=1时处于有效状态；

CPOL=1，表示当SCLK=1时处于空闲态，当SCLK=0时处于有效状态。

时钟相位（CPHA）用来配置数据采样是在第几个边沿：

CPHA=0，表示数据采样是在第1个边沿；

CPHA=1，表示数据采样是在第2个边沿。

表3-5　SPI通信工作模式

工作模式	CPOL	CPHA	空闲时SCK时钟	采样时钟
0	0	0	低	奇数边沿（第1个边沿）
1	0	1	低	偶数边沿（第2个边沿）
2	1	0	高	奇数边沿（第1个边沿）
3	1	1	高	偶数边沿（第2个边沿）

SPI通信工作模式的时序图可参考图3-89。首先分析这个CPHA=0 的时序图。根据SCK在空闲状态时的电平，分为两种情况。SCK信号线在空闲状态为低电平时，CPOL=0，对应模式0（Mode 0）；空闲状态为高电平时，CPOL=1，对应模式2（Mode 2）。

无论CPOL=0还是CPOL=1，因为配置的时钟相位CPHA=0，从图3-89中可以看到，采样时刻都是在SCK的奇数边沿。注意当CPOL=0的时候，时钟的奇数边沿是上升沿，而CPOL=1的时候，时钟的奇数边沿是下降沿。所以SPI的采样时刻不是由上升/下降沿决定的。MOSI和MISO数据线的有效信号在SCK的奇数边沿保持不变，数据信号将在SCK奇数边沿时被采样，在非采样时刻，MOSI和MISO的有效信号才发生切换。

类似地，当CPHA=1时，不受CPOL的影响，数据信号在SCK的偶数边沿被采样。

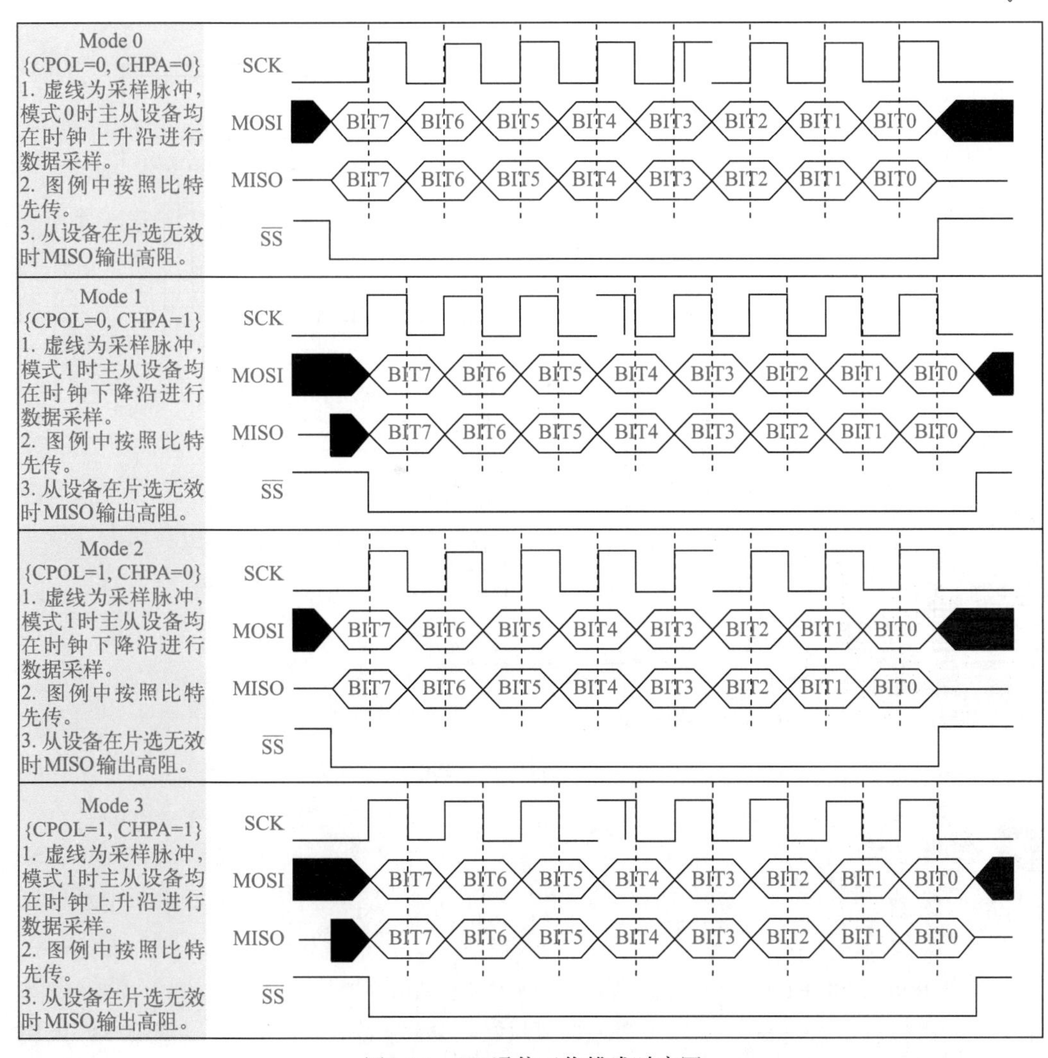

图3-89　SPI通信工作模式时序图

3.4.2　任务实施

1　电路分析

DS1302是涓流充电时钟芯片，内含实时时钟/日历电路和31字节静态RAM。实时时钟/日历电路提供秒、分、时、日、星期、月、年的信息，每月的天数和闰年的天数可自动调整，时钟操作可通过AM/PM指示决定采用24或12小时格式。DS1302与单片机之间能简单地采用SPI同步串行的方式进行通信，仅需用到三根信号线：RES（复位）、I/O（数据线）和SCLK（同步串行时钟）。通过LCD显示日期和时间，其电路如图3-90所示。

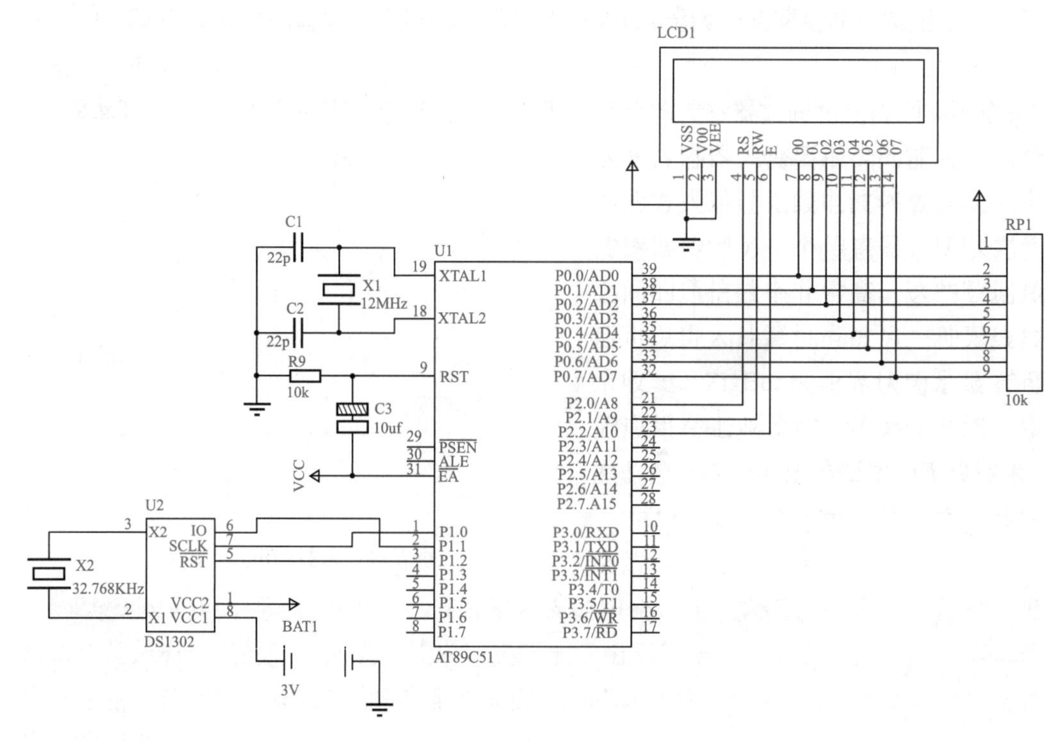

图3-90 DS1302电路图

2 代码分析

```
//------------------------函数声明，变量定义-------------
sbit SCK=P1^0;          // 将p1.0口模拟时钟输出
sbit MOSI=P1^1;         // 将p1.1口模拟主机输出
sbit MISO=P1^2;         // 将p1.1口模拟主机输入
sbit SS1=P1^3;          // 将p1.1口模拟片选
#define delayNOP ( ) ; {_nop_ ( ) ;_nop_ ( ) ;_nop_ ( ) ;_nop_ ( ) ;};
//-----------------------------------------------------//
// 函数名称: SPISendByte
// 入口参数: ch
// 函数功能: 发送1字节
//-----------------------------------------------------//
void SPISendByte (unsigned char ch)
{
unsigned char n=8;      // 向SDA上发送1字节，共8位
SCK = 1 ;               //时钟置高
SS1 = 0 ;               //选择从机
while (n--)
        {
delayNOP ( ) ;
SCK = 0 ;               //时钟置低
```

```
if ((ch&0x80) == 0x80)          // 若要发送的数据最高位为1则发送位1
          {
MOSI = 1;                       // 传送位1
}
else
          {
MOSI = 0;                       // 否则传送位0
}
delayNOP () ;
ch = ch<<1;                     // 数据左移1位
SCK = 1 ;                       // 时钟置高
}
}
//----------------------------------------------------------//
// 函数名称: SPIreceiveByte
// 返回接收的数据
// 函数功能: 接收1字节子程序
//----------------------------------------------------------//
unsigned char SPIreceiveByte ()
{
unsigned char n=8;              // 从MISO线上读取1字节，共8位
unsigned char tdata;
SCK = 1;                        // 时钟为高
SS1 = 0;                        // 选择从机
while (n--)
{
Tdata=0;
delayNOP () ;
SCK = 0;                        // 时钟为低
delayNOP () ;
data = tdata<<1;                // 左移1位，或_crol_ (temp,1)
if (MISO == 1)
tdata = tdata|0x01;             // 若接收到的位为1，则数据的最后一位置1
else
tdata = tdata&0xfe;             // 否则数据的最后一位置0
SCK=1;
}
return (tdata) ;
}
//----------------------------------------------------------//
// 函数名称: SPIsend_receiveByte
// 入口参数: ch
// 返回接收的数据
// 函数功能: 串行输入/输出子程序
//----------------------------------------------------------//
unsigned char SPIsend_receiveByte (unsigned char ch)
```

```
{
unsigned char idata n=8;          // 从MISO线上读取数据字节，共8位
unsigned char tdata;
SCK = 1;                          //时钟为高
SS1 = 0;                          //选择从机
while (n--)
{
delayNOP () ;
SCK = 0;                          //时钟为低
delayNOP () ;
{
tdata = tdata<<1;                 // 左移1位，或_crol_ (temp,1)
if (MISO == 1)
tdata = tdata|0x01;               // 若接收到的位为1，则数据的最后一位置1
else
tdata = tdata&0xfe;               // 否则数据的最后一位置0
if ((ch&0x80) == 0x80)            // 若要发送的数据最高位为1，则发送位1
MOSI = 1;                         // 传送位1
else
MOSI = 0;                         // 否则传送位0
ch = ch<<1;                       // 数据左移1位
}
SCK=1;
}
return (tdata) ;
}
```

任务 3.5 RS-485 通信及应用

任务描述:

运用控制板对RS-485接口的设备进行访问，实现RS-485通信。

任务平台配置:

实训台、计算机、ST-Link；Keil MDK。

3.5.1 知识准备：RS-485总线通信相关知识

1 RS-485 总线通信概述

IEEE于1983年在RS-422工业总线标准的基础上，制订并发布了RS-485工业总线标准。RS-485工业总线标准能够有效地支持多个分节点和远距离通信，并且信息的接收灵敏度较高。在工业通信网络中，RS-485总线一般用于与外部各种工业设备进行信息传输和数据交换，具备有效抑制噪声的能力、高效的数据传输速率、良好的数据传输可靠性以及可扩展的通信电缆长度等特点。这些特点是其他许多工业通信标准所无法比拟的。因此，RS-485总线在诸多领域得到了广泛应用，如工业自动化控制、交通自动化控制和现场总线通信网络等领域。

RS-485总线通信具有以下特性。

（1）RS-485总线的电气特性：逻辑“1”以两线间的电压差为+（2～6）V表示；逻辑“0”以两线间的电压差为-（2～6）V表示。接口信号电平比RS232-C降低了，这样不易损坏接口电路的芯片。

（2）RS-485总线的数据最高传输速率为10Mb/s 。

（3）RS-485总线的抗噪声干扰性好。

（4）RS-485总线接口的最大传输距离标准值理论上可达 3000m，实际操作中极限距离仅达1200m。另外，RS232-C接口在总线上只允许连接1个收发器，即只有单站能力。RS-485接口在总线上允许连接多达128个收发器，即具有多站能力，这样用户可以利用单一的RS-485接口方便地建立起设备网络。

RS-485接口因具有上述优点而成为首选的串行接口。因为RS-485接口组成的半双工网络一般只需两根连线，所以RS-485接口均采用屏蔽双绞线传输。

2 匹配电阻选择

1）匹配电阻的作用

RS-485总线推荐使用在点对点网络中，线型为总线型，不能是星形、环形网络。理想情况下RS-485总线的两端（起止端）需要2个匹配电阻，其阻值要求等于传输电缆的特性阻抗（一般为120Ω）。没有特性阻抗的话，当所有的设备都静止或者没有能量的时候就会产生噪声，而且线移需要双端的电压差。没有终端电阻的话，会使得发送端较快速地产生多个数据信号的边缘，导致数据传输出错。

2）匹配电阻带来的问题

（1）降低了驱动信号的幅值。RS-485总线上的负载越大，RS-485收发器输出差分电压幅值越低。

（2）增大了通信线上的压降。增加匹配电阻使通信线缆上的电流增大，产生了较大的压差，降低了接收端的信号幅值。

（3）增大了收发器的功耗。增加匹配电阻对于接收状态时的工作电流影响不大，但会大大增加驱动状态时的工作电流，对于有功耗要求的应用场合，应谨慎使用匹配电阻。

（4）降低了总线空闲时的差分电压。

3）如何解决增加匹配电阻后空闲状态的问题

对于空闲状态的问题有两个解决方法：

（1）使用类似RSM485ECHT的模块（门限电平为-200～-40mV），当RS-485总线的差分电压大于-40mV时RS-485收发器的输出即为高电平。

（2）使用RSM485PCHT或RSM485PHT等带有输出隔离电源的模块，可以通过在外部增加较小的上下拉电阻将RS-485总线空闲状态时的电压拉到+200mV以上（一般要留有100mV或200mV以上的裕量），保证空闲时RS-485总线差分电压不处于门限电平范围内，但上下拉电阻值不能太小，一般总线上拉（或下拉）并联值要大于375Ω。

4）什么情况下需要添加匹配电阻

（1）通信速度低或者通信距离近的情况，建议不添加匹配电阻。这种情况下，信号反射对通信信号的影响不大，而且不加匹配电阻可以大大降低功耗，并且通过加较大上下拉电阻值即可保证RS-485总线空闲时具有较高的差分电压幅值，提高了通信的可靠性。

（2）通信距离较长且通信速度较快，对信号质量要求较高的情况，可以增加匹配电阻，防止阻抗突变引起的信号反射问题，提高信号质量，但应确保在总线空闲时总线的差分电压不处于门限电平范围内。

（3）对功耗有要求且通信距离较长的情况，一般在一个位的中间时间对信号进行采样，由于低通信速度的情况下，每一个位的时间较长，所以在到达采样点时反射信号已被消耗掉，对通信已无影响。对RS-485的收发器功耗有较高要求且通信距离较长的应用，应适当降低通信的速度。

3 RS-485接口芯片分类

RS-485接口已广泛应用于工业控制、仪器、仪表、多媒体网络、机电一体化产品等诸多领域。RS-485接口在不同的使用场合，对芯片的要求和使用方法也有所不同。可根据支持节点数和通信方式对RS-485芯片分类。

1）根据支持节点数分类

所谓节点数，即每个RS-485接口芯片的驱动器能驱动多少个标准RS-485负载。根据规定，标准RS-485接口的输入阻抗不小于12kΩ，相应的标准驱动节点数为32。为适应更多节点的通信场合，有些芯片的输入阻抗设计成1/2负载（≥24kΩ）、1/4负载（≥48kΩ）甚至1/8负载（≥96kΩ），相应的节点数可增加到64、128和256。表3-6为一些常见TTL转RS-485接口芯片的节点数。

表3-6　一些常见TTL转RS-485接口芯片的节点数

节点数	型号
32	SN75176、SN75276、SN75179、SN75180、MAX485、MAX488、MAX490
64	SN75LBC184
128	MAX487、MAX1487
256	MAX1482、MAX1483、MAX3080 ~ MAX3089

2）根据通信方式分类

RS-485接口可连接成半双工和全双工两种通信方式。半双工通信的芯片有SN75176、SN75276、SN75LBC184、MAX485、MAX 1487、MAX3082、MAX1483等；全双工通信的芯片有SN75179、SN75180、MAX488 ～ MAX491、MAX 1482等。

常用的TTL转RS-485接口芯片是MAX485（5V）、MAX3485（3.3V），它们都是半双工的。图3-91为芯片结构图。图中，A、B为总线接口，用于连接485总线；RO是接收数据输出端；DI是发送数据输入端；$\overline{RE}$是接收使能信号端（低电平有效）；DE是发送使能信号端（高电平有效）。

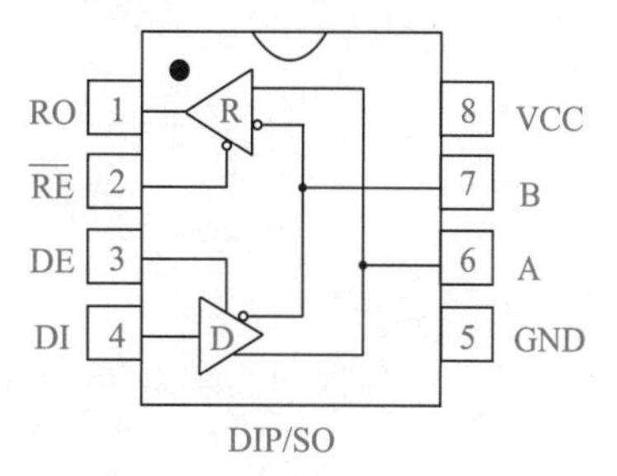

图3-91　RS-485芯片结构图

3.5.2 任务实施

1 RS-485 电路分析

1）基本RS-485电路

图3-92是基本的RS-485电路。

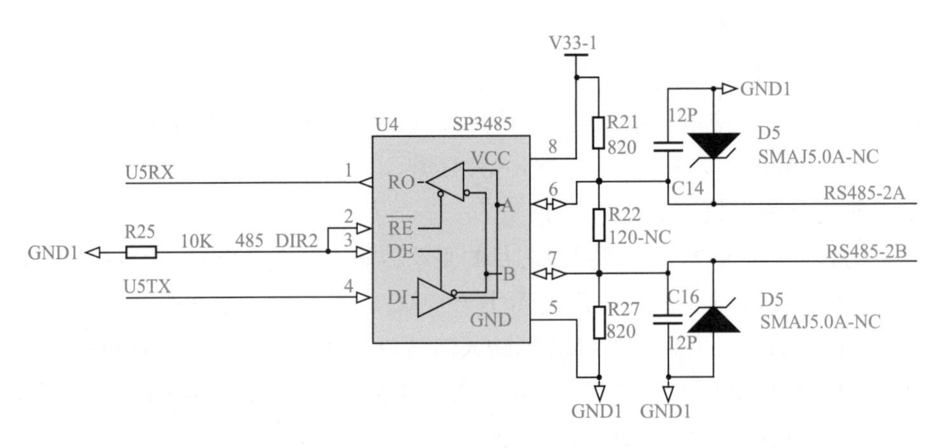

图3-92 基本的RS-485电路

其中，SP3485完成TTL电平转换。SP3485各引脚定义如表3-7所示。

表3-7 SP3485各引脚定义

引脚序号	引脚名称	引脚功能
1	RO	接收器输出端。 当$\overline{RE}$为低电平时，若A、B点电压为200mV，RO输出为高电平；若A、B点电压为-200mV，RO输出为低电平
2	$\overline{RE}$	驱动器输出使能控制。 $\overline{RE}$低电平有效
3	DE	驱动器输出使能控制。 DE接高电平时驱动器输出有效，DE为低电平时输出为高阻态
4	DI	驱动器输入。 DE为高电平时，DI上的低电平使驱动器同相端A输出为低电平，驱动器反相端B输出为高电平；DI上的高电平将使同相端输出为高电平，反相端输出为低电平
5	GND	接地
6	A	接收器同相输入和驱动器同相输出端
7	B	接收器反相输入和驱动器反相输出端
8	VCC	接电源

上拉电阻R21和下拉电阻R27用于保证无连接的SP3485芯片处于空闲状态，提供网络失效保护，提高RS-485节点与网络的可靠性。R22是120Ω的匹配电阻，根据实

际情况应用。

图中二极管D5和D6是为了保护RS-485总线避免其受外界干扰，也可以选择集成的总线保护原件。另外，图3-92中C14、C16用于提高电路的EMI性能。

2）带光耦隔离的RS-485通信电路

在某些工业控制领域，由于现场情况十分复杂，各个节点之间存在很高的共模电压。虽然RS-485接口采用的是差分传输方式，具有一定的抗共模干扰的能力，但当共模电压超过RS-485接收器的极限接收电压，即大于+12V或小于−7V时，接收器就再也无法正常工作了，严重时甚至会烧毁芯片和仪器设备。解决此类问题的方法是通过DC-DC将系统电源和RS-485收发器的电源隔离；通过隔离器件将信号隔离，彻底消除共模电压的影响。实现此方案的途径有两种方式：一是传统光电隔离方式，用光耦、带隔离的DC-DC、RS-485芯片构筑电路；二是使用二次集成芯片，如ADM2483、ADM2587E等。

RS-485传统光电隔离的典型电路如图3-93所示。

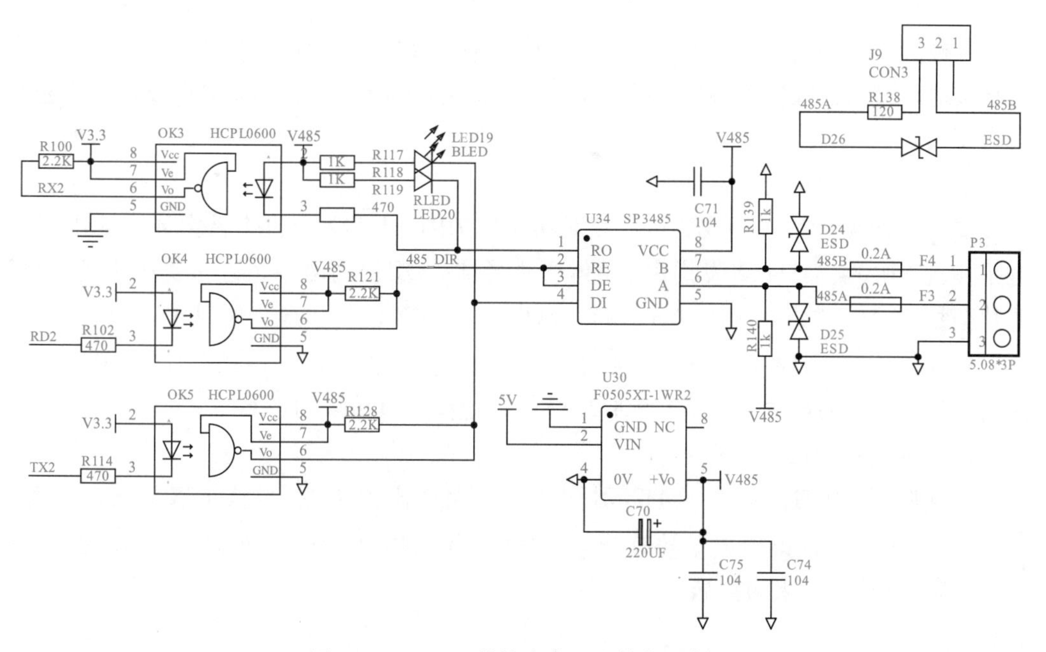

图3-93 RS-485传统光电隔离的典型电路

图3-93所示电路的原理与基本电路的原理相似。使用DC-DC器件可以产生一组与微处理器电路完全隔离的电源输出，用于向RS-485收发器提供电源。电路中的光耦器件速率会影响RS-485电路的通信速率。

3）自动收发RS-485电路

自动收发RS-485电路是不用单片机引脚控制发送、接收，而是在数据进来的时候自动通过U4RX到单片机，当需要发送数据时，数据自动通过U4TX发送出去。电路中，只需要连接单片机的U4RX和U4TX引脚，无须用单片机引脚连接485芯片的DE、

RE引脚，如图3-94所示。

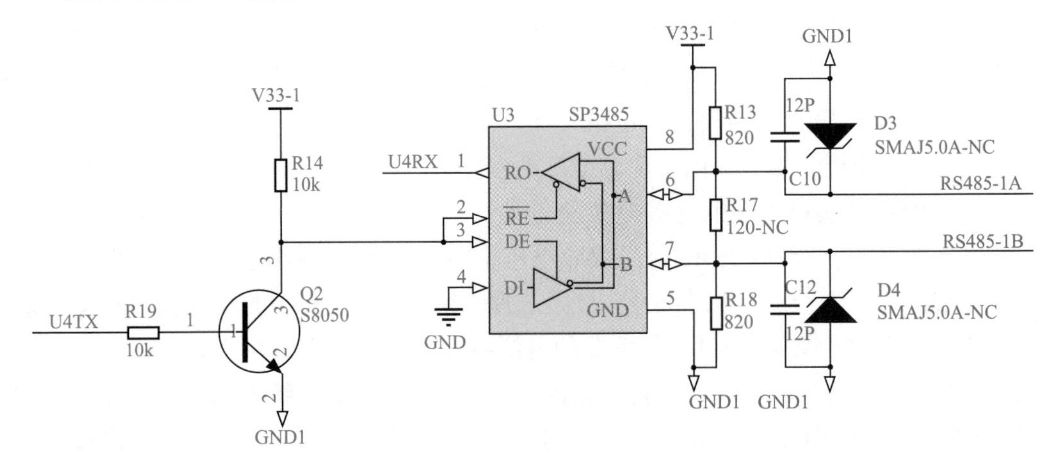

图3-94 自动收发RS-485电路

电阻R19、R14和NPN型晶体管Q2组成一个典型的晶体管开关电路。NPN型晶体管在基极高电平时集电极与发射极导通，因此当U4TX高电平时晶体管导通，$\overline{RE}$、DE引脚接地，进入接收模式；当U4TX低电平时晶体管截止，$\overline{RE}$、DE引脚接高电平进入发送模式。

下面举例说明发送数据过程。

要发送数据0x55，写成二进制就是0x01010101，U4TX引脚上就会依次地用高低电平体现1和0。当U4TX发送0时晶体管不导通，DE接高电平，进入发送模式，485芯片会把DI上的电平反应到AB引脚上输出，因为DI已经接地，所以AB引脚会传输0。当U4TX发送1时晶体管导通，$\overline{RE}$接低电平，进入接收模式，485芯片的AB引脚进入高阻状态，因为R5把A拉高，R4把B拉低，所以AB传输的是1。

再举例说明接收数据过程。

在接收数据的过程中，U4TX引脚是一直保持高电平的，当U4TX是高电平时，$\overline{RE}$是低电平，正好调理成了接收状态，485芯片的RO引脚（也就是接RXD的引脚）就会反应AB传输过来的数据。

2 代码设计

RS-485通信代码设计流程：选择串口，配置波特率，发送数据，接收数据。

下面以STC15W系列单片机的串口4为例编写代码。

```
void  SetTimer4Baudraye (u16 dat)
{
      T4T3M &= ~ (1<<7) ; //Timer4 stop
      T4T3M &= ~ (1<<6) ; //Timer4 set As Timer
      T4T3M |= (1<<5) ;    //Timer4 set as 1T mode
```

```
        TH4 = dat >>8;
        TL4 = dat ;
        IE2  &= ~ (1<<6) ;     //禁止Timer4中断，ET4=0
        T4T3M |=  (1<<7) ;     //Timer4 run enable
}
//选择波特率，2：使用Timer4做波特率，其他值：无效.//
void   UART4_config (unsigned char brt4)
{
        if (brt4 == 2)
        {
                SetTimer4Baudraye (65536UL - (MAIN_Fosc / 4) / Baudrate4) ;

                S4CON &= ~ (1<<7) ; // 8位数据，1位起始位,1位停止位,无校验
                S4CON |= (1<<6) ;      //S4ST4=1  使用Timer4做波特率发生器
                IE2   |= (1<<4) ;      //允许串口4中断
                S4CON |= (1<<4) ;      //允许接收
                P_SW2 &= ~ (1<<2) ;
//              P_SW2 |= 4;  //UART4 switch to: 0: P0.2 P0.3,  1: P5.2 P5.3

                B_TX4_Busy = 0;
                TX4_Cnt = 0;
                RX4_Cnt = 0;
        }
}

void PrintString4 (unsigned char *puts4, unsigned char cnt)
{
        u16 timeout;
        DIR_485=1;
        for (TX4_Cnt=0;TX4_Cnt<cnt ; TX4_Cnt++, puts4++)  //遇到停止符0结束
        {
                timeout=10000;
                if (TX4_Cnt>=UART4_BUF_LENGTH) {TX4_Cnt=0;break;}
                S4BUF = *puts4;
                B_TX4_Busy = 1;
        while (B_TX4_Busy) ;
        }
        DIR_485=0;
}

void UART4_int (void) interrupt UART4_VECTOR
{
        if ((S4CON & 1) != 0)
        {
                S4CON &= ~ 1;//Clear Rx flag
                if (RX4_Cnt >= UART4_BUF_LENGTH) RX4_Cnt =0;
```

```
            RX4_Buffer[RX4_Cnt++] = S4BUF;
        }
        if ((S4CON & 2) != 0)
        {
            S4CON &= ~ 2;          //Clear Tx flag
            B_TX4_Busy = 0;
        }
    }
```

思考与练习

1. 简述Keil MDK安装时的注意事项。
2. 并行与串行通信比较，有什么不同?
3. 异步通信的优点与缺点分别是什么?
4. 在串行通信时，都有哪几种错误校验? 描述其中一种的校验原理。
5. 简述通过串口助手模拟串口数据收发的步骤。
6. I2C通信时，怎么表示起始和终止信号?
7. 简述SPI通信的4种工作模式。
8. 以STC15W系列单片机的串口3为例编写一段RS-485通信代码。

读书笔记

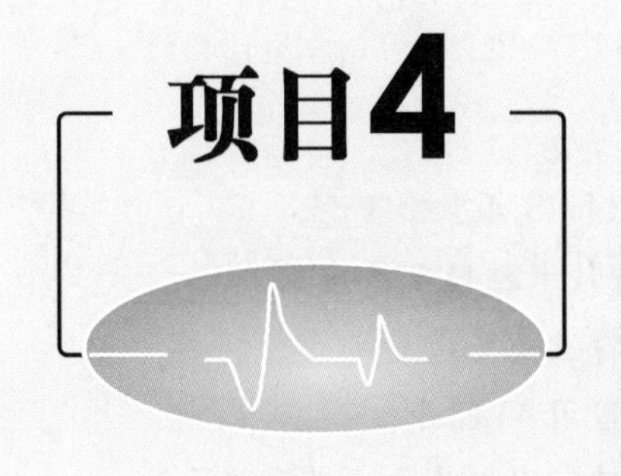

项目4 物联网短距离无线通信技术应用

本项目以学会物联网短距离通信技术相应的基础知识、能力技术以及开发应用为目标，以相应典型的短距离通信技术应用为着力点，先基础知识后任务实施，分层设计、模块化学习，设计了“典型无线短距离通信技术的选用”“Wi-Fi 组网”“蓝牙组网”三个任务。完成本项目后，学生可以掌握物联网短距离通信的基础知识，学会各种短距离通信技术的特点并能根据应用场合进行选用，学会 Wi-Fi 通信技术、蓝牙通信技术两种典型的短距离通信技术的基础知识和配置、组网技能，能通过编程实现终端之间的数据传输，达到物联网通信工程师的基本岗位能力。

【教学目标】

1. 知识目标

（1）熟悉物联网通信的基础知识和ISM基础理论。

（2）了解常用的短距离无线通信技术特性及其应用。

（3）掌握Wi-Fi、蓝牙通信技术特性及其适应场景。

（4）掌握Wi-Fi、蓝牙通信技术常用AT指令。

（5）掌握Wi-Fi、蓝牙通信技术的常用工作方式及配置方法。

2. 技能目标

（1）能熟练使用AT指令进行串口通信调试。

（2）能使用AT指令对Wi-Fi、蓝牙通信技术进行工作方式配置。

（3）能使用AT指令实现Wi-Fi模块不同工作方式下的数据传输。

（4）能完成嵌入式系统与Wi-Fi模块的数据通信设计。

（5）能使用AT指令实现对蓝牙通信技术不同工作方式下的数据传输。

（6）能完成嵌入式系统与蓝牙模块的数据通信设计。

【任务编排】

学习无线短距离通信技术基础知识，重点学习Wi-Fi和蓝牙通信技术。通过以下3个任务的实施，掌握根据不同情况选用最佳技术方案，并能熟练掌握Wi-Fi和蓝牙模块的应用方法。

任务4.1　典型无线短距离通信技术的选用。

任务4.2　Wi-Fi通信技术组网实践。

任务4.3　物联网短距离蓝牙通信技术组网实践。

【实施环境】

（1）物联网通信实训平台和实训室。

（2）计算机、蓝牙模块、Wi-Fi模块、嵌入式开发设备、各类传感器模块。

（3）相应配套设备、工具若干套，尾纤、六类网线、电源线若干。

任务 4.1 典型无线短距离通信技术的选用

任务描述:

熟悉典型短距离无线通信技术及特性，能根据使用场合和环境选用最佳技术方案。

任务平台配置:

实训台。

4.1.1　知识准备：短距离无线通信技术

1　无线通信技术基础

无线通信是利用电磁波信号在自由空间中传播的特性进行信息交换的一种通信方式。在移动中实现的无线通信又称为移动通信，人们把二者合称为无线移动通信。简单地讲，无线通信是仅利用电磁波而不通过线缆进行传输的通信方式。无线信号从一个发射器发出，传输到许多接收器而不需要电缆。所有无线信号都是随电磁波通过空气传输的。

无线通信网络具有许多优点：成本较低，不必建立物理线路，更不用大量的人力去铺设电缆；可以通过远程完成故障诊断，更加便捷；扩展性强，当网络需要扩展时，不需要扩展布线；灵活性强，无线网络不受环境地形等限制，而且在使用环境发生变化时，无线网络只需要做很少的调整，就能适应新环境的要求。

常见的无线通信（数据）传输方式及技术分为两种：近距离无线通信技术和远距离无线传输技术。图4-1为从传输距离和数据传输速率两方面对各种无线通信技术进行的对比，可以清晰地展示它们之间的关系。

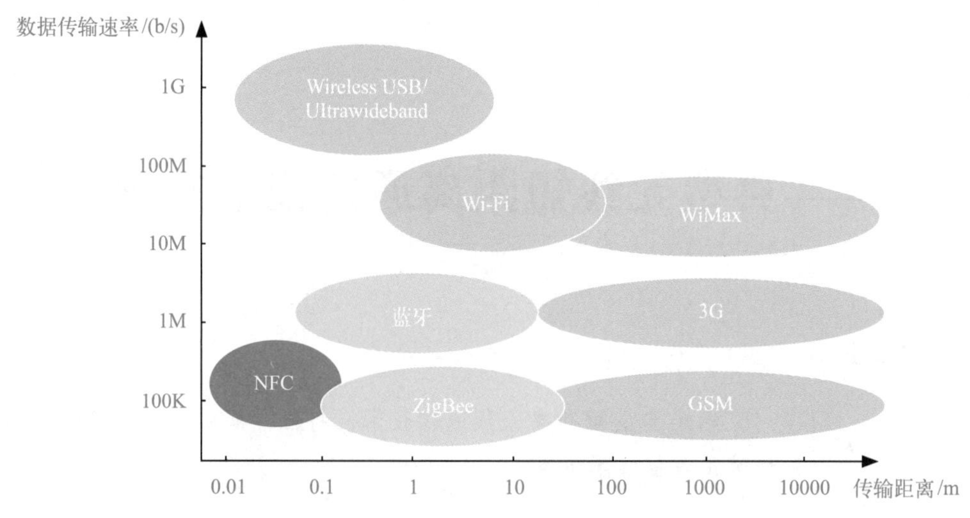

图4-1 典型无线通信技术传输距离和数据传输速率

2 ISM频段认知

ISM频段（Industrial Scientific Medical Band）是开放给工业、科学和医用三个主要机构使用的频段，是由ITU-R（ITU Radiocommunication Sector，国际通信联盟无线电通信局）定义的，属于Free License，无须授权许可，只需要遵守一定的发射功率（一般低于1W），并且不要对其他频段造成干扰即可。1990年7月，IEEE 802委员会接收了“CSMA/CD无线媒介标准扩充”的提案，成立了IEEE 802.11无线局域网工作委员会，为无线网络制定工业标准。日本于1993年也公布了无线局域网使用的ISM频段。在中国，也先后开放了2.4G和5.8G作为ISM频段。

ISM频段分为工业（902～928MHz）、科学研究（2.42～2.4835GHz）和医疗（5.725～5.850GHz）。2.4GHz频段为各国共同的ISM频段，Wi-Fi、蓝牙、ZigBee等无线网通信技术均可工作在2.4GHz频段上。表4-1比较了多种可工作在2.4GHz的无线通信技术。

表4-1 可工作在2.4GHz的无线通信技术比较

名称	Wi-Fi	蓝牙	ZigBee	UWB	RFID	NFC
传输速率/(b/s)	11～54M	1M	100K	53～480M	1K	424K
通信距离/m	20～200	20～200	2～20	0.2～40	1	20
频段/GHz	2.4	2.4	2.4	3.1、10.6		13.56
安全性	低	高	中	高		极高
国际标准	IEEE 802.11b、IEEE 802.11g	IEEE 802.15.1	IEEE 802.15.4			ISO/IEC 18092、ISO/IEC 21481
功耗/mA	10～50	20	5	10～50	10	10

3 典型短距离无线通信技术

1）Wi-Fi无线通信技术

Wi-Fi是一种可以将个人计算机、手持设备（如PDA、手机）等终端以无线方式互相连接起来的技术，它改善了基于IEEE 802.11标准的无线网络产品之间的互通性，因此很多人把使用IEEE 802.11系列的局域网称为"Wi-Fi"。作为目前无线局域网的主要技术标准，Wi-Fi的目的是提供无线局域网的接入，可实现几兆位每秒到几十兆位每秒的无线接入。

Wi-Fi是一种允许电子设备连接到一个无线局域网的技术，通常使用2.4G UHF或5G SHFISM射频频段。连接到无线局域网通常会设置保护密码，但也可以完全开放，这样就允许在WLAN范围内的任何设备进行连接。由于无线网络的频段在世界范围内是无须任何电信运营执照的，因此WLAN无线设备提供了一个世界范围内可以使用的、费用极其低廉且数据带宽极高的无线空中接口。用户可以在Wi-Fi覆盖区域内快速浏览网页，随时随地接听拨打电话，无须担心速度慢和花费高的问题。

2）蓝牙无线通信技术

蓝牙一般用于近距离数据交换，目前在可穿戴智能产品、智慧医疗电子领域和智能家居领域举足轻重。我们平时使用的蓝牙功能，一般只能在较短距离内进行数据传输，功耗相对较大，使用的范围具有一定的局限性。但现在商业应用的低功耗蓝牙模块，也很常见，解决了功耗大的问题。

蓝牙工作在2.4GHz的频段，最早是爱立信公司在1994年开始研究的一种能使手机与其附件（如耳机）之间相互通信的无线模块，采用跳频扩频技术（frequency-hopping spread spectrum，FHSS）扩频方式，蓝牙信道带宽1MHz，异步非对称连接最高数据速率为723.2Kb/s；连接距离一般小于10m。

根据标准协议，蓝牙可以分为经典蓝牙、低功耗蓝牙（BLE）等，其中低功耗蓝牙模式下实现了低功耗，覆盖范围增强，最大范围可超过100m，广泛应用在物联网数据通信。

蓝牙技术的缺点主要是其各个版本不兼容，安全性差（4.0以后得到改进），组网能力差，以及在2.4GHz频率上的电波干扰问题等。

3）ZigBee无线通信技术

在实际应用中人们发现，尽管蓝牙技术有许多优点，但仍然存在着应用的局限性。对于工业生产、智慧家居和遥测遥控等领域而言，蓝牙技术较为复杂，不仅功耗大、距离短，搭建的组网规模也较小。紫蜂（ZigBee）协议的问世正好弥补了这些不足。

ZigBee是一种低功耗的近距离无线通信技术，数传模块类似于移动网络基站。ZigBee技术主要用于无线局域网，是基于IEEE 802.15.4无线标准研制开发的，是一种介于RFID和蓝牙之间的技术提案，主要应用在短距离并且数据传输速率不高的电子设备之间。ZigBee协议比蓝牙、高速率个域网或802.11x无线局域网更简单实用，可以认为是蓝牙的同族兄弟。

ZigBee主要用于近距离无线连接，由数千个微小的传感器之间相互协调实现通信。这些传感器只需要很少的能量，以接力的方式通过无线电波将数据从一个传感器传到另一个传感器，所以它们之间的通信效率非常高。这些数据最后可以进入计算机或被另一种无线技术收集。ZigBee被业界认为是最有可能应用在工业监控、传感器网络、家庭监控、安全系统等领域的无线技术。

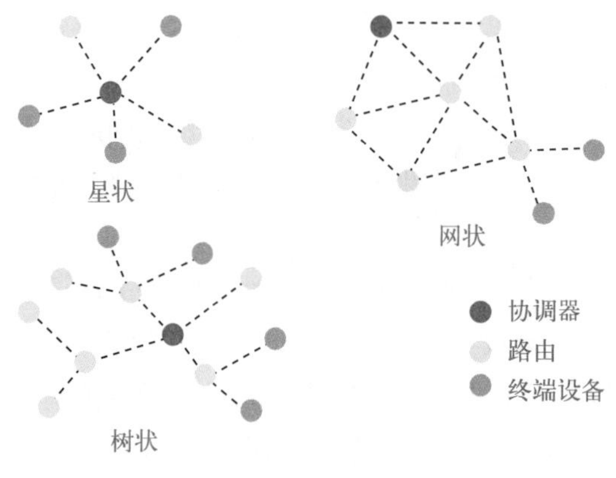

图4-2 ZigBee技术网络结构

ZigBee技术组网多种多样，其网络结构如图4-2所示。

ZigBee以其低功耗、低速率、高容量、支持组网、支持大量网络节点等优点一度被认为是最有前景的物联网通信技术。实际上，由于复杂、成本高、抗干扰性差、协议不开源，以及和IP协议的对接较难等原因，ZigBee远没有像Wi-Fi或者蓝牙那样得到广泛的应用。

4）射频无线通信技术

射频（radio frequency，RF），是一种高频交流变化的电磁波。射频系统由标签（射频卡）、天线和阅读器三个部分组成，我们平时常用的门禁卡、食堂卡、公交卡等都属于射频通信系统设备。

无线收发模组，采用射频技术，工作在ISM频段（433/315MHz），一般包含发射器和接收器，频率稳定度高，谐波抑制性好，数据传输速率为1～128Kb/s，采用GFSK的调制方式，具有超强的抗干扰能力。低功耗的RF433可在2.1～3.6V电压范围内工作，在1s周期轮询唤醒省电模式下，仅仅消耗不到20μA，一节3.6V/3.6A的锂电池可工作10年以上。

5）Z-Wave无线通信技术

Z-Wave是由丹麦公司Zensys主导的基于射频的、低成本、低功耗、高可靠、适于网络的短距离无线通信技术，工作频带为908.42MHz（美国）～868.42MHz（欧洲），采用FSK（BFSK/GFSK）调制方式，数据传输速率为9.6～40Kb/s，信号的有效覆盖范围在室内是30m，室外可超过100m，适合于窄宽带应用场合。Z-Wave采用了动态路由技术，每一个Z-Wave网络都拥有自己独立的网络地址；网络内每个节点的地址，由控制节点分配。每个网络最多容纳232个节点，包括控制节点在内。通过Z-Wave技术构建的无线网络，不仅可以通过本网络设备实现对家电的遥控，甚至可以通过Internet对Z-Wave网络中的设备进行控制。

随着通信距离的增大，设备的复杂度、功耗和系统成本都在增加，相对于其他无线通信技术，Z-Wave技术具有低功耗和低成本的优势。

6）IrDA无线通信技术

IrDA是一种利用红外线进行点对点通信的技术，也许是第一个实现无线个人局域网的技术。目前其软硬件技术都很成熟，事实上，当今每一个出厂的PDA及许多手机、笔记本电脑、打印机等产品都支持IrDA。

IrDA的主要优点是无须申请频率的使用权，因而成本低廉。它还具有移动通信所需的体积小、功耗低、连接方便、简单易用的特点；且由于数据传输速率较高，适于传输大容量的文件和多媒体数据。此外，红外线发射角度较小，传输安全性高。IrDA的不足在于它是一种视距传输，2个相互通信的设备之间必须对准，中间不能被其他物体阻隔，因而该技术只能用于2台（非多台）设备之间的连接。

4.1.2　任务实施

蓝牙、Wi-Fi、ZigBee是目前应用最为广泛的物联网短距离无线通信技术。

蓝牙主要应用在移动电话、便携电脑以及各种便携式通信设备的主机之间，近距离实现无线的资源共享，如家庭和办公自动化、家庭娱乐、电子商务、工业控制、智能化建筑物等方面。

Wi-Fi目前已经批量使用。在家庭和办公室环境主要用于计算机等设备的局域网络；在工业环境主要表现在串口设备的Wi-Fi接入，用于工业无线数据采集系统。

ZigBee和IEEE 802.15.4的设备应用主要集中在：工业中的无线传感器检测、低等级控制；个人监护仪器、低功耗无线医疗设备；高端玩具；电器组网和控制；无线消费设备；灯光控制等。目前批量的应用主要在资产跟踪、物流管理、智能照明、远程控制、医疗看护和远程抄表系统。

1　典型短距离无线通信技术特性对比

下面对蓝牙、Wi-Fi与ZigBee在物联网应用方面的性能优劣进行对比。

1）蓝牙与Wi-Fi

Wi-Fi是当前最具竞争力的无线通信技术，是蓝牙技术发展最具威胁性的无线技术。与蓝牙技术相比，Wi-Fi的传输速率更具优势，缺点是功耗高、成本高、辐射大。移动互联网应用的移动性要求智能终端设备要具备良好的续航能力，因此Wi-Fi并不适合可穿戴等低功耗传输的设备。另外，Wi-Fi虽然通信距离远，但安全性容易遭到黑客攻击。

2）蓝牙与ZigBee

ZigBee的工作速率低，仅能满足低速率传输数据的应用需求，属于小众通信技术，由于手机不支持，在以智能手机为主的移动互联网应用中，ZigBee可以说基本没有竞争力。

2 典型短距离无线通信技术选用

1）Wi-Fi无线通信技术的选用

Wi-Fi在物联网飞速发展的过程中一定会发挥重要的作用。手机与智能设备通过Wi-Fi连接可以实现远程遥控，无论在世界的哪个角落，只要有Wi-Fi网络，就可以控制家里的电器、插座、灯泡等智能产品。

在技术上，Wi-Fi的主要优势体现在传输速率与传输距离上，其最大传输距离可达300m，最大传输速率可达300Mb/s，弱点则体现在功耗上，其最大功耗为50mA。另外一个问题，就是大家普遍关心的安全问题。由于Wi-Fi加密方式为SSID，是一个相对开放的结构，用户需特别注意家庭网关密码。

2）蓝牙无线通信技术的选用

蓝牙由1.0版本发展到最新的4.2版本，功能越来越强大。在4.2版本中，蓝牙大大加强了物联网应用特性，可实现IP联接及网关设置等诸多新特性。

由于技术规格的限制，蓝牙在智能家居应用中面临着信号容易被墙壁阻挡等问题。蓝牙技术联盟已经成立了智能Mesh研究小组，并有几个公司已经通过Mesh技术进行蓝牙的连接与组网。在多个蓝牙设备组网之后，蓝牙信号偏弱的问题会得到明显的改善。

跟Wi-Fi相比，蓝牙的优势主要体现在功耗及安全性上，相对Wi-Fi最大50mA的功耗，蓝牙最大20mA的功耗要小得多，但在传输速率及距离上的劣势也较明显，其最大传输速率与最远传输距离分别为1Mb/s及100m。

任务 4.2 Wi-Fi 通信技术组网实践

任务描述:

温湿度传感器采集到温度数据，经STM32单片机传递给Wi-Fi模块,实现数据定时上传服务器。

任务平台配置:

服务器、计算机、实训台、USB转TTL设备；猎豹免费Wi-Fi、Keil、串口调试助手、网络调试助手、无线路由器（使用360Wi-Fi软件，在个人计算机上虚拟一个无线路由器，设定无线节点为“Wi-Fi360”，密码设为“12345678”）。

4.2.1　知识准备：Wi-Fi通信技术

1　Wi-Fi 通信技术概述

1）Wi-Fi通信技术概念

Wi-Fi是无线局域网联盟的一个商标，该商标仅保障使用该商标的商品互相之间可以合作，与标准本身实际上没有关系，但因为Wi-Fi 主要采用802.11b协议，因此人们逐渐习惯用Wi-Fi称呼802.11b协议。

Wi-Fi联盟致力于解决符合802.11标准产品的生产和设备兼容性问题，制定全球通用的规范，对无线设备进行严格的兼容测试。同时Wi-Fi也是Wi-Fi联盟的商标，对通过测试的产品进行Wi-Fi商业认证和商标授权，其认证标志如图4-3所示。从这个角度讲Wi-Fi只是一个认证，就像食品包装上的QS一样。

图4-3　Wi-Fi认证标志

2）Wi-Fi通信技术的发展

Wi-Fi技术的发展历程如图4-4所示。虽然已经经历了40多年，但是Wi-Fi协议还在不停地发展，将来肯定还会出现更为广泛的应用。

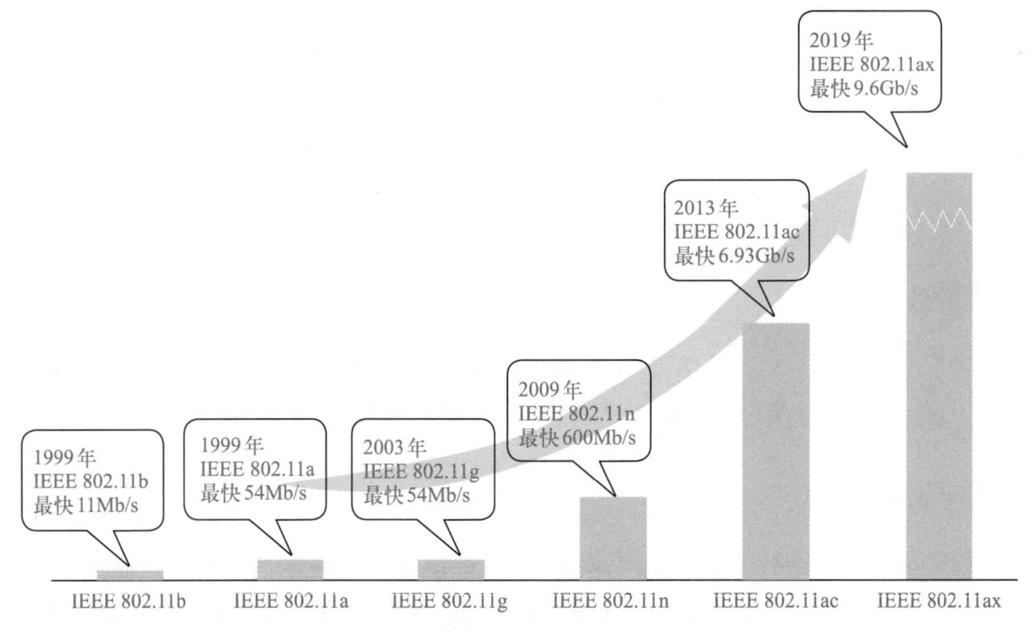

图4-4 Wi-Fi技术的发展历程

第一代802.11，1997年制定，只使用2.4GHz，最快2Mb/s。

第二代802.11b，只使用2.4GHz，最快11Mb/s，正逐渐淘汰。

第三代802.11g/a，分别使用2.4GHz和5GHz，最快54Mb/s。

第四代802.11n，可使用2.4GHz或5GHz，20MHz、40MHz信道宽度下最快分别为72 Mb/s、150Mb/s。

第五代802.11ac，只使用5GHz。

第六代IEEE 802.11ax，覆盖2.4/5GHz。

3）Wi-Fi通信技术特性

（1）移动性。在传统有线网络环境中，用户受网络接入信息点地址位置限制，只能在安装了网络信息点的区域使用网络，限制了用户的活动范围。Wi-Fi所提供的漫游服务，能够让各类用户在无线信号覆盖区域快捷地接入网络。

（2）便捷性。Wi-Fi在一定程度上可以避免、减少因办公地点或网络拓扑的改变而重新建网的情况，同时缓解了有线网络线路后期铺设的困难，避免了烦琐的布线安装工程，一定程度上保护了楼宇美观度。

（3）集成性。IEEE 802.11协议规定了Wi-Fi的基本网络结构，包括物理层、介质访问控制层及逻辑链路控制层。由此可知Wi-Fi技术在网络结构构建上与传统的快速以太网完全一致，所以管理人员可以将WLAN信息与有线网络的LAN信息统一集成管理，形成无缝覆盖。

（4）高速性。基于IEEE 802.11G的Wi-Fi网络产品所能够提供的传输速率高达

108Mb/s，而蓝牙所能够提供的最高传输速率不超过30Mb/s。

2　Wi-Fi 通信技术工作方式

1）Wi-Fi通信工作方式

Wi-Fi是由无线接入点（AP）、站点STA（station）等组成的无线网络。AP一般称为网络桥接器或接入点，它被当作传统的有线局域网与无线局域网之间的桥梁，因此任何一台装有无线网卡的PC均可通过AP去分享有线局域网甚至广域网的资源。它的工作原理相当于一个内置无线发射器的HUB或路由，而无线网卡则是负责接收由AP所发射信号的客户端设备。STA类似于无线终端，本身并不接收无线的接入，它可以连接到AP。

Wi-Fi通信技术有三种主模式。

① AP模式　提供无线接入服务，即模块作为Wi-Fi热点，允许其他设备连接到本模块，一般的无线路由/网桥工作在该模式。

② STA模式　类似于无线终端，不接收无线接入服务，模块作为无线Wi-Fi STA，用于连接到无线网络，实现串口与其他设备间的无线数据传输，一般无线网卡工作在该模式。

③ STA+AP模式　既做无线AP，也做无线STA，其他设备可以连接到该模块，该模块也可以连接到其他无线网络，实现串口与其他设备间的无线数据转换互传。

2）Wi-Fi通信技术频段与信道

与传统的晶体管收音机类似，Wi-Fi网络使用无线电波在空中传输信息，无线电波是一种电磁辐射，其在电磁波谱中的波长比红外光长。无线电波也具有频率，而Wi-Fi通信所采用的通信频率，一般是2.4GHz/5GHz。

现在主流的2.4GHz Wi-Fi网络设备不管是802.11b/g还是802.11b/g/n，一般都支持13个信道。它们的中心频率虽然不同，但是因为占据一定的频率范围，所以会有一些相互重叠的情况。如图4-5所示，2.4GHz频带的信道划分，实际一共有14个信道，但第14个信道一般不采用，中国采用的是2.412 ～ 2.472GHz的13个信道。

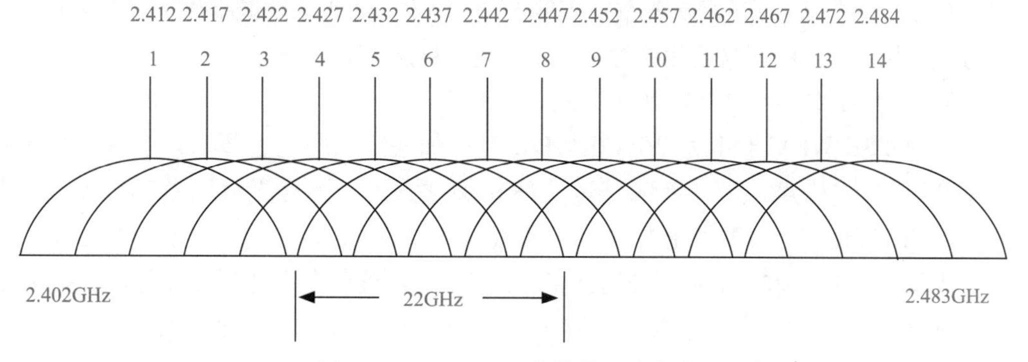

图4-5　Wi-Fi 24GHz频带的14个信道

信道的划分具有如下几个特点：每个信道的有效宽度是20MHz，另外还有2MHz的强制隔离频带，类似于公路上的隔离带，除了图4-5所示的“1、6、11”三个一组互不干扰的信道外，还有“2、7、12”“3、8、13”“4、9、14”三组互不干扰的信道。

5GHz频段被分为24个20MHz宽的信道，且每个信道都为独立信道。这为5GHz Wi-Fi提供了丰富的信道资源，如果将2条或更多的相邻信道绑定为一条信道使用，就像将2股道路合并为1股道路，显然能够承载更多的信息，从而成倍提高数据传输速率。

3 Wi-Fi通信技术安全加密

Wi-Fi特别容易恶意入侵，所以我们通过“设定密码”来确保资讯安全。所谓的“加密”，指的就是封包资料在进行无线传输时，因为受到密码保护，所以第三方人士无法读取其中的资讯内容。一般主流的无线加密方式有WEP、WPA/WPA2/WPA3、WPA-PSK/WPA2-PSK这三种，它们的安全性能、设置方式与传输速率都不一样。

1）WEP加密方式

WEP英文全称是wired equivalent privacy，是一种最基本的加密方式。由于它的安全性能存在多个漏洞，因此容易被专业人士和软件给破解，再加上现今的无线路由器大多已使用IEEE 802.11n技术，而WEP却仍采用IEEE 802.11技术，在加密时多少会影响到无线网路设备的传输速率。

2）WPA/WPA2/WPA3加密方式

WPA的全名是Wi-Fi protected access，意思是Wi-Fi网络安全存取。WPA协议是以前一代的WEP为基础产生的，在加密机制、身份认证及数据包检查等安全防护方面更加缜密，解决了WEP的安全漏洞问题，更提升无线网络的管理能力。

WPA2为WPA加密的升级版本，是Wi-Fi联盟验证过的IEEE 802.11i标准认证形式，被认为是较安全的加密方式，因此大多数的装置和Wi-Fi路由器，都会靠它来加密Wi-Fi流量。

然而在2017年时，WPA2的漏洞被公开揭露，使得全球的Wi-Fi加密连线都面临高风险危机，隔年Wi-Fi联盟就公布了WPA3加密协定，并表示它能提供更安全可靠的加密方式，保护用户的网络连线装置，避免封包资料被窃听与伪造。

3）WPA-PSK/WPA2-PSK加密方式

WPA-PSK/WPA2-PSK是WPA和WPA2两种加密算法的混合体，是安全性相对较高的Wi-Fi加密模式。WPA-PSK透过“TKIP加密方式”连接无线设备和接入点，而WPA2-PSK则使用“AES加密方式”，将无线设备和接入点联系起来，安全性更高。

WEP安全性太差，基本上被淘汰了，目前WPA2被业界认为是最安全的加密方式。WPA加密包含两种方式：预共享密钥（PSK）和Radius密钥。其中预共享密钥有两种密码方式：TKIP和AES。相比TKIP，AES具有更好的安全系数。建议优先选用WPA2-

PSK AES模式。

设置方法很简单：通过普通的浏览器输入192.168.1.1，进入Wi-Fi设置页面，找到“无线/Wi-Fi”的设置项目，进入“安全”设置项目，如图4-6所示，输入加密方式和输入密码即可。

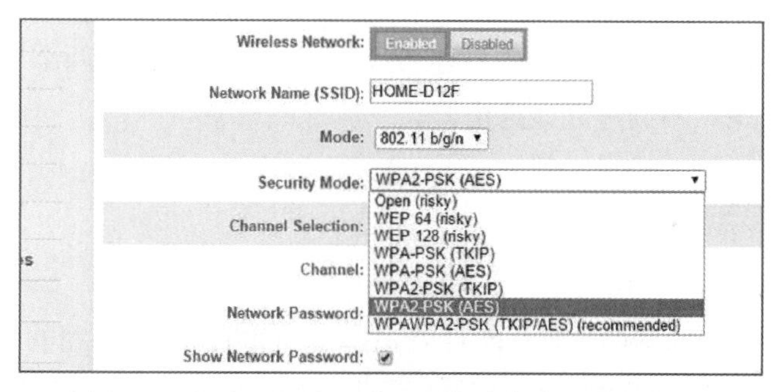

图4-6　WPA-PSK/WPA2-PSK加密方式设定方法

4　Wi-Fi通信技术组网架构

1）Wi-Fi网络组成

一个Wi-Fi联接点网络成员和结构包括站点、基本服务单元、分配系统、接入点、扩展服务单元以及门户。

① *站点*　网络最基本的组成部分。

② *基本服务单元*（basic service set，BSS）　网络最基本的服务单元。最简单的服务单元可以只由两个站点组成。站点可以动态地连接到基本服务单元中。

③ *分配系统*（distribution system，DS）　分配系统用于连接不同的基本服务单元。分配系统使用的媒介（medium）逻辑上和基本服务单元使用的媒介是截然分开的，尽管它们物理上可能会是同一个媒介，如同一个无线频段。

④ *接入点*　AP相当于连接有线网和无线网的桥梁，既有普通站点的身份，又有接入分配系统的功能。

⑤ *扩展服务单元*（extended service set，ESS）　由分配系统和基本服务单元组合而成。这种组合是逻辑上的，并非物理上的，不同的基本服务单元很有可能在地理位置相去甚远。分配系统也可以使用各种各样的技术。

⑥ *门户*（portal）　也是一个逻辑成分。用于将无线局域网、有线局域网或其他网络联系起来。

这里有3种媒介：站点使用的无线媒介、分配系统使用的媒介以及和无线局域网集成一起的其他局域网使用的媒介。物理上它们可能互相重叠。

IEEE 802.11没有具体定义分配系统，只是定义了分配系统应该提供的服务。整个无线局域网定义了9种服务：5种服务属于分配系统的任务，分别为联结、结束联结、分配、集成、再联结；4种服务属于站点的任务，分别为鉴权、结束鉴权、隐私、MAC数据传输。

2）Wi-Fi组网结构

Wi-Fi有两种组网结构：一对多模式和点对点模式。

最常用的Wi-Fi是一对多结构的。一个AP（接入点），多个接入设备，我们用的无线路由器其实就是路由器+AP。Wi-Fi还可以点对点结构，比如两个笔记本电脑可以用Wi-Fi直接连接起来，不经过无线路由器。

5 Wi-Fi通信模块应用

1）三种主流Wi-Fi模块

目前市场上主流的Wi-Fi模块有TI公司的CC3200、乐鑫公司的ESP8266、联发科公司的MT7681，不同型号的模块在价格、性能和开发难度上有所不同。表4-2是对三种型号的Wi-Fi模块的总结。

表4-2 三种主流模块芯片参数比较

参数	乐鑫ESP8266	TI CC3200	联发科MT 7681
频段	2.4GHz	2.4GHz	2.4GHz
CPU	Tensilical L106（80M）	ARM Cortex-M4（80M）	32-bit RISC MCU
系统	Free RTOS	Free RTOS	Windows\Linux
SDK是否开源	是	是	是
内存	50KB	64KB	64KB
Flash	EXT Flash	EXT Flash	EXT Flash
工作电压	3.0 ~ 3.6V	2.1 ~ 3.6V	2.97 ~ 3.63V
封装	QFN 32引脚5 × 5mm	QFN 64引脚9 × 9mm	QFN 40引脚5 × 5mm
功耗	TX:140mA RX:56mA	TX:229mA RX:59mA	TX:210mA RX:59mA

2）ESP8266 Wi-Fi模块

ESP8266是乐鑫公司开发的一套高度集成的Wi-Fi芯片，可以方便地进行二次开发。作为低功耗串口Wi-Fi模块，ESP8266内置一个Tensilica（泰思立达）Xtensa架构的32位处理器L106，具有5级流水线（ARM CortexM3是3级流水线），最大时钟速度为160MHz，可以使用高达16MB的外部SPI Flash。 该模块采用串口与MCU（或其他串口设备）通信，内置 TCP/IP 协议栈，能够实现串口与 Wi-Fi之间的转换。通过该模块，传统的串口设备只需要简单的串口配置，即可通过Wi-Fi传输自己的数据。

ESP8266使用方法分为两种：一是将芯片作为一个Wi-Fi模块，不需要自己再对芯片进行开发，只需要根据模块提供的接口，用AT指令和ESP8266模块进行通信，让模块接入网络。二是开发模块，直接使用SDK对ESP8266进行开发，不仅实现联网的功能，还要将它作为MCU完成其他功能（接入LED、加入传感器等）。

图4-7是芯片为ESP8266的2个模组。

图4-7　芯片为ESP8266的2个模组

6　Wi-Fi通信中的AT指令

1）AT指令集

要与ESP8266 Wi-Fi模块进行通信，那么就需要用到AT指令。这就好比和英国人进行交流时，就要用英语交流。

AT即Attention，是拨号调制解调器的发明者贺氏公司发明的控制协议。协议本身采用文本，每个命令以AT开头。20世纪90年代初，AT指令仅被用于调制解调器操作。几年后，主要的移动电话生产厂商诺基亚、爱立信、摩托罗拉和惠普共同为GSM研制了一整套AT指令。AT指令在此基础上演化并被加入GSM 07.05标准以及现在的GSM07.07标准，其中拨打电话、收发短信、收发传真等全部由AT命令实现。在随后的GPRS控制、3G模块及工业上常用的PDU，均采用AT命令集来控制，这样AT指令也就成了比较健全的标准。

AT指令集是从终端设备（terminal equipment，TE）或数据终端设备（data terminal equipment，DTE）向终端适配器（terminal adapter，TA）或数据电路终端设备（data circuit terminal equipment，DCE）发送的。其对所传输的数据包大小有定义：即对于AT指令的发送，除AT两个字符外，最多可以接收1056个字符的长度（包括最后的空字符）。每个AT命令行中只能包含一条AT指令；对于由终端设备主动向PC端报告的指示或者响应，也不允许上报的一行中有多条指示或者响应。AT指令以回车作为结尾，响应或上报以回车换行为结尾。

AT命令简单易懂，并采用标准串口来收发，这样就大大简化了设备控制。AT命令提供了一组标准的硬件接口——串口，电信网络模块几乎都采用串口硬件接口。AT命令功能较全，可以通过一组命令完成设备的控制，完成呼叫、短信、电话本、数据、传真等业务。

2）AT指令的用法

AT指令都以AT开头、以回车符（即\r）结束。模块运行后，串口默认的设置为：8位数据位、1位停止位、无奇偶校验位、硬件流控制（CTS/RTS）。注意为了发送AT命令，最后还要加上换行符（即\n），这是串口终端的要求。

每个AT命令执行后，通常DCE都给出状态值，用于判断命令执行的结果。AT返回状态包括三种情况：OK、ERROR、与命令相关的错误原因字符串。返回状态前后都有一个字符，如OK表示AT指令执行成功，ERROR表示AT指令执行失败。

AT指令集可分为三个类型，如表4-3所示。

表4-3 AT指令集的三个类型

类别	语法	说明
执行指令	有参数AT+<x>=<…> 无参数AT+<x>	用来设置AT命令的属性
测试指令	AT+<x>=?	用来显示AT命令设置的合法参数值
查询指令	AT+<x>?	用来查询当前AT命令设置的属性值

在物联网中，AT指令集可用于通信模块等设备调测、控制，可以通过串口调试助手进行串口调试，也可以通过程序开发形式将AT命令融入程序设计中。

3）Wi-Fi模块AT指令配置

ESP8266指令集主要分为基础类AT指令、查看类AT指令、设置类AT指令。基础类AT指令见表4-4；查看类AT指令见表4-5；设置类指令分为基本设置和模式设置，分别见表4-6和表4-7。

表4-4 ESP8266基础类AT指令

指令	功能	使用
AT	测试指令	可以检测模块的好坏，连线是否正确
AT+GMR	版本信息	查看固件版本
AT+RST	重启指令	软件重启
AT+RESTORE	恢复出厂设置	要是配置乱了的话，重置

表4-5 ESP8266查看类AT指令

指令	功能	使用
AT+CMD?	查询指令	可以查看当前该指令的设置参数
AT+CMD=?	测试指令	查看当前该设置的范围
AT+CMD	执行指令	
AT+CWLAP	查看当前可搜索的热点	可做Wi-Fi探针（STA下使用）
AT+CWLIF	查看已接入设备IP，MAC	AP模式下用
AT+CIPAP	查看AP的IP地址	如AT+CIPAP=“192.168.4.1”
AT+CIPSTA	查看STA的IP地址	如AT+CIPSTA=“192.168.4.2”
AT+CIFSR	查看当前连接的IP	
AT+CIPSTATUS	获得当前连接状态	

表4-6 ESP8266基本设置类指令

指令	功能	使用
AT+UART	串口配置	AT+UART=115200，8，1，0，0
AT+SLEEP	设置睡眠模式	0禁止休眠（功耗大）；1light-sleep（20mA）；2modem-sleep（70mA）
AT+CWMODE	基本模式配置	[1Sta： 2AP： 3Sta+AP]:
AT+CIPMODE	设置透传模式	0非透传：1透传
AT+CIPMUX=0/1	设置单/多路连接	0单连接：1多连接
AT+CIPSTART	建立TCP/UDP连接	AT+CIPSTART=[id]，[type]，[addr]，[port]

表4-7 ESP8266模式设置类指令

指令	功能	使用
AP模式（开启模块热点）		
AT+CWMODE=2	开启AP模式	配置模式要重启后才可用AT+RST
AT+CWSAP	配置热点的参数	AT+CWSAP=“ESP8266”，“TJUT2017”，6，4
AT+CIPMUX=1	设置多连接	因为只有多连接才能开启服务器
AT+CIPSERVER	设置Server端口	AT+CIPSERVER=1，8686
STA模式		
AT+CWMODE=1	开启STA模式	配置模式要重启后才可用AT+RST
AT+CWJAP	当前STA加入AP热点	AT+CWJAP=“ESP8266”，“TJUT2017”
AT+CIPMUX=0	打开单连接	
AT+CIPMODE=1	透传模式	透传模式必须选择单连接
AT+CIPSTART	建立TCP连接	AT+CIPSTART=“TCP”，“192.168.4.1”，8686
AT+CIPSEND	开始传输	
AT+SAVETRANSLINK	开机自动连接并进入透传	AT+SAVETRANSLINK=1，“192.168.4.1”，8686，“TCP”
AT+SAVETRANSLINK=0	取消透传和自动TCP连接	
AT+CWAUTOCONN	设置STA开机自动连接	AT+CWAUTOCONN=1

7 Wi-Fi模块工作方式设置

1）Wi-Fi模块工作方式

ESP8266硬件接口丰富，可支持UART、I2C、PWM、GPIO等，适用于各种物联网应用场合。ESP8266模块同样支持STA、AP和STA+AP三种工作模式。

① STA模式 ESP8266模块通过路由器连接互联网，手机或计算机通过互联网实现对设备的远程控制，如图4-8所示。

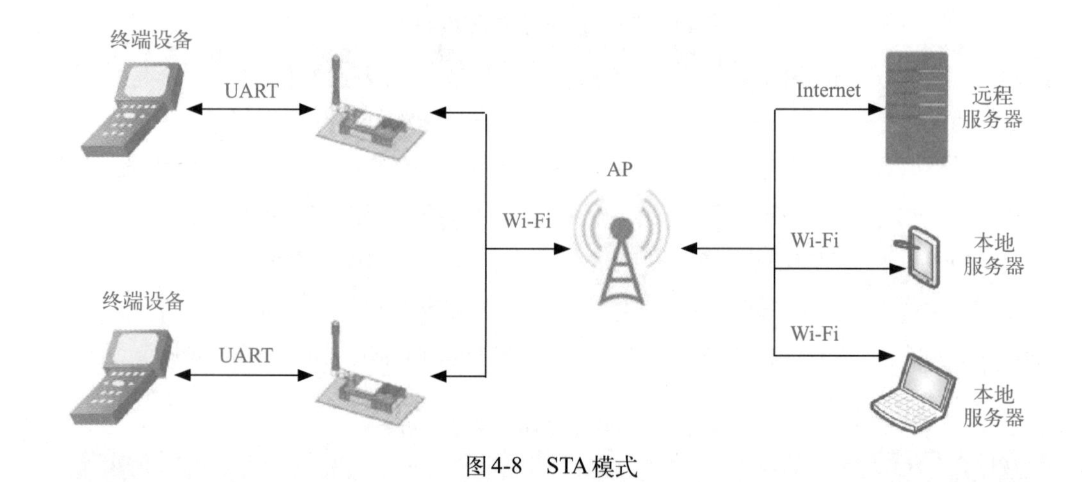

图4-8　STA模式

② AP模式　ESP8266模块作为热点，手机或计算机直接与模块连接，实现局域网无线控制，如图4-9所示。

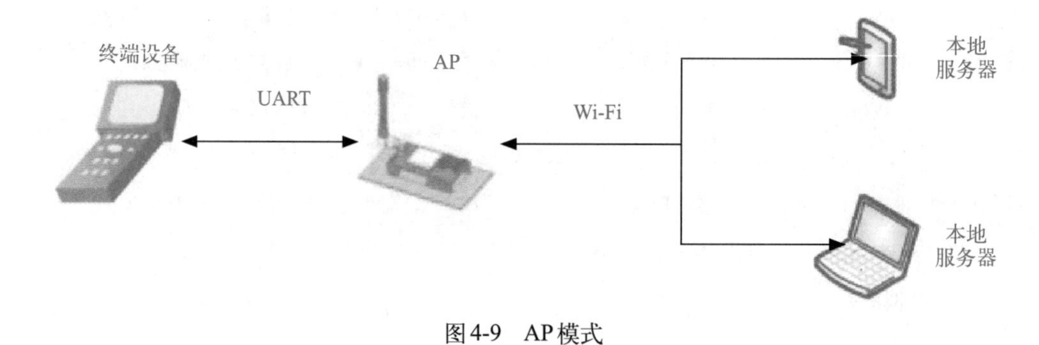

图4-9　AP模式

③ STA+AP模式　两种模式的共存模式，即可以通过互联网控制实现无缝切换，方便操作，如图4-10所示。

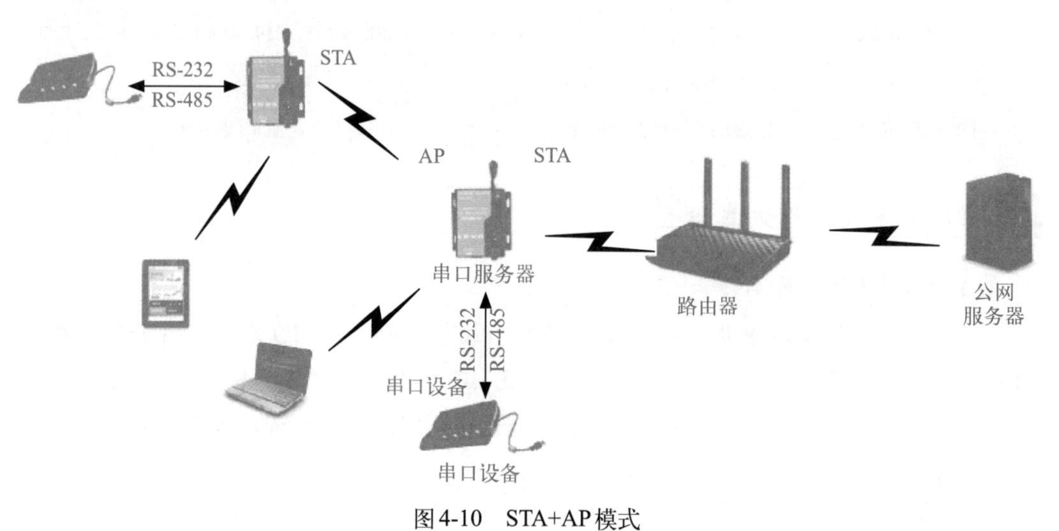

图4-10　STA+AP模式

通过STA+AP功能，可以很方便地利用手机等手执设备对用户设备进行监控，而不改变其原来的网络设置，通过STA+AP功能可以很方便地通过无线方式对串口服务器进行设置，解决了以前串口服务器在STA时只能通过串口进行设置的问题。

2）Wi-Fi模块工作方式设置

① STA模式 AT+CWMODE=1。

② AP模式 AT+CWMODE=2。

③ STA+AP模式 AT+CWMODE=3。

通过与手机类比，可以理解模式的不同。当手机连接无线网时，手机为STA模式；当手机打开移动热点时，手机为AP模式。

简单地说，STA模式就是作为终端，AP模式就是作为路由器。当ESP8266设置为AP模式时，其他设备可以接入该热点，最多支持4台STA设备接入，AP模式也是ESP8266默认的模式。而STA+AP模式，就和路由器的无线桥接功能是一样的，既可以连接别的无线网，同时也可以自己作为路由器。

4.2.2 任务实施

1 硬件连接

现在市面上使用比较多的ESP8266有两个版本，分别是官方的ESP8266（两排8引脚）和ATK-ESP8266（正点原子，一排6引脚）。两个版本在功能结构上是一致的。图4-11是两排8引脚模组及印制板图。

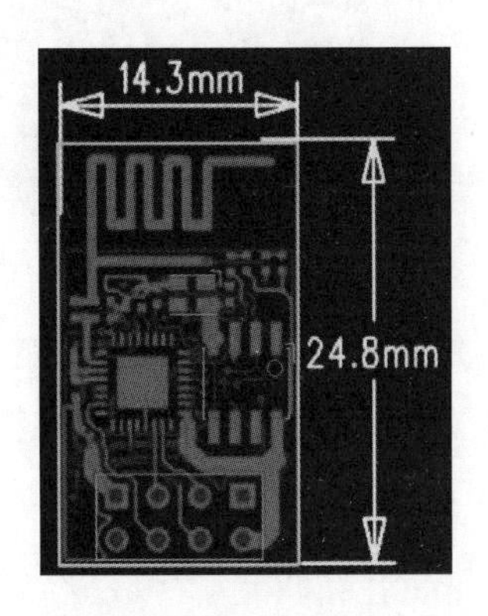

图4-11 ESP8266（两排8引脚）模组及印制板图

官方的ESP8266模块，用USB-TTL转换电路进行测试，但是USB-TTL模块只有一个3.3V，加了一排插针，原因就是对ESP8266模块进行测试时，模块的VCC要接USB-TTL的3.3V，CH_PD也要接3.3V，如果使用5V容易发热，从而导致烧写固件时会烧掉模块。除了这两根线，还有就是要把ESP8266模块的GND、UTXD、URXD与USB-TTL的GND、RXD、TXD相连。接线方式如图4-12所示。

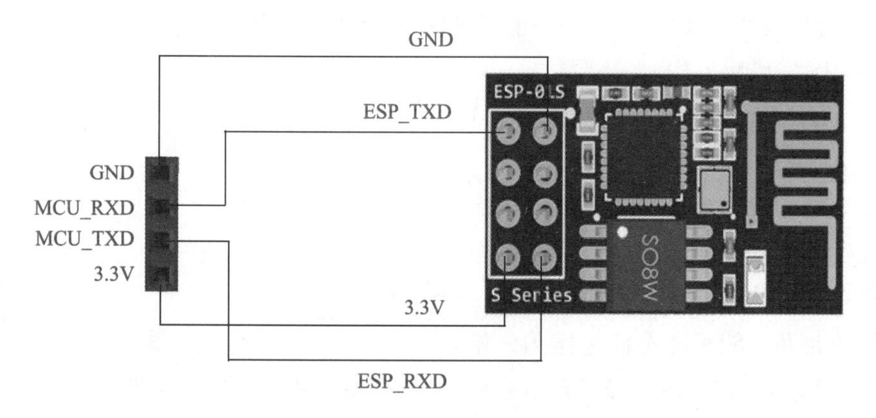

图4-12 官方ESP8266模块接线方式

如果是ATK-ESP8266模块，如图4-13所示，6个引脚中只需要4个就行了：RXD、TXD、GND、VCC，分别和USB-TTL模块的TXD、RXD、GND、VCC相连接。

图4-13 ATK-ESP8266模块引脚图

需要注意两点，ESP8266的RXD（数据的接收端）需要连接USB-TTL模块的TXD，TXD（数据的发送端）需要连接USB转TTL模块的RXD。在USB-TTL模块上有3.3V和5V两个引脚可以作为VCC，但是一般选取5V。如果选取3.3V作为VCC，可能会因为供电不足而引起不断地重启，从而不停地复位。接线方式如图4-14所示。

接线完成如图4-15所示。

2 驱动程序安装

安装USB转串口驱动，根据选择的USB-TTL芯片安装相应的硬件驱动。可选项如图4-16所示。

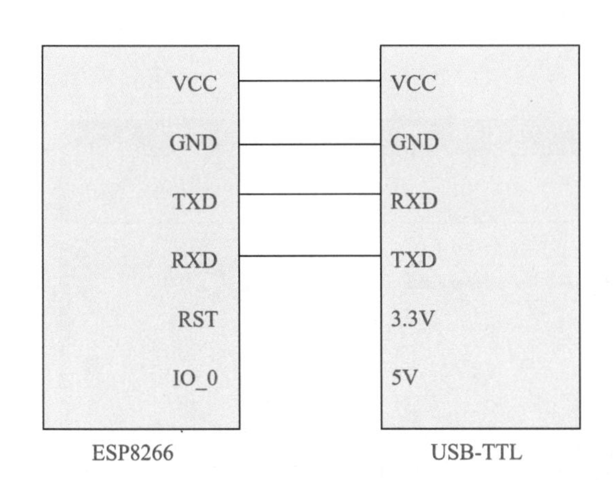

图4-14 ATK-ESP8266模块接线图

图4-15 ATK-ESP8266模块接线完成图

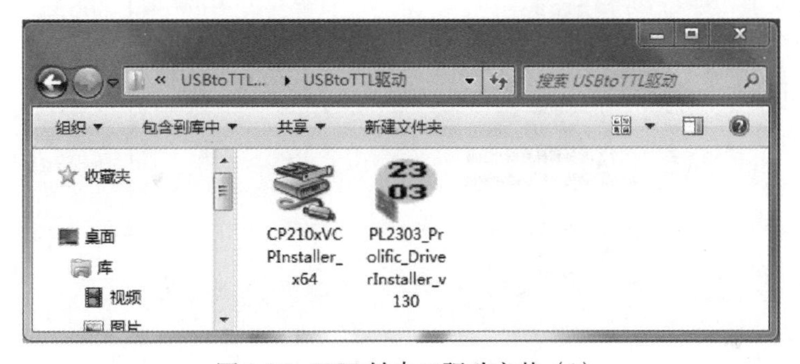

图4-16 USB转串口驱动安装（1）

驱动安装过程为全默认设置即可。安装过程典型界面如图4-17所示。

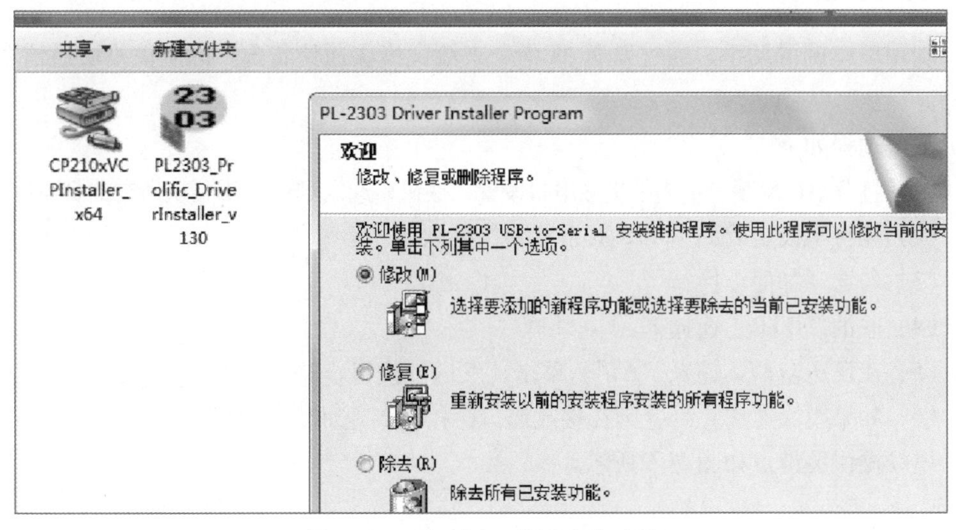

图4-17 USB转串口驱动安装（2）

串口驱动安装成功后，插好USB-TLL设备，则在计算机设备管理器中端口项生成匹配的COM口，如图4-18所示。在串口调试助手软件中进行端口设置时，选定该COM口。

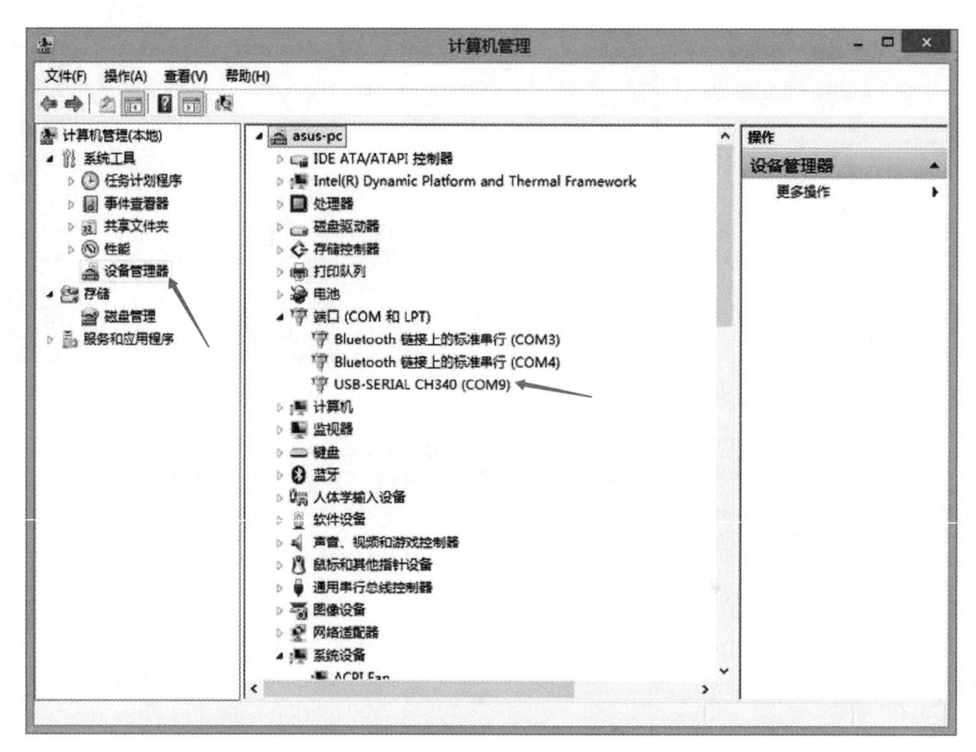

图4-18 查看COM口界面

3 模块测试

利用串口调试助手，通过发送AT指令来测试模块通信状况，以确保模块通信功能完好。

测试过程如下：

（1）打开串口助手，单击“更多串口设置”按钮，选定USB-TTL模块所在的COM口。

（2）波特率设定为115200，其余项目保持默认。

（3）勾选“加回车换行”。

（4）取消“DTR”选择框。

（5）在发送窗口，输入“AT”，单击“发送”按钮。

（6）如果模块通信完好，则在接收窗口会接收到返回值“OK”。

串口操作关键点如图4-19所示。

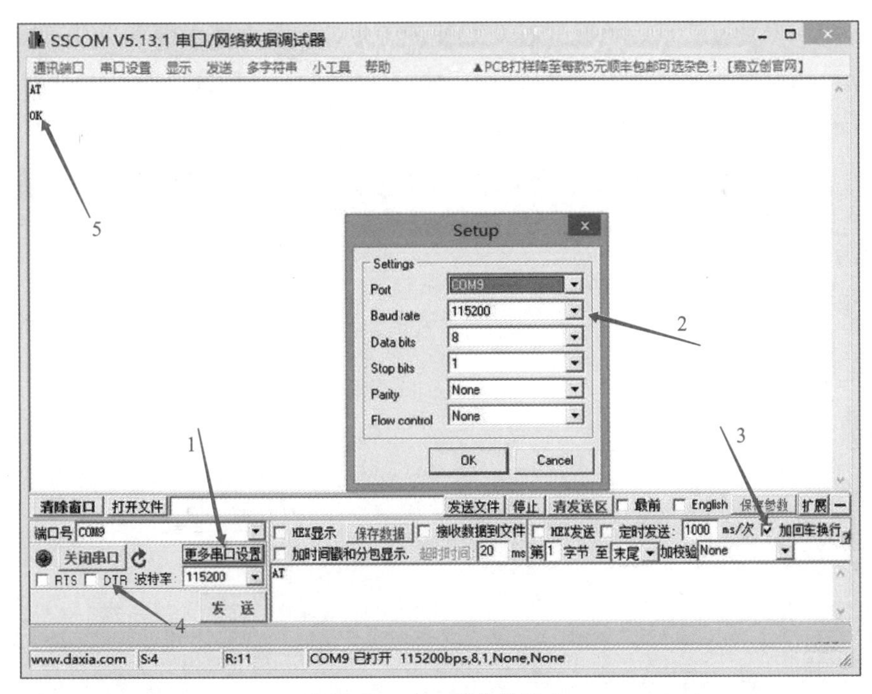

图4-19　串口操作关键点

4　基础模式配置

1）基础测试

将模块与计算机连接，打开串口调试助手，设置波特率为115200，停止位1位，数据位8位，无校验。此设置为默认设置，如果对模块的通信参数做过调整，以调整的参数为准。发送指令为“AT”。如果通信正常，返回值为“OK”。界面如图4-20所示。

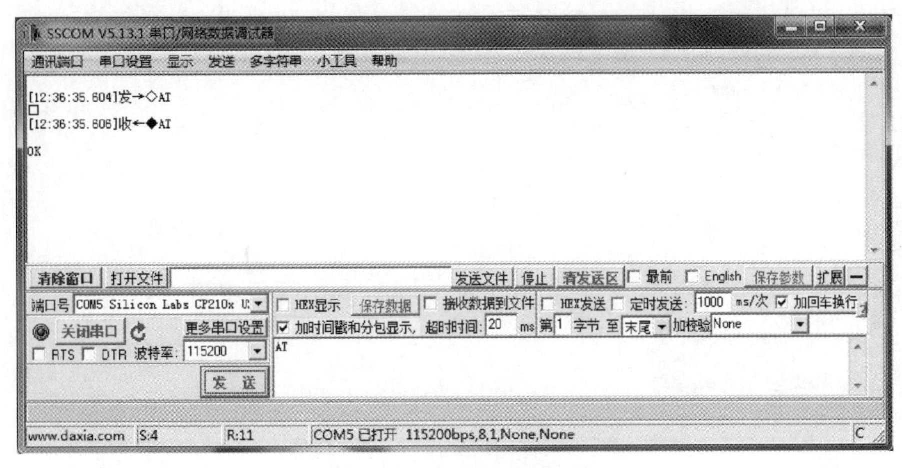

图4-20　AT命令及返回值

2）重启模块

在固件正常的情况下，发现工作不正常，通过重启模块可以解决大部分问题。或者在改变模块参数配置后，可以通过重启使配置生效。重启模块指令为AT+RST指令。重启成功，则返回重启信息，且重启后的数据不会丢失，最后会返回“ready”，说明此时进入了正常工作模式。界面如图4-21所示。

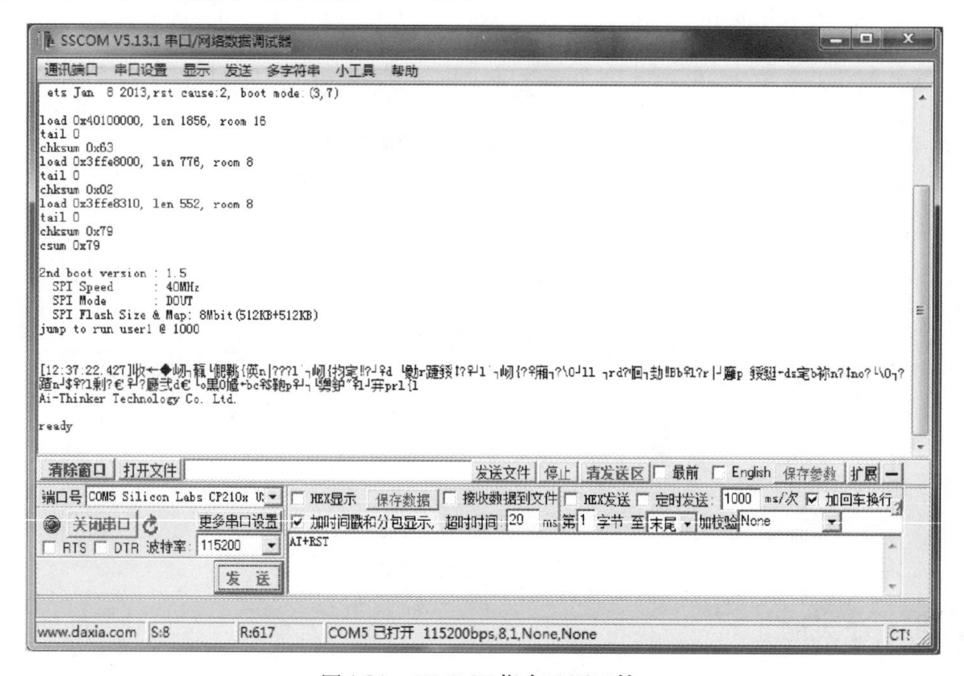

图4-21　AT+RST指令及返回值

3）查看版本信息

通过AT+GMR指令，可以查询到Wi-Fi模块的版本信息、固件版本信息和模块内的实时时间。界面如图4-22所示。

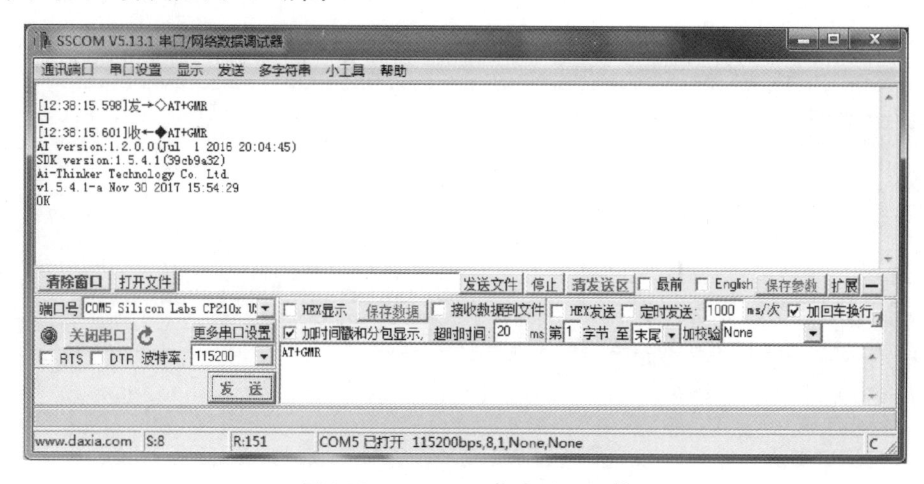

图4-22　AT+GMR 指令及返回值

4）恢复出厂设置

当Wi-Fi模块因为参数配置错误而无法正常工作时，可以通过恢复出厂设置来使模块内保存的所有配置信息恢复默认（当然是建立在串口模块还能正常通信的情况下）。恢复出厂设置指令为AT+RESTORE。恢复出厂设置完成后，会返回一个OK。然后重启，并返回启动信息。界面如图4-23所示。

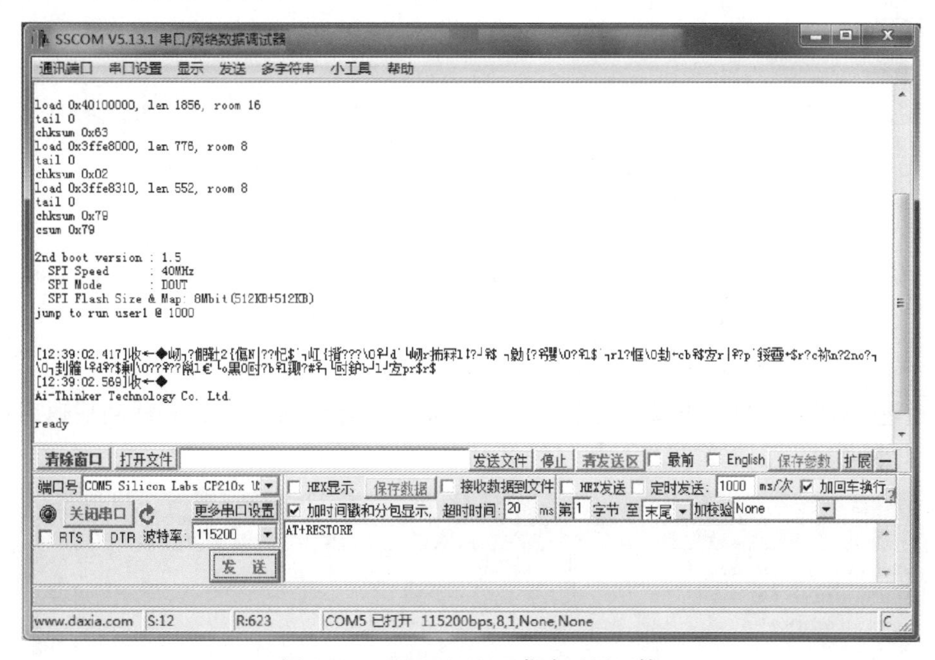

图4-23 AT+RESTORE指令及返回值

5 工作模式配置

1）工作模式查询

工作模式可以通过指令“AT+CWMODE=?”查询，查询成功后返回可设置的范围。界面如图4-24所示。

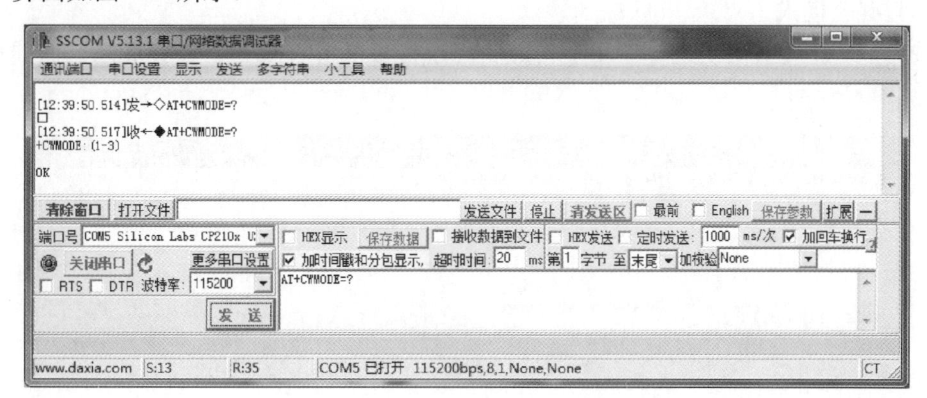

图4-24 “AT+CWMODE=?”指令及返回值

2）STAS模式

通过“AT+CWMODE=1”指令可以将模块设置为STA模式，设置成功后返回OK。

界面如图4-25所示。

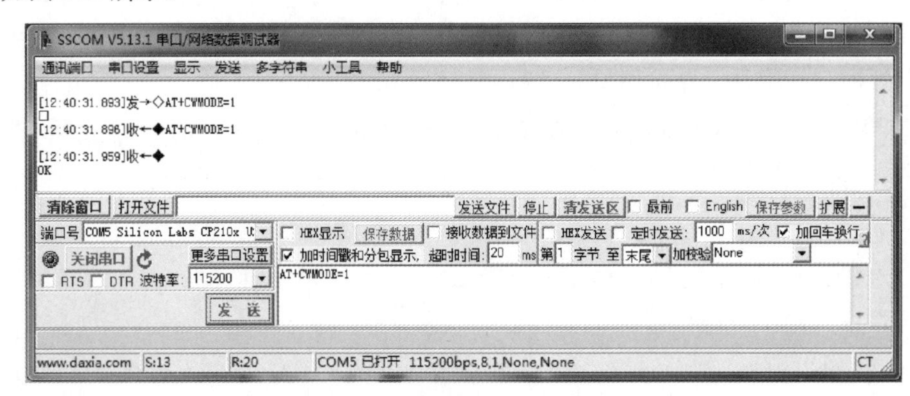

图4-25 “AT+CWMODE=1”指令及返回值

3）AP模式

通过“AT+CWMODE=2”指令可以将模块设置为AP模式，设置成功后返回OK。界面如图4-26所示。

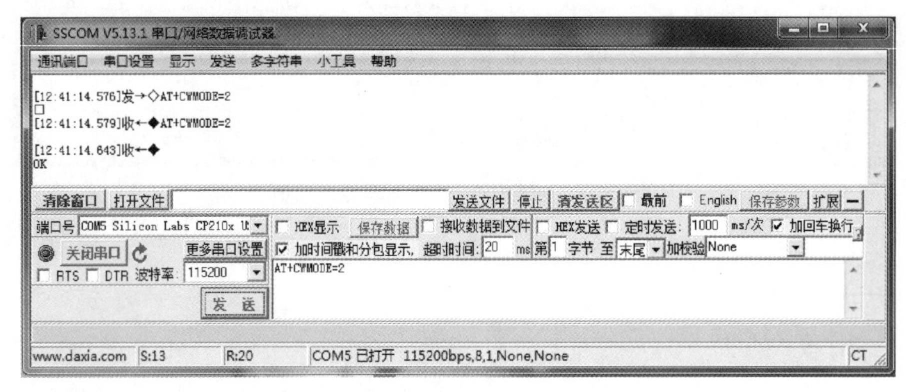

图4-26 “AT+CWMODE=2”指令及返回值

4）混合模式

通过“AT+CWMODE=3”指令可以将模块设置为混合模式，设置成功后返回OK。界面如图4-27所示。

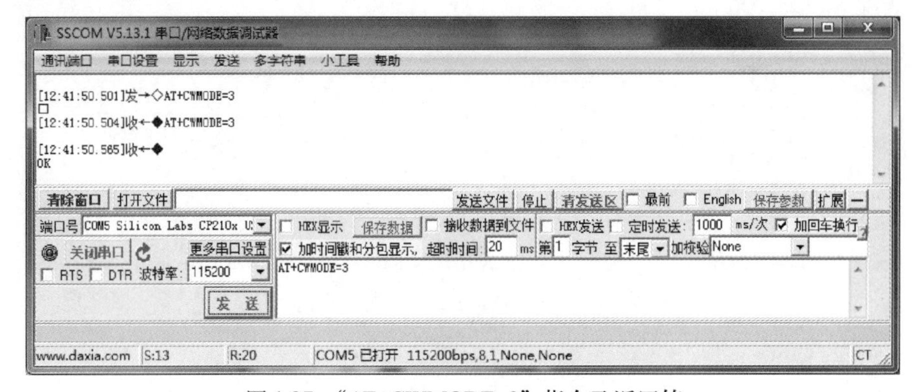

图4-27 “AT+CWMODE=3”指令及返回值

6 Wi-Fi 模块 STA 模式通信

Wi-Fi模块STA模式下一对一通信，即将模块设置成STA模式，通过与无线路由器热点中继作用于对应的网络中的终端设备建成TCP连接，形成客户端（client）与服务器端（server）一对一的通信。

1）模块配置指令程序

（1）设置ESP8266工作模式。ESP8266一共有三种工作模式，分别为AP、STA、AP+STA，通过AT+ CWMODE= x（x=1,2,3）指令进行模式的选择。当x为1时为STA模式，即通过指令“AT+ CWMODE=1”设为STA模式。STA模式就是把ESP8266作为连接Wi-Fi的终端设备。

（2）连接Wi-Fi热点。预先设置要连接的Wi-Fi热点名，输入Wi-Fi的密码，ESP8266模块会自动搜索附近相应的热点并进行连接。具体配置为AT+CWJAP=“SSID”，“password”，即AT+CWJAP=“Wi-Fi名”，“Wi-Fi密码”。

举例：AT+CWJAP =“Wi-Fi360”，“12345678”，即连接热点为“Wi-Fi360”、Wi-Fi密码为“12345678”。

（3）建立TCP连接。与Wi-Fi热点建立连接后，ESP8266就能够和同Wi-Fi网络下的终端设备进行TCP通信了。

具体配置为：

① **设置连接模式**　通过指令“AT+CIPMUX=x（x=0或1）”设置TCP的连接模式：0为单连接，1为多连接。TCP通信时，ESP8266模块可以作为服务器，也可以作为客户端。在本实验中，ESP8266作为客户端，即ESP8266只连接1个服务器，则AT+CIPMUX=0，选择单连接模式。

② **设置连接类型**　设置ESP8266作为客户端。指令如下：

```
AT+CIPSTART=<id>,<type>,<addr>,<port>
```

说明：

<id>：0～4，表示连接的id号。由于此处为一对一连接，id号可以省略。

<type>：字符串参数，表明连接类型：“TCP”建立TCP连接，“UDP”建立UDP连接。

<addr>：字符串参数，表示远程服务器IP地址。

<port>：远程服务器端口号。

例如，通过以下指令可以设置ESP8266模块为TCP单连接模式，并与IP地址为192.168.137.1、端口号为8888的服务器终端建立了TCP连接。

```
AT+CIPMUX=0
AT+CIPSTART=“TCP”,“192.168.137.1”,8888
```

需要注意的是，当ESP8266作为服务器端进行TCP通信时，必须先将ESP8266模块配置为服务器模块，并打开多连接模式。指令如下：

```
AT+CIPSERVER=mode, [port]
```

其中，mode：0表示关闭server模式，1表示开启server模式，默认为0模式。port：端口号，默认值为333。

例如，通过以下指令就将ESP8266模块设为服务器模式，并开启多连接方式。

```
AT+CIPMUX=1
AT+ CIPSERVER =1,8888
```

（4）进入透传模式。TCP连接建立之后，就可以进入透传模式，与对方进行数据传输了。指令如下：

```
AT+CIPMODE=x（x=0或1）
```

0为普通模式，1为透传模式。选择透传模式，指令就是AT+CIPSEND，发送该条指令后，ESP8266换行返回一个>字符，表明已进入透传模式，所输入的一切东西（哪怕是AT指令）都会被当做数据直接发送出去。

（5）开始透传。输入指令AT+CIPSEND，开始发送数据。此时ESP8266作为客户端通过串口助手与连通的服务器端进行一对一数据通信。必要时也可以作为服务器端与客户端进行通信。

（6）退出透传模式。数据发送完毕，通过发送指令：+++，即连续输入三个加号，就可以退出透传模式了。

注意

前面发送AT指令的时候一直都是要带回车换行的（即\r\n，如果是在串口调试助手发送数据，则需要勾选“发送新行”），而发送退出透传模式的指令+++时，不发送回车换行（串口调试助手发送的话，不勾选“发送新行”）。发送完+++后，再把“发送新行”勾上，以带回车换行的方式发送AT。

2）通信模块初始化与模式设置

由猎豹Wi-Fi建立无线路由器，热点名“123456”，密码为“12345678”，Wi-Fi模块以STA模式连入网络进行数据传输，通过透传模式实现数据传输。

（1）Wi-Fi模式STA模式设置。输入AT+RST指令，确保模块复位。界面如图4-28所示。

输入AT+CWMODE?查询模块工作模式。如果返回值为+CWMOD=1，则为STA模式。否则输入AT+CWMODE=1 指令，设置工作模式为STA模式。

输入AT+RST重启模块，使AT+CWMODE=1模式生效。

输入AT+CWMODE?指令，重新查询模块的工作模式是否已经完成相应的设置。

以上步骤界面如图4-29所示。

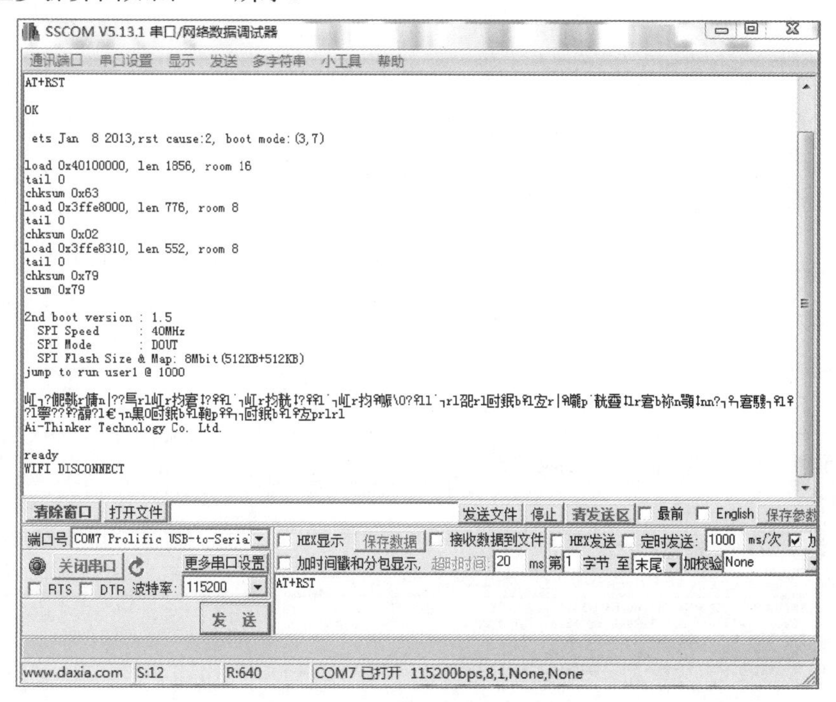

图4-28　AT+RST命令及返回值

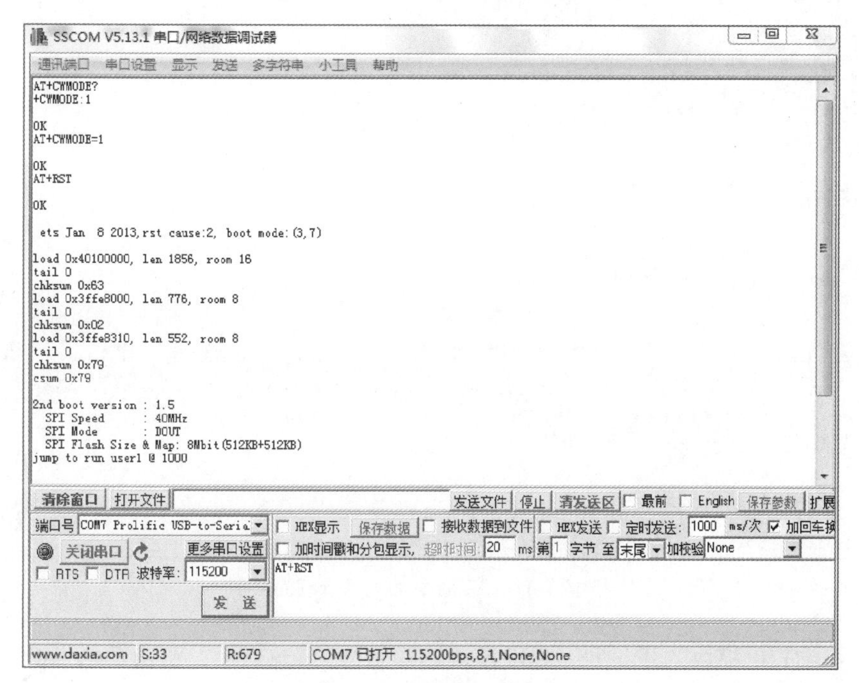

图4-29　STA模式设置画面

（2）Wi-Fi模式连接无线路由器。

① 连接无线路由器。在计算机里开启猎豹 Wi-Fi（或者使用路由器），获知用户名

图4-30　猎豹Wi-Fi查看Wi-Fi用户名及密码

及密码，界面如图4-30所示。

输入AT+CWLAP指令，查看当前ESP8266可以查询到的Wi-Fi列表。在查询出的Wi-Fi热点中，找到建立的名字为“123456”的无线路由器热点。输入指令：AT+CWJAP=“123456”,“12345678”。加入热点名为“123456”的网络，密码“12345678”，完成入网设置。输入AT+CWJAP?指令，查询是否连接到网络，做进一步核对，确保可以查询到开启的Wi-Fi。以上步骤界面如图4-31所示。

此时，猎豹Wi-Fi多出来一个“无线小伙伴”标志，如图4-32所示。

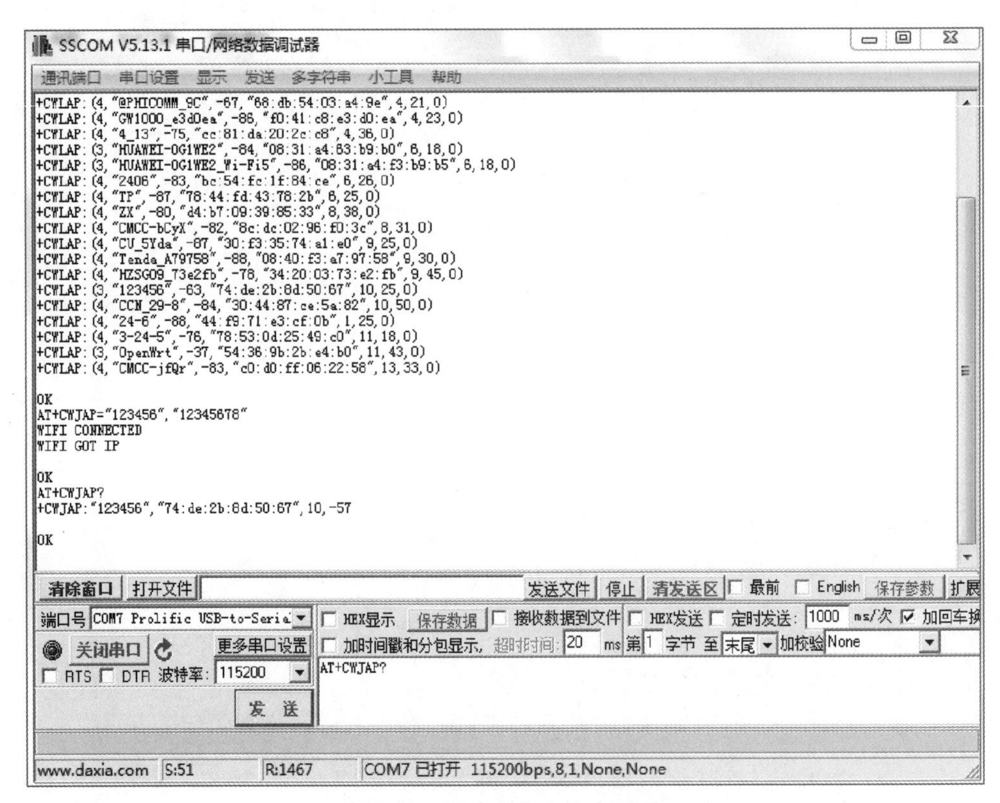

图4-31　AT命令加入热点画面

② 查询ESP模块的IP地址。ESP模块连接上Wi-Fi热点后，路由器热点会自动分配给ESP8266模块一个IP地址。输入AT+CIFSR指令，可以查询模块的IP地址。从返回值中可以找到ESP8266模块的IP地址。输入AT+CIPSTATUS指令，可以查询模块的网络状态。输入指令AT+CIPSTA?可以查询到路由器分配给ESP8266的局域网关地址和

子网掩码。

(3) Wi-Fi模式连接方式设置。输入AT+CIPMUX?指令，查询模块的连接方式，根据返回值判断为单连接还是多连接。输入AT+CIPMUX=0指令，只允许单一连接。输入AT+CIPMODE=1指令，进入透传模式，该模式下，可以忽略之后对CIPSEND的数据长度的设置。以上操作界面如图4-33所示。

3）客户端模式TCP单连接收发数据

将ESP8266模块作为客户端，通过无线路由以TCP数据传输模式与远程服务器端进行数据收发。涉及的相关指令集如表4-8所示。

图4-32　猎豹Wi-Fi显示新加入小伙伴

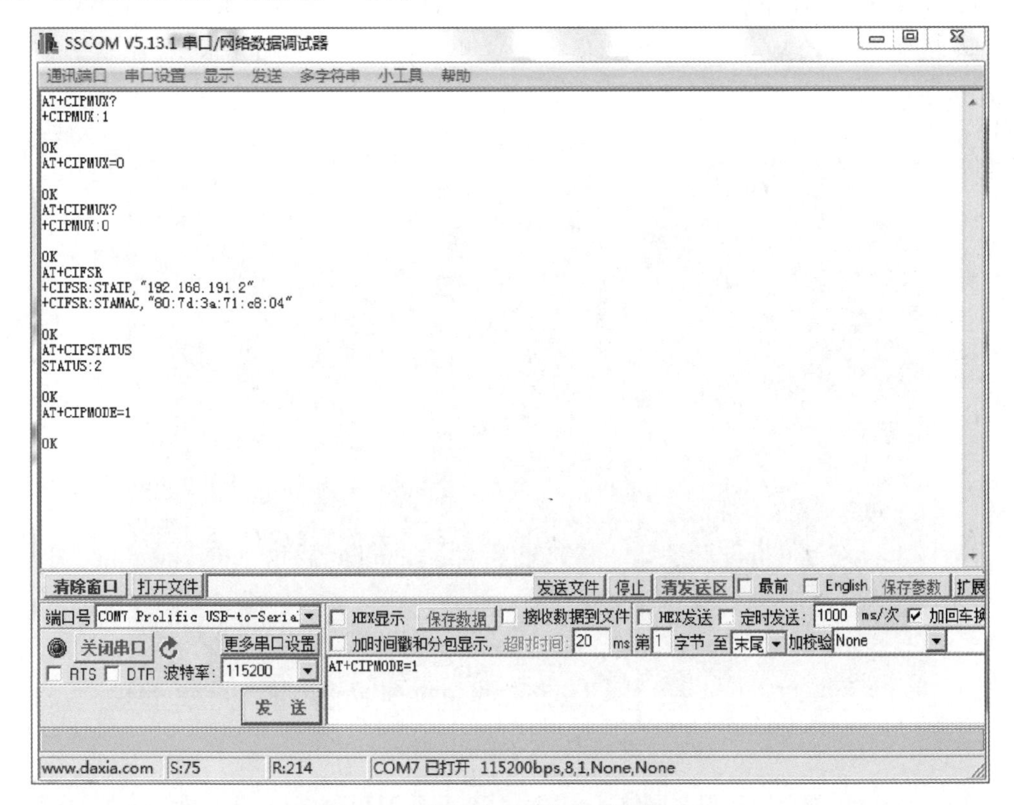

图4-33　Wi-Fi模式连接方式设置画面

表4-8　客户端模式TCP单连接收发数据相关AT指令

发送指令	作用
AT+CWMODE=1	设置模块Wi-Fi模式为STA模式
AT+RST	重启模块并生效

续表

发送指令	作用
AT+CWJAP=“SSID”,“password”	加入 Wi-Fi 热点：SSID，密码为：password
AT+CIPMUX=0	开启单连接
AT+CIPSTART=“TCP”,“IP地址”,端口号	建立 TCP 连接到“192.168.1.XXX”,8086
AT+CIPMODE=1	开启透传模式
AT+CIPSEND	开始传输
AT+CIPMODE=0	退出透传
AT+CIPCLOSE	断开TCP连接

（1）查找服务器IP地址。在计算机端，用网络调试助手建立一个TCP服务器，而建立一个TCP服务器所需要的是一个IP 地址和端口号，该 IP 需要和 ESP8266 的 IP拥有相同的网段，才能通信。

可以查看猎豹 Wi-Fi热点IP 的地址是多少，打开计算机的命令提示符界面如图4-34所示。

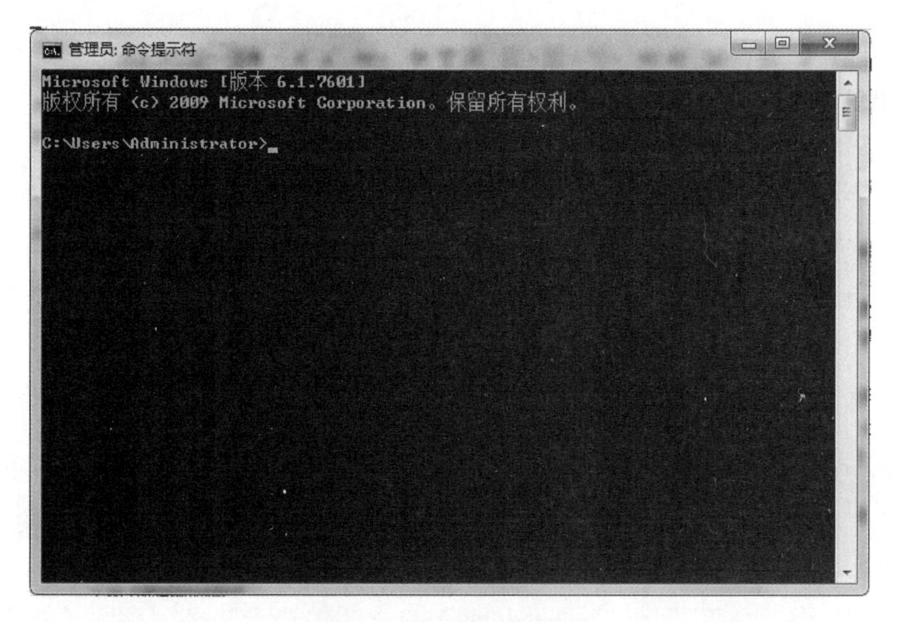

图4-34 命令提示符界面

输入ipconfig就会出现很多网络适配器，找到猎豹 Wi-Fi 的适配器，如图4-35所示。

注意

如果不知道是哪个适配器，可以先关闭猎豹 Wi-Fi，输入ipconfig，然后再开启猎豹 Wi-Fi，再次输入ipconfig，看哪个是新增加的接口就可以了。

图4-35　查看IP地址画面

在串口调试助手内输入AT+CIFSR，查看ESP8266的IP地址，可以发现刚好和猎豹Wi-Fi的IP处于同一个网段。

用192.168.191.1去建立TCP服务器，端口号可以随意选取一个可用的，一般不选择8080等有特定意义的端口号。

（2）创建TCP服务器。打开网络调试助手，修改协议为TCP Server，输入IP地址192.168.191.1和端口号777，打开“侦听”模式，完成连接，一个TCP服务器就被成功创建了，如图4-36所示。

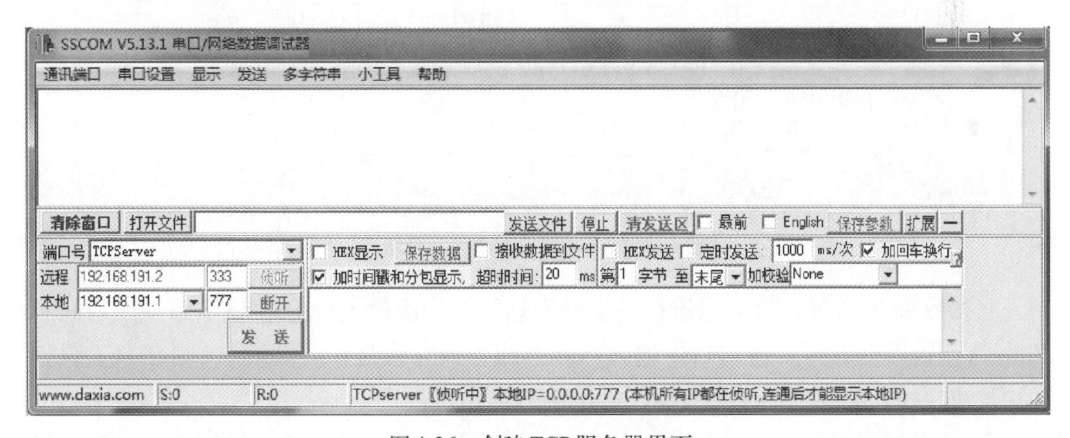

图4-36　创建TCP服务器界面

（3）发起TCP连接。通过ESP8266串口调试助手输入AT指令创建TCP服务器。输入AT+CIPSTART=“TCP”，“192.168.191.1”,777指令，即建立TCP连接，IP地址为192.168.191.1，端口号为777。该命令返回CONNECT OK为正常连接。如果要断开连接，输入指令AT+CWQAP即可。

（4）数据发送。

① 使能数据透传模式。

输入指令：AT+CIPMODE=1（如果在前面进行了设置，这一步可以省去），发送AT+CIPMODE=1后界面如图4-37所示。

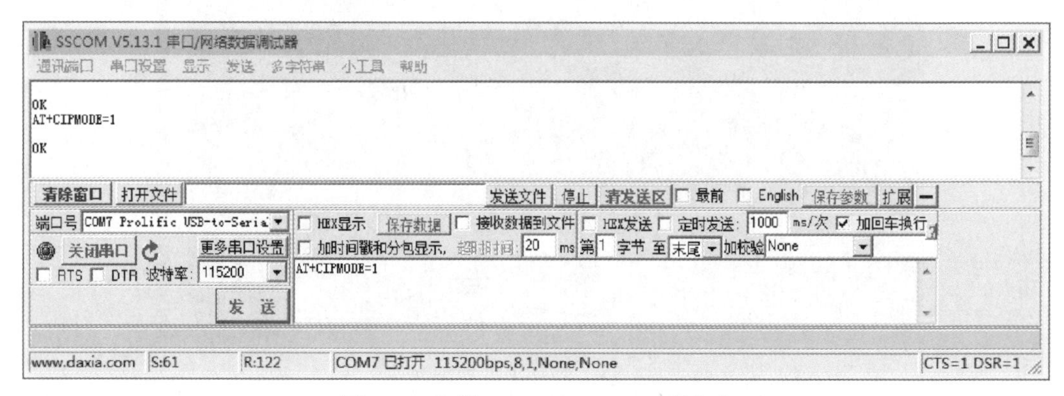

图4-37 发送AT+CIPMODE=1后界面

② 开始透传数据。输入AT+CIPSEND指令，进入透传模式，开始发送数据。界面如图4-38所示。

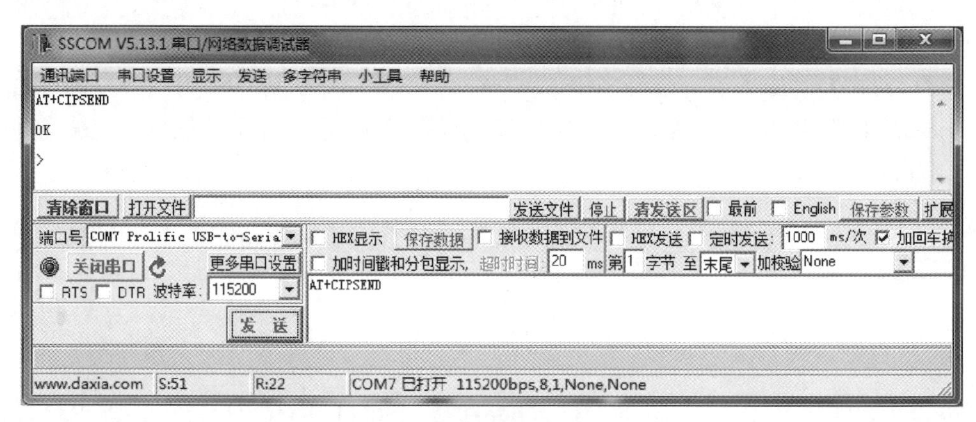

图4-38 AT+CIPSEND指令界面

当接收到 > 号时，就可以进行数据的发送了，一次最大包为2048字节，或者间隔20ms为一包数据。在发送窗口中输入“你好服务器，我是ESP8266!”，则在TCP服务器接收窗口中会接收到相应的数据，如图4-39所示。

③ 退出数据透传。若要退出数据传输，则要发送“+++”，不能带回车换行符（将串口调试助手上的回车换行 √ 去掉），如图4-40所示。

需要注意的是，使用键盘打字输入“+++”，可能耗时太长，建议使用串口工具一次性发送“+++”。之后再发送指令（请至少间隔1s，再发下一条AT指令）就不会被发送到TCP服务器上了。如果想再次发送，可以再次输入AT+CIPSEND，进入下一次发起数据传输。

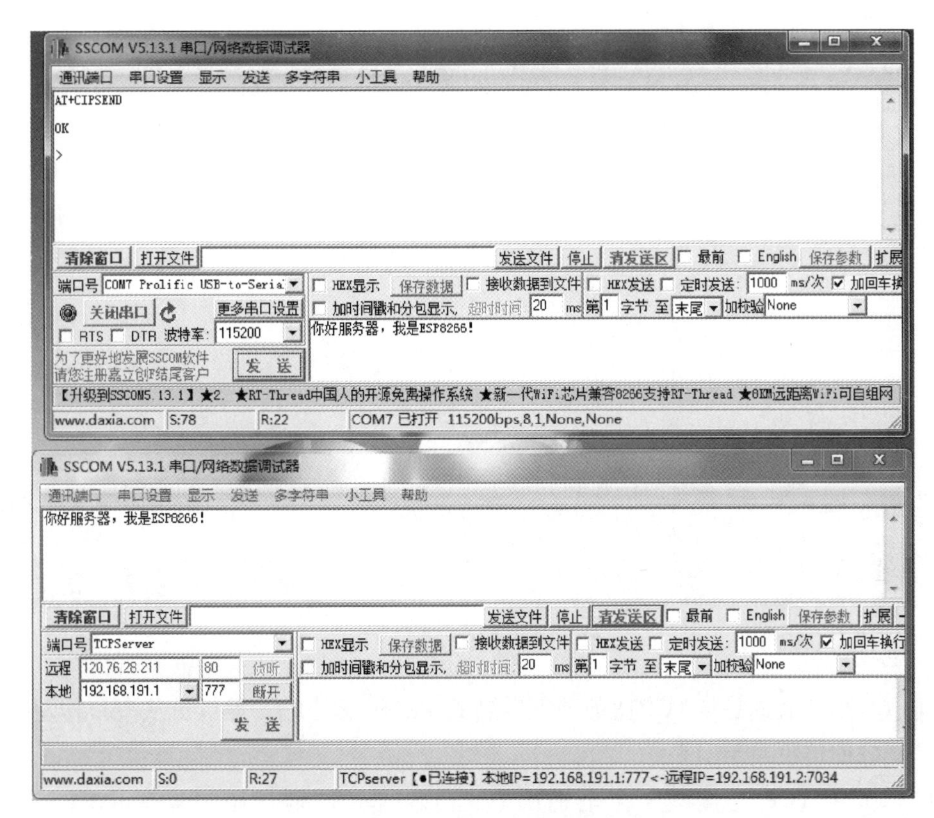

图4-39 透传指令界面

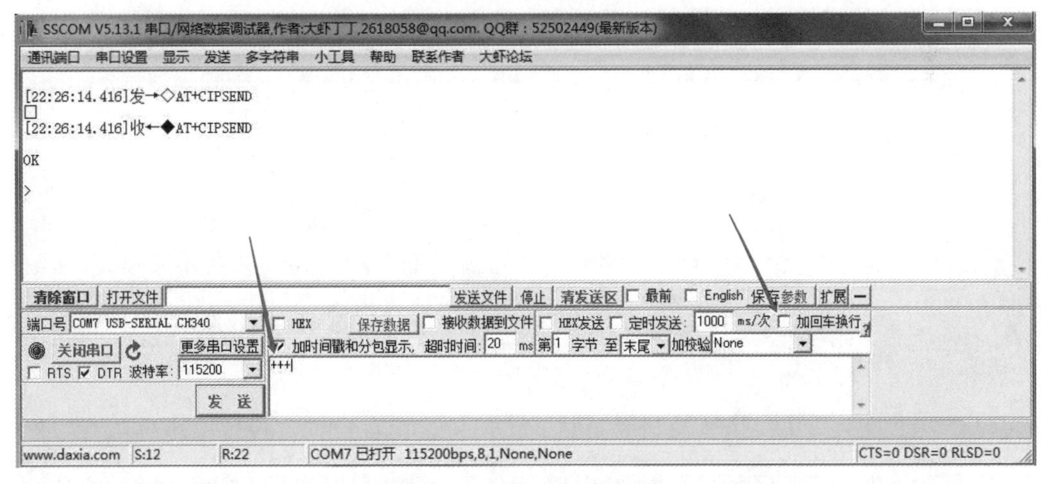

图4-40 退出数据传输界面

④ 退出数据发送模式。若要退出数据发送模式，则需关闭透传模式：输入指令AT+CIPMODE=0，则退出数据发送模式。此时串口调试助手进入AT指令调试模式。

（5）数据接收。在TCP网络通信助手发送窗口输入“你好，ESP8266”，在ESP8266串口助手接收窗口会接收到相应的信息，如图4-41所示。

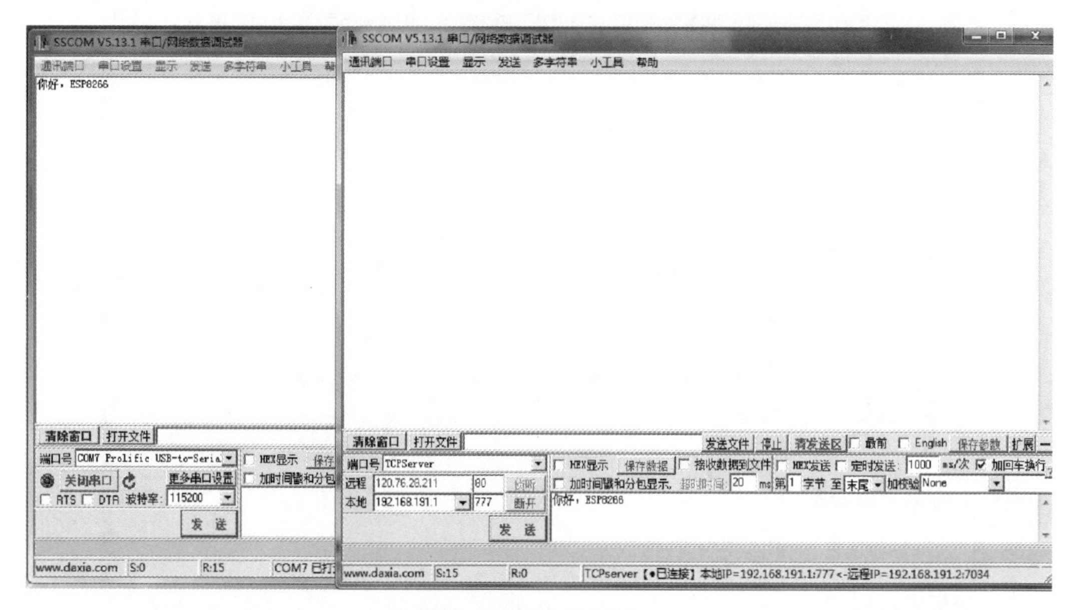

图4-41 数据接收界面

可以看出，数据是从TCP服务器下发到ESP8266客户端，然后再从串口转发出来，串口调试软件接收显示出来。

（6）关闭TCP连接。要完全退出TCP传输模式，则在串口助手中输入指令：AT+CIPCLOSE，响应为：OK。界面如图4-42所示。

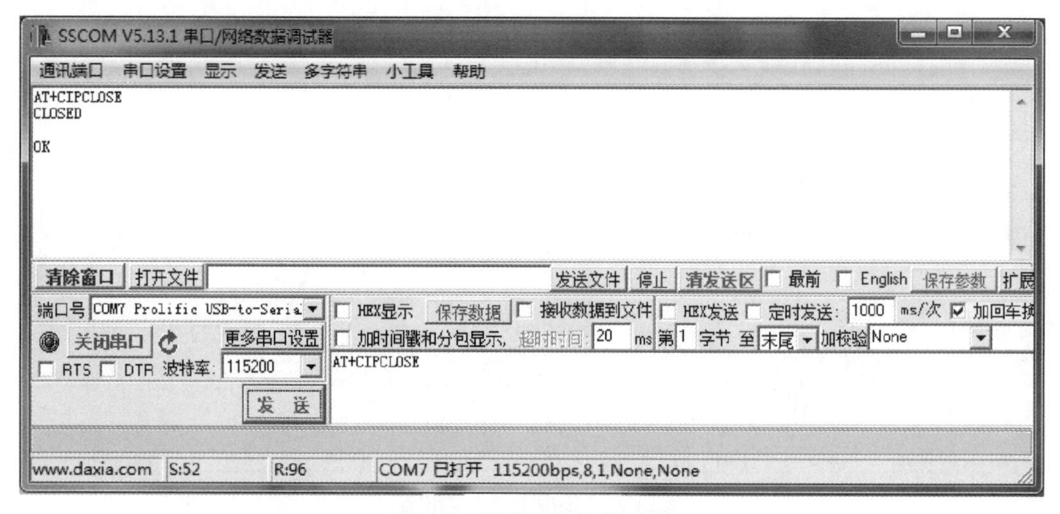

图4-42 退出TCP连接画面

4）服务器端模式TCP多连接收发数据

ESP8266作为TCP服务器的情况，相关步骤与上面“ESP8266作为TCP客户端”相似，有细微差别。涉及相关指令集如表4-9所示。

表4-9　服务器端模式TCP多连接收发数据指令集

发送指令	作用
AT+CWMODE=1	设置模块 Wi-Fi 模式为 STA 模式
AT+RST	重启模块并生效
AT+CWJAP= “SSID”，“password”	加入 Wi-Fi 热点：SSID，密码为：password
AT+CIPMUX=1	开启多连接
AT+CIPSERVER=1,8086	开启服务器，端口号为 8086
AT+CIPSEND=0,n	向 ID 为 0 的客户端，发送 n 字节的数据

（1）设置工作模式＆连接热点。由于与前述步骤相同就不做详细介绍了。在串口助手中依次输入：指令AT+CWMODE=1，将模块设置为STA模式；指令AT+RST，重启模块；指令AT+CWJAP=“123456”，“12345678”，连接进入建立的Wi-Fi360无线热点。结果如图4-43所示。

图4-43　设置工作模式＆连接热点

（2）创建TCP服务器。将ESP8266作为服务器，将终端设备作为客户端，建立一对多模式的数据传输。

① 设置ESP8266为多连接模式。在串口助手中通过指令AT+CIPMUX=1，开启多

连接模式，只有在多连接模式下，才能建立TCP服务器端。

② 设置ESP8266为服务器模式。通过AT指令，配置ESP8266为服务器模式，并设置端口号。输入指令AT+CIPSERVER=1,8086，将模块设定为服务器模式，其端口为8086。

③ 查询ESP8266建立的TCP服务器的IP地址，输入指令AT+CIFSR，则会显示模块的IP地址为192.168.191.2。

以上操作界面如图4-44所示。

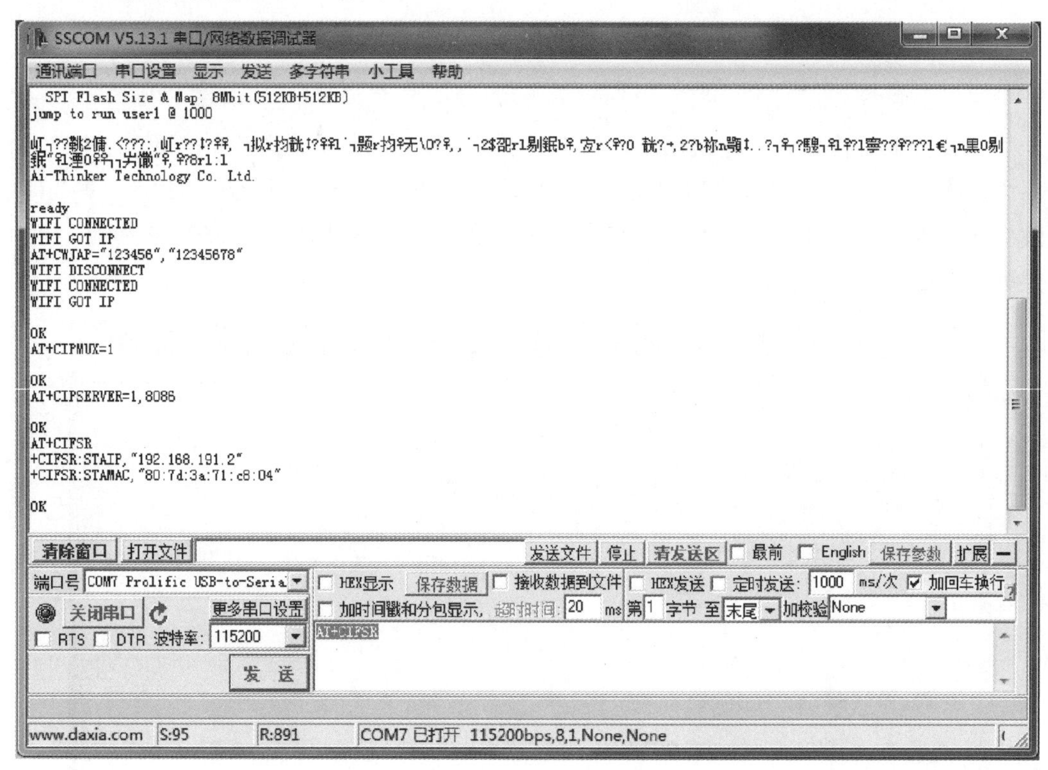

图4-44 创建TCP服务器

（3）建立TCP连接。

① 设置串口助手TCP客户端。打开串口助手，端口设定为“TCPClient”，将远程IP地址设为“192.168.191.2”，端口地址设为“8086”，本地地址默认。

② 连接TCP服务器。单击串口助手上的“连接”按钮。连接成功后，模块返回CONNECT，如图4-45所示。

（4）接收数据。打开TCP客户端与ESP8266串口调试助手，在TCP客户端发送窗口输入“你好，ESP8266服务器，我是TCP客户端”，那么在ESP8266服务器端串口助手接收窗口会接收到相应的数据，这样就实现了服务器端与客户端的TCP数据发送，如图4-46所示。

（5）发送数据。ESP8266作为服务器时，不能开启透传模式，需要通过AT+CIPSEND=<id>, <length>指令完成数据的传输。其中，第一个参数<id>为ID号，即要发送数据给连接此服务器的第几个客户端；第二个参数<length>为数据长度。

SSCOM V5.13.1 串口/网络数据调试器

通讯端口　串口设置　显示　发送　多字符串　小工具　帮助

清除窗口　打开文件　发送文件　停止　清发送区　最前　English　保存参数　扩展

端口号 TCPClient　HEX显示　保存数据　接收数据到文件　HEX发送　定时发送: 1000 ms/次　加回车换行

远程 192.168.191.2　8086　连接　加时间戳和分包显示，超时时间: 20 ms 第1 字节 至 末尾 加校验 None

本地 192.168.191.1　777　断开

发 送

www.daxia.com　S:21　R:0　TCPclient【已断开】-本地IP=192.168.191.1:???->远程IP=192.168.191.2:8086

图4-45　建立TCP连接

SSCOM V5.13.1 串口/网络数据调试器

通讯端口　串口设置　显示　发送　多字符串　小工具　帮助

0,CLOSED
0,CONNECT

+IPD,0,35:你好，ESP8266服务器，我是TCP客户端

清除窗口　打开文件　发送文件　停止　清发送区　最前　English　保存参数　扩展

端口号 COM7 Prolific USB-to-Seria　HEX显示　保存数据　接收数据到文件　HEX发送　定时发送: 1000 ms/次　加回车换行

关闭串口　更多串口设置　加时间戳和分包显示，超时时间: 20 ms 第1 字节 至 末尾 加校验 None

RTS　DTR　波特率: 115200　AT+CIFSR

发 送

www.daxia.com　S:0　R:69　COM7 已打开 115200bps,8,1,None,None　CTS=1 DSR=1 RLSD=1

SSCOM V5.13.1 串口/网络数据调试器

通讯端口　串口设置　显示　发送　多字符串　小工具　帮助

清除窗口　打开文件　发送文件　停止　清发送区　最前　English　保存参数　扩展

端口号 TCPClient　HEX显示　保存数据　接收数据到文件　HEX发送　定时发送: 1000 ms/次　加回车换行

远程 192.168.191.2　8086　连接　加时间戳和分包显示，超时时间: 20 ms 第1 字节 至 末尾 加校验 None

本地 192.168.191.1　777　断开　你好，ESP8266服务器，我是TCP客户端

发 送

www.daxia.com　S:57　R:0　TCPclient【•已连接】本地IP=192.168.191.1:53163->远程IP=192.168.191.2:8086

图4-46　接收数据

注意

客户端编号是从0开始的，可以通过AT+CIPSTATUS指令进行查询。输入指令AT+CIPSTATUS，可以得到连接到ESP8266服务器上的客户端，由返回值可以找到此时连接到服务器的客户端编号为0，IP地址为192.168.191.1，端口为8086。发送数据界面如图4-47所示。

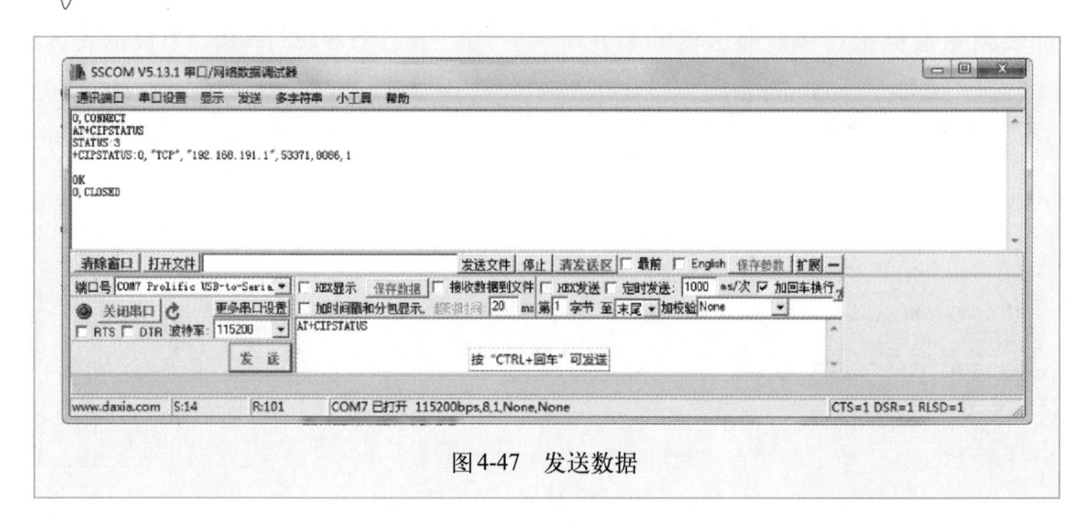

图4-47　发送数据

输入指令AT+CIPMODE=0，关闭透传模式。输入指令AT+CIPSEND=0,200，则给0号客户端发出20个字符的数据。注意：超过了设定的字符长度的数据则无法发送。当接收到 > 号时，就可以进行数据的发送了，一次最大包为设定的20个字符。

在发送窗口中输入“你好客户端，我是ESP8266服务器！”，则在TCP客户端接收窗口中会接收到相应的数据。

（6）关闭TCP连接。在串口助手中输入指令“AT+CIPSERVER=0”，响应为OK，则关闭TCP传输模式。

5）STA工作模式下UDP收发数据

ESP8266模块作为STA终端，进行UDP数据收发，不区分服务器模式还是客户端模式。其涉及的指令集如表4-10所示。

表4-10　AP工作模式下UDP收发数据指令集

发送指令	作用
AT+CWMODE=1	设置模块Wi-Fi模式为STA模式
AT+RST	重启生效
AT+CWJAP=“SSID”，“password”	加入Wi-Fi热点：SSID，密码：password
AT+CIFSR	获取本地IP地址
AT+CIPMUX=0	开启单连接模式
AT+CIPSTART=客户编号，“UDP”，“IP地址”，远端UDP端口号，本地端口号，远端口可变否	本地设备端口号，未设置为默认0；0为固定远端，其设定的端口号8086是不能改变的，如果为1为可变端口号
AT+CIPMODE=1	开启透传模式
AT+CIPSEND	开始发送数据
AT+CIPMODE=0	退出透传
AT+CIPCLOSE	断开TCP连接

（1）查找热点IP地址。在打开串口助手建立一个UDP终端。将ESP8266连接到猎豹 Wi-Fi，由热点自动分配IP地址。在串口调试助手内输入AT+CIFSR，查看ESP8266的IP地址。用192.168.191.1去建立UDP服务器。

（2）UDP单连接模式。首先使能单连接模式。通过输入指令“AT+CIPMUX=0”，使ESP8266模块处于单连接模式，界面如图4-48所示。

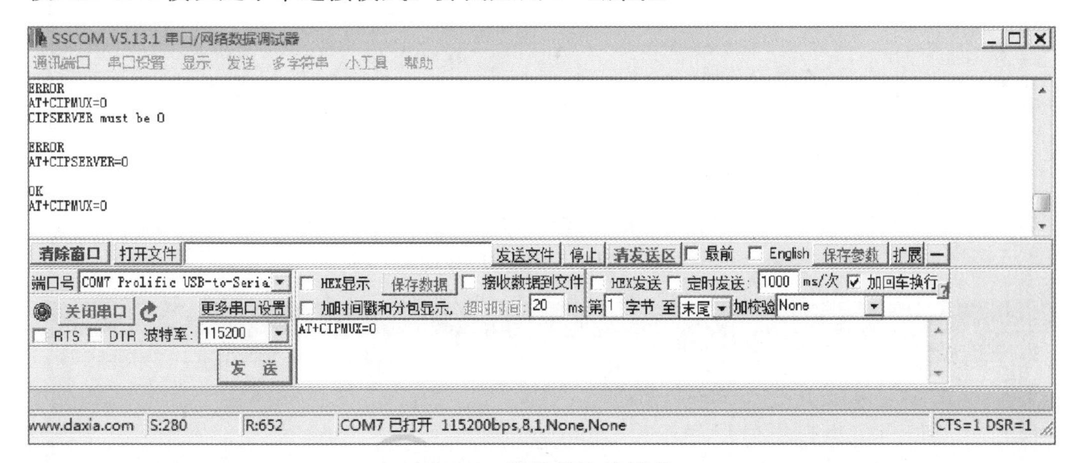

图4-48　使能单连接模式

输入AT+CIFSR，获得本模块的IP地址为192.168.191.2，如图4-49所示。

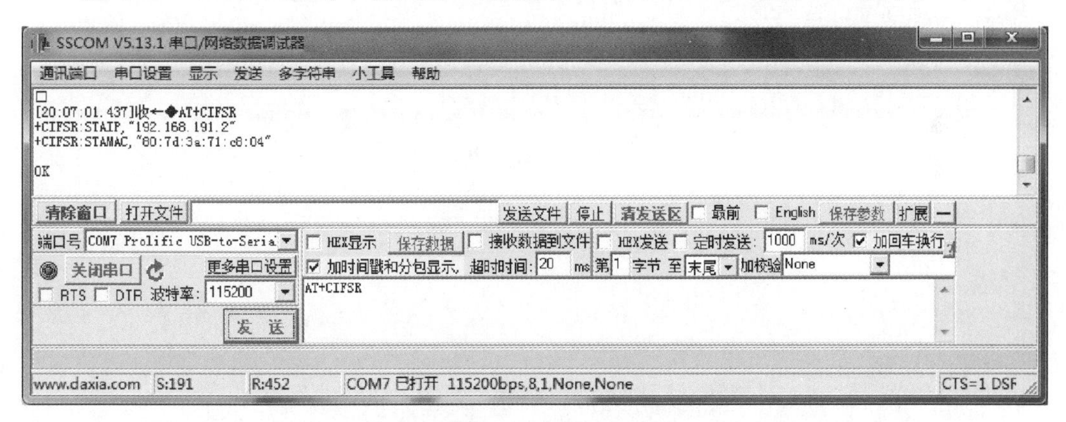

图4-49　获得本模块地址

（3）创建UDP终端。打开网络调试助手，修改协议为UDP，输入IP地址192.168.191.1和端口号777，远端输入IP地址192.168.191.2和端口号333，打开“连接”模式，完成连接。一个UDP终端就被成功创建了，如图4-50所示。

（4）发起UDP连接。在ESP8266串口调试助手中输入AT指令AT+CIPSTART=UDP,192.168.192.1,777, 333（为创建UDP服务器时的IP地址和端口号），返回CONNECT OK，实现UDP连接，如图4-51所示。

（5）数据发送。

① 使能数据透传模式。输入指令：AT+CIPMODE=1。如果前面已经进行了设置，

这一步可以省去，如图4-52所示。

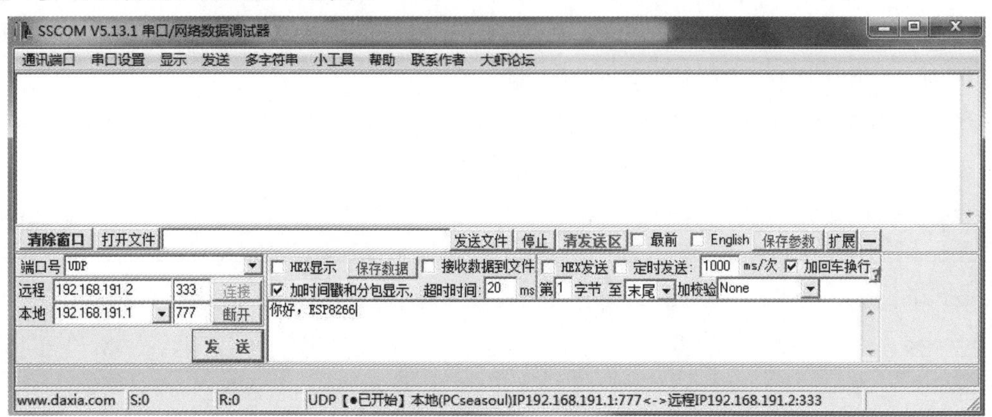

图4-50 创建UDP终端

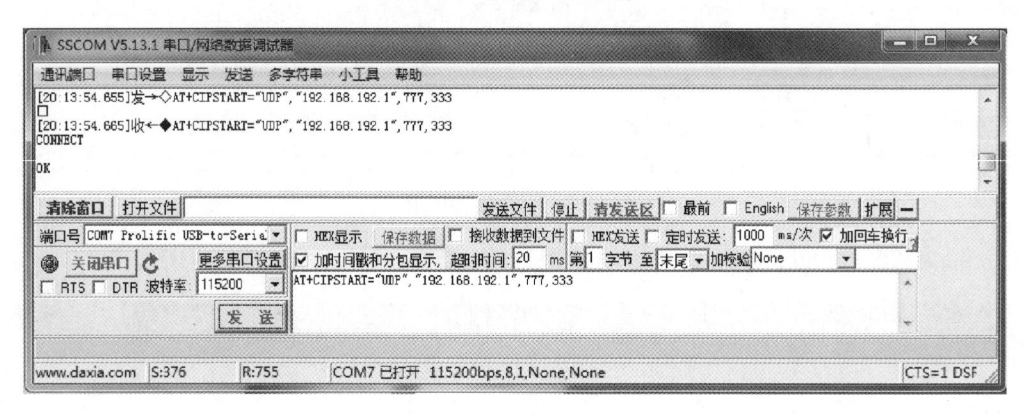

图4-51 发起UDP连接

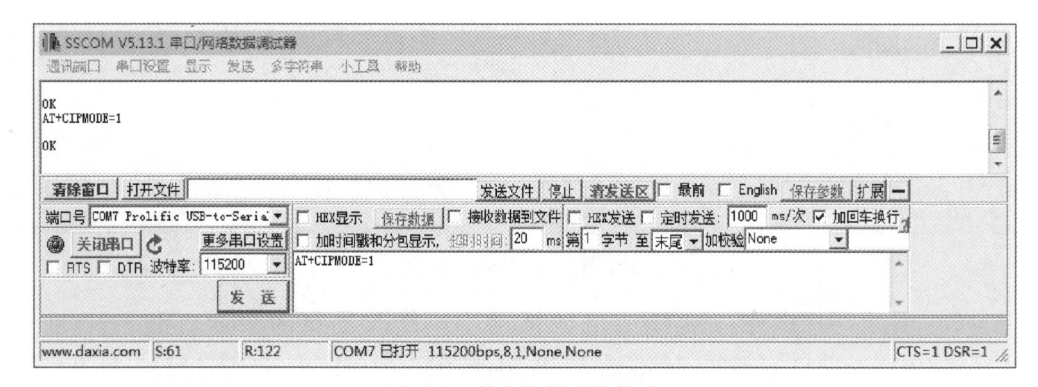

图4-52 使能数据透传模式

② 发送数据。输入：AT+CIPSEND指令，开始发送数据，如图4-53所示。

当接收到 > 号时，就可以进行数据的发送了。（注意：一次最大包为2048字节，或者间隔20ms为一包数据。）

在发送窗口中输入“你好UDP端，我是ESP8266!”，则在UDP服务器接收窗口中会接收到相应的数据，如图4-54所示。

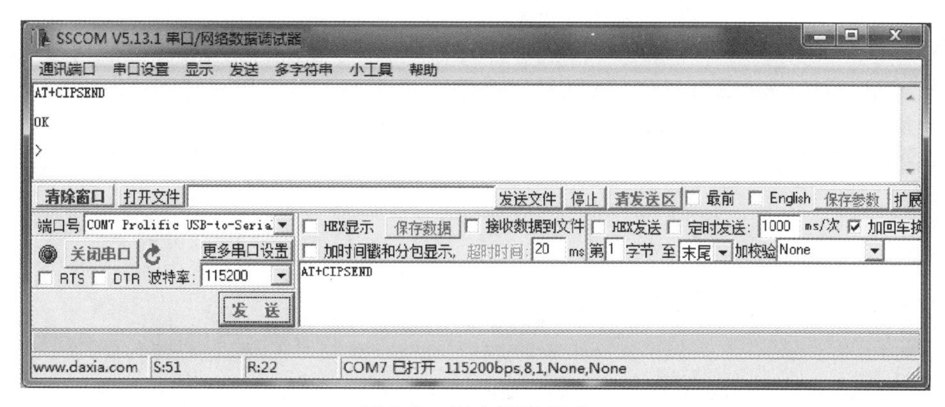

图4-53　进入透传模式

图4-54　发送数据

③ 退出数据传输。发送+++为一包数据，且将串口调试助手上的“加回车换行”前面的✓去掉，如图4-55所示。

如果想再次发送数据，可以输入AT+CIPSEND，发起下一次数据传输。

④ 退出发送数据模式，关闭透传模式。输入指令AT+CIPMODE=0，则退出数据发送模式，进入AT指令调试模式。

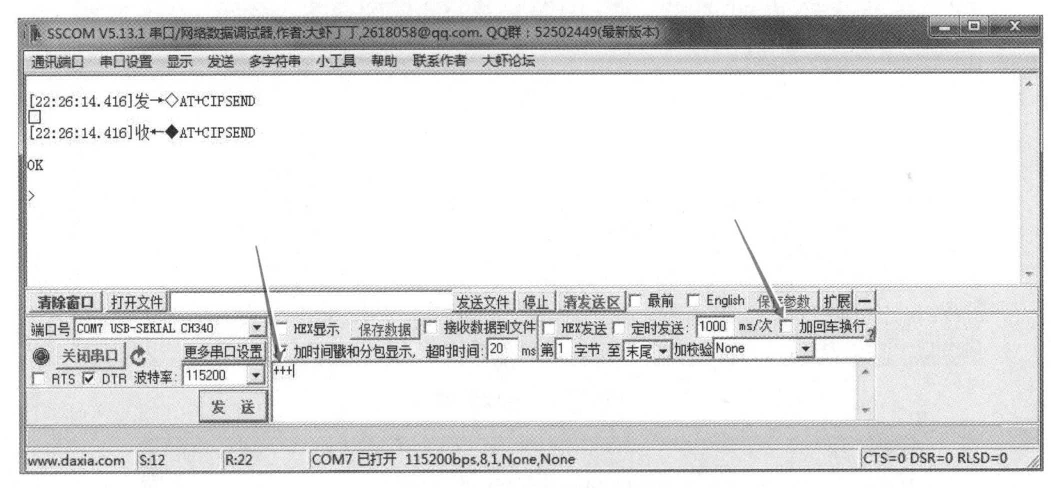

图4-55 退出数据传输

（6）数据接收。在UDP网络通信助手发送窗口输入“你好，ESP8266”，在ESP8266串口助手接收窗口会接收到相应的信息，如图4-56所示。

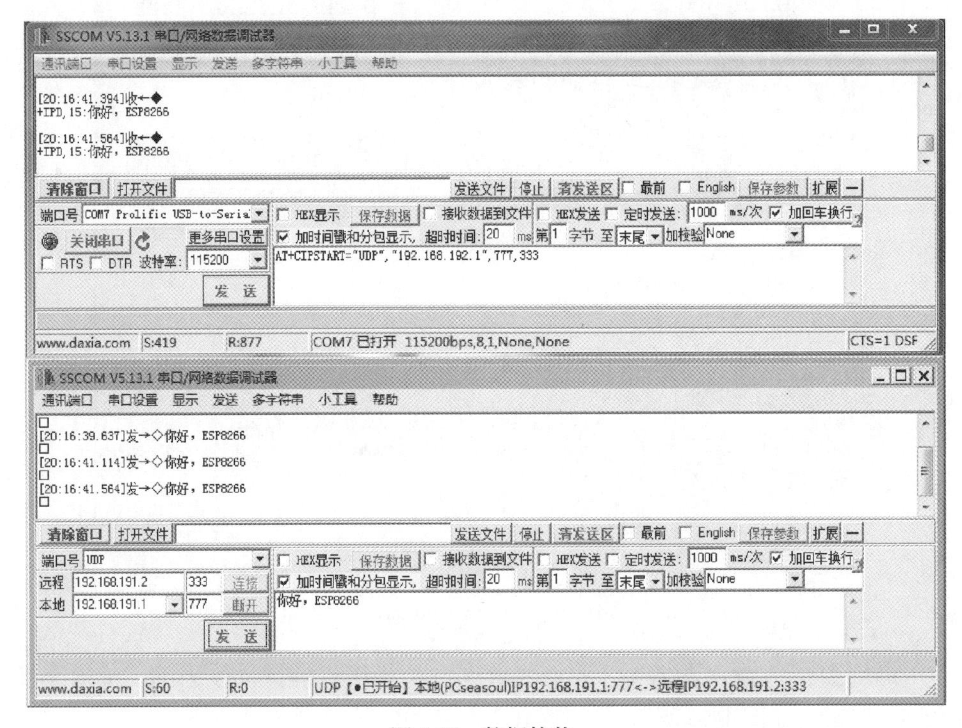

图4-56 数据接收

（7）关闭UDP模式。在串口助手中，输入指令：AT+CIPCLOSE，响应为OK，则退出UDP传输模式。如图4-57所示。

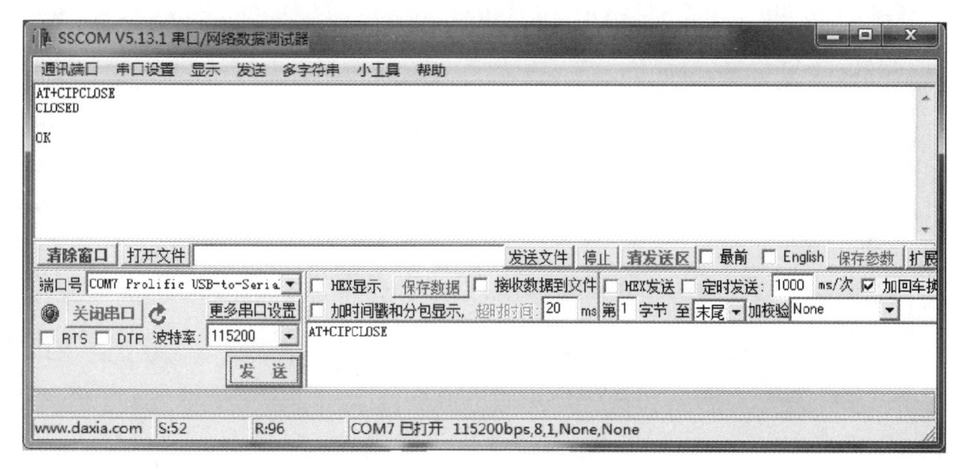

图4-57　关闭UDP连接

7 Wi-Fi 模块 AP 模式通信

在AP模式下，作为路由器热点提供无线接入服务，允许其他无线设备接入，提供数据访问。可以实现AP与STA、AP与AP之间相互连接。其涉及的指令集如表4-11所示。

表4-11　Wi-Fi模块AP模式通信指令集

发送指令	作用
AT+CWMODE=2	设置模块 Wi-Fi 模式为 AP 模式
AT+RST	重启生效
AT+CWSAP= “SSID” , “password” ,1,4	设置AP模块的参数：账号为SSID，密码为password，通道号为1，加密方式为WPA_WPA2_PSK
AT+CIPMUX=1	开启多连接
AT+CIPSERVER=1,8086	开启 SERVER 模式，设置端口为 8086
AT+CIPSEND=0,n	向 ID0 发送 n 字节数据包，n的值自己定
AT+CIPSERVER=0	关闭 SERVER 模式

1）模块工作模式配置

ESP8266模块默认其工作模式为模式三，将ESP8266配置成AP模式。

输入AT+RESTORE指令，将模块恢复到初始状态。

输入AT+CWMODE?指令，查看模块初始工作模式，如果不是AP模式，则重新设置。

输入AT+CWMODE=2，将ESP8266模块设置为AP模式（1为STA模式，2为AP，3为AP+STA）。以上步骤如图4-58所示。

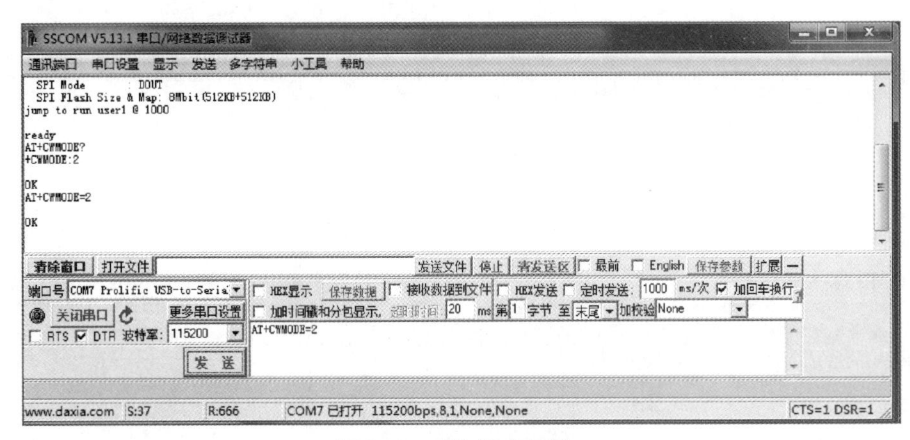

图4-58　工作模式配置

2）配置模块AP参数

配置模块参数实质就是看账号密码是多少，并进行自定义修改，逐条输入以下指令。

输入AT+CWSAP?指令，则会显示模块初始状态。

输入AT+CWSAP= “MY_ESP”, “12345678”,1,4指令，将ESP模块AP热点名字设为MY_ESP，密码为12345678，设为通道为1，加密方式为4-WPA_WPA2_PSK。

设定为配置热点的参数分别为：接入点名称（热点名称俗称 Wi-Fi 名）(字符串参数)，密码（字符串参数），最长64位，通道号，加密方式0-open、1-WEP、2-WPA_PSK、3-WPA2_PSK、4-WPA_WPA2_PSK，允许接入 Station 的个数 [0,8]，还有一个默认为0。根据以上所述，可以进行自定义修改。

输入指令AT+CIPAP?查看IP地址，默认的IP为192.168.4.1。

如果不是，可以重新设置，输入AT+CIPAP_DEF= “192.168.4.1” 重新设置模块的IP地址。

以上步骤操作界面如图4-59所示。

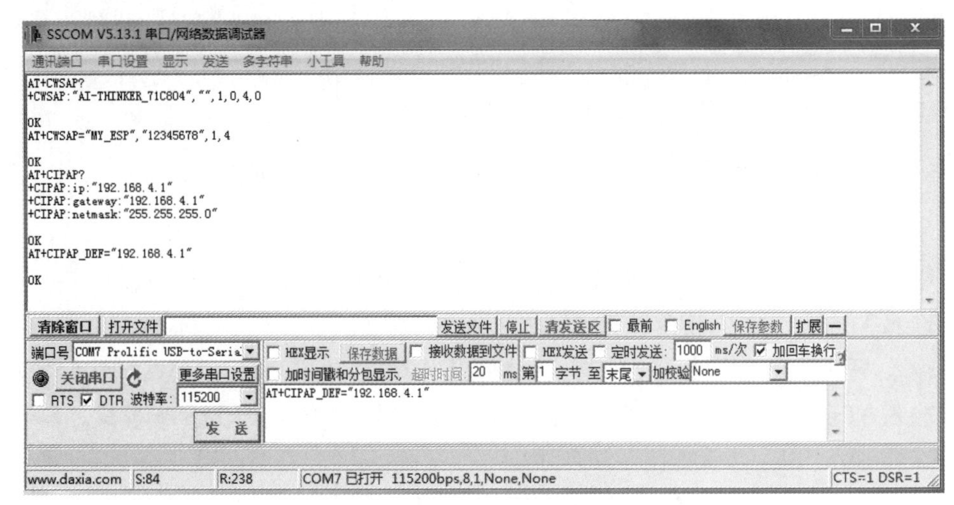

图4-59　配置模块AP参数

输入AT+RST，重启模块。

现在计算机就会搜索到Wi-Fi，如图4-60所示。

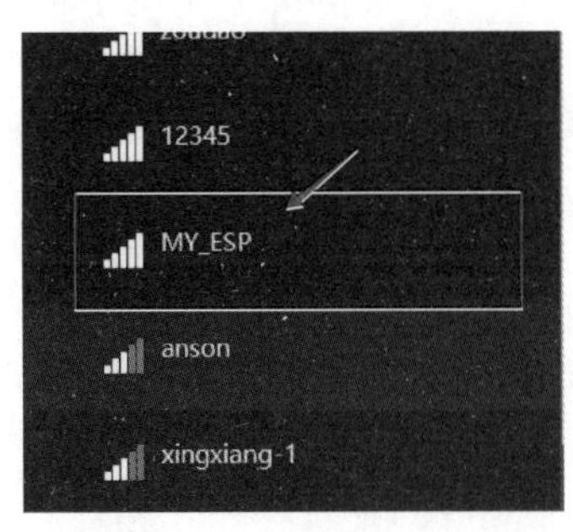

图4-60　Wi-Fi信号

连接MY_ESP AP热点，输入密码“12345678”，像平常那样连接Wi-Fi就可以了。

3）服务器模式TCP多连接收发数据

在此任务下，ESP8266模块作为AP热点，以TCP服务器模式进行多连接方式数据收发，其涉及的指令集如表4-12所示。

表4-12　服务器模式TCP多连接收发数据指令集

发送指令	作用
AT+CWMODE=2	设置模块Wi-Fi模式为AP模式
AT+RST	重启生效
AT+CWSAP= “SSID”，“password”,1,4	设置模块的AP参数：账号为SSID，密码为password，通道号为1，加密方式为WPA_WPA2_PSK
AT+CIPMUX=1	开启多连接
AT+CIPSERVER=1	开启SERVER模式，设置端口为333
AT+CIPSEND=0,n	向ID0发送n字节数据包，n的值自己定

（1）TCP服务器多连接模式。使能多连接模式。输入指令：AT+CIPMUX=1，如图4-61所示。

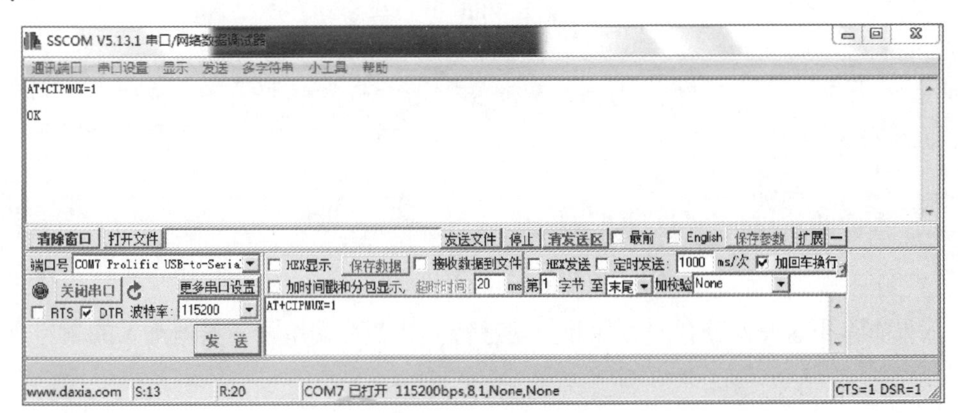

图4-61　使能多连接模式

（2）创建TCP服务器。输入指令：AT+CIPSERVER=1，默认端口为333，如图4-62所示。

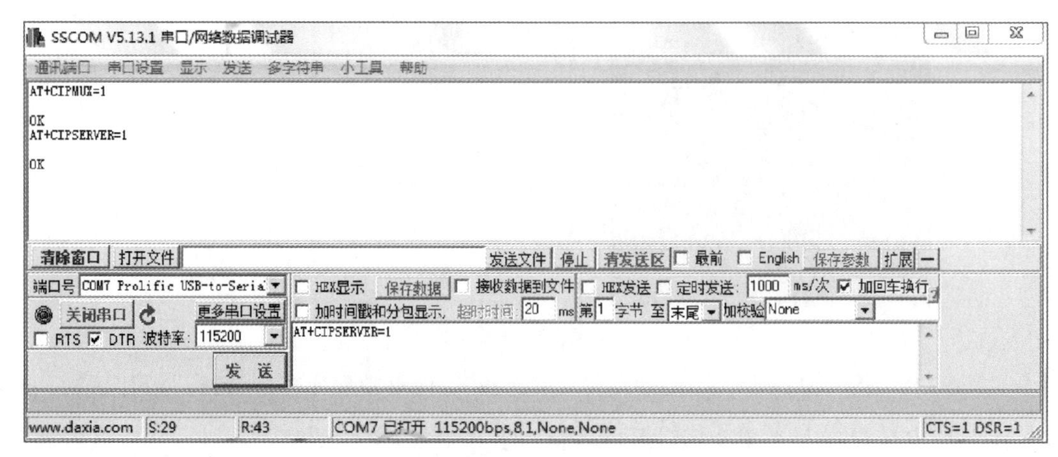

图4-62　创建TCP服务器

（3）发起TCP连接。在发起TCP连接的时候，应该要先知道TCP服务器的IP地址和端口号才能发起，上面使用默认端口号是333，因此，只要查看ESP8266创建TCP服务器时的IP是多少就可以了。在串口调试助手里，输入指令“AT+CIPAP?”，则返回TCP服务器的IP地址、网关及掩码，如图4-63所示。可以看到此时TCP服务器IP地址是192.168.4.1。用网络调试助手，创建一个TCP客户端，发起一个TCP连接。端口号：TCPClient；远程地址：192.168.4.1，端口号为333，其余不变。单击“连接”按钮，如图4-64所示。此时，ESP8266模块串口调试助手会收到提示，且有TCP客户端进行连接，客户端编号为“0”，如图4-65所示。

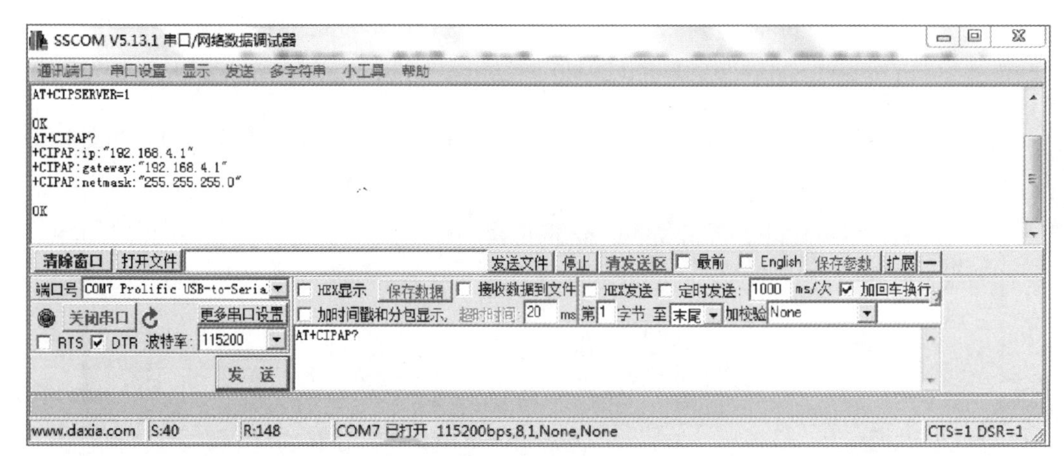

图4-63　发起TCP连接

如果有多个客户端连接，按照此方法进行，其客户端编号会根据加入的顺序自动排号。

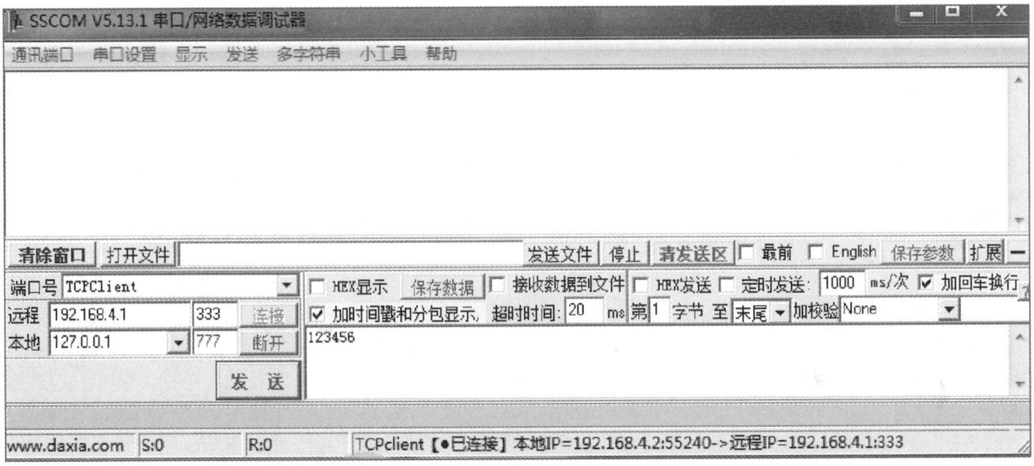

图4-64 建立连接（1）

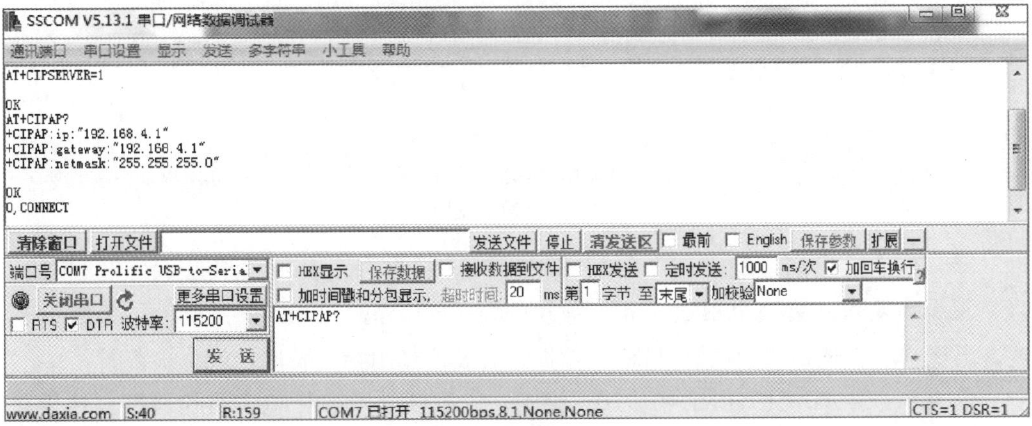

图4-65 建立连接（2）

如果想要查询有多少客户端连接到建立的TCP服务器上，可以输入指令:

AT+CIPSTATUS

其返回值为

STATUS: <stat>
+CIPSTATUS: <link ID>,<type>,<remote IP>,<remote port>,<local port>,<tetype>
<stat>: ESP8266 Station 接口的状态

其中，<link ID>: 网络连接ID（0～4），用于多连接的情况; <type>: 字符串参数，“TCP”或者“UDP”; <remote IP>: 字符串远端IP地址; <remote port>: 远端端口值; <local port>: ESP8266本地端口值; <tetype>: 0: ESP8266作为客户端、1: ESP8266作为服务器。

（4）数据的接收。在客户端发送窗口输入数据“hello,TCP server”，发送出去。TCP服务器接收的数据为“+IPD,0,18: hello,TCP server”，依次表示：服务端认定的ID为“0”，数据长度为“18”，实际数据为“hello,TCP server”，如图4-66所示。

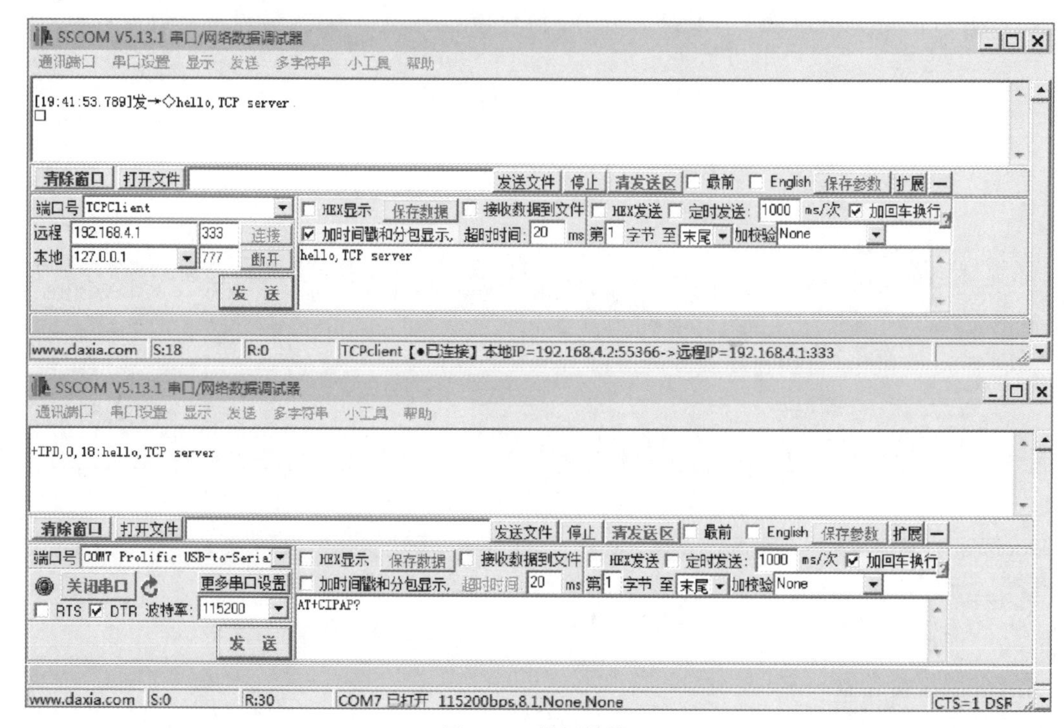

图4-66 数据接收

（5）数据的发送。输入指令：AT+CIPSEND=<id>,<length>，则进入多连接模式，TCP Server 发送。第一个参数“id”为客户端ID号，第二个参数“length”为数据长度。出现“>”号后，在发送窗口输入数据，若长度超出指定长度，就会被截断。

输入指令：AT+CIPSEND=0，20，则对0号客户端，发出20字节的数据。然后在发送窗口输入“hello TCPClient”，则TCP Client接收窗口会接收到相应的数据。

目前ESP8266模块仅支持建立一个TCP服务器，当工作在服务器模式时，必须使用多连接模式。在这种模式下，可以有多个TCP客户端与ESP8266建立的服务器进行数据传输。

如果有N个客户端进行TCP数据通信，输入指令：AT+CIPSEND=N，20，则对N号客户端，发出20字节的数据。

然后在发送窗口输入“hello TCPClient”，则TCPClient接收窗口会接收到相应的数据，如图4-67所示。

（6）关闭TCP连接。在TCP客户端长时间不发数据的情况下，TCP服务器会自动把TCP客户端踢掉，连接自然断开，退出TCP数据发送。

4）客户端模式TCP单连接收发数据

ESP8266模块作为AP热点，以客户端模式、多边接方式进行TCP数据收发，涉及的指令集如表4-13所示。

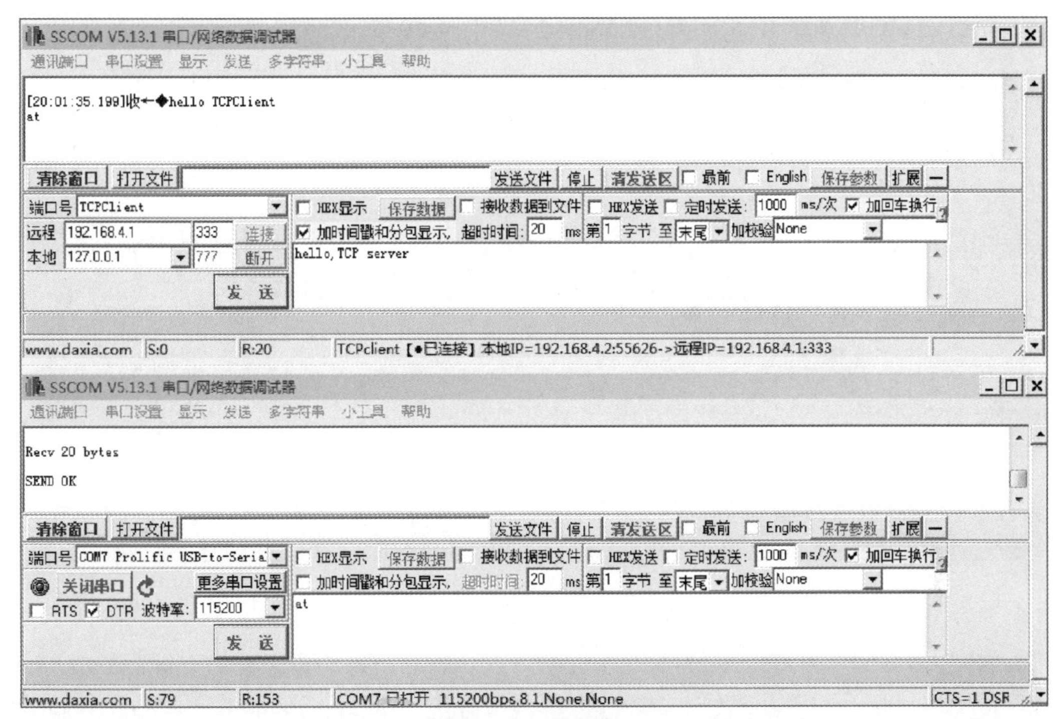

图4-67　数据发送

表4-13　客户端模式TCP单连接收发数据指令集

发送指令	作用
AT+CWMODE=2	设置模块 Wi-Fi 模式为 AP 模式
AT+RST	重启生效
AT+CWSAP=“SSID”,“password”,1,4	设置模块的 AP 参数：账号为SSID，密码为password，通道号为 1，加密方式为WPA_WPA2_PSK
AT+CIPMUX=0	开启单连接
AT+CIPSTART=“TCP”,“192.168.4.XXX”,8086	建立 TCP 连接到“192.168.4.XXX”,8086
AT+CIPMODE=1	开启透传模式（仅单连接 client 时支持）
AT+CIPSEND	开始发送数据
AT+CIPMODE=0	退出透传
AT+CIPCLOSE	断开 TCP 连接

（1）TCP客户端单连接模式。输入指令：AT+CIPMUX=0，则使能单连接模式，如图4-68所示。

（2）创建TCP服务器。创建一个TCP服务器端，发起一个TCP连接。在连接ESP8266 AP热点的计算机时，查询该计算机由ESP8266 AP分配的IP地址。

输入指令AT+CWLIF，该指令为获取连接到ESP8266 AP站点的信息。通过返回值，可以看到计算机的IP地址为192.168.4.2，如图4-69所示。

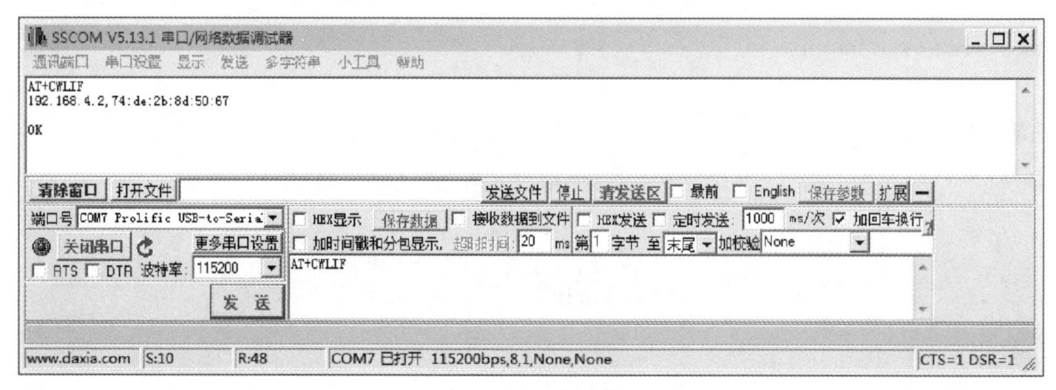

图4-68　使能单连接模式

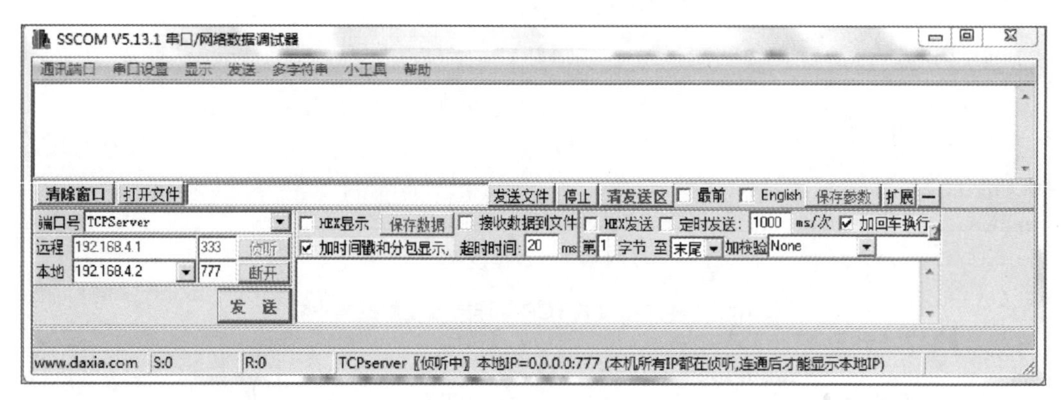

图4-69　创建TCP服务器

端口号：TCPServer；本地地址：192.168.4.2，端口号为777，其余保持不变，单击“侦听”，如图4-70所示。

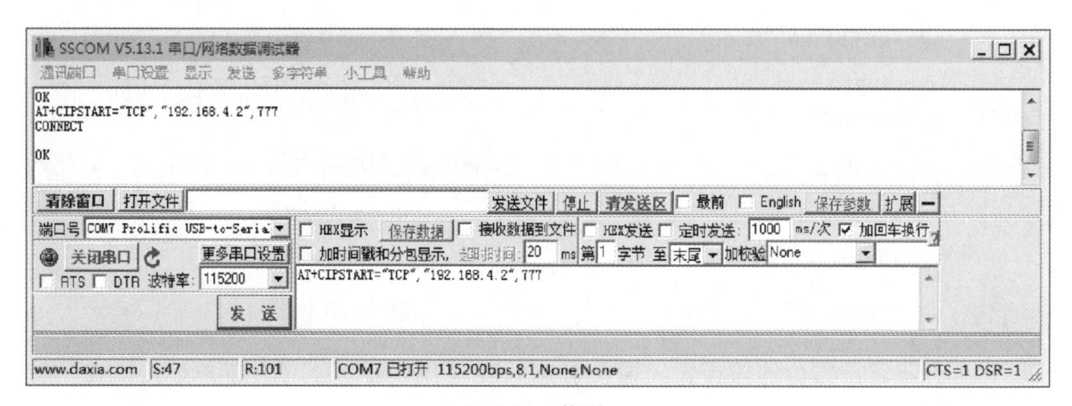

图4-70　侦听

（3）发起TCP连接。在串口调试助手中输入AT+CIPSTART=“TCP”，“192.168.4.2”，777指令，实现TCP连接，服务器IP地址为192.168.4.2，端口号为777。该命令返回CONNECT OK为正常连接，如图4-71所示。

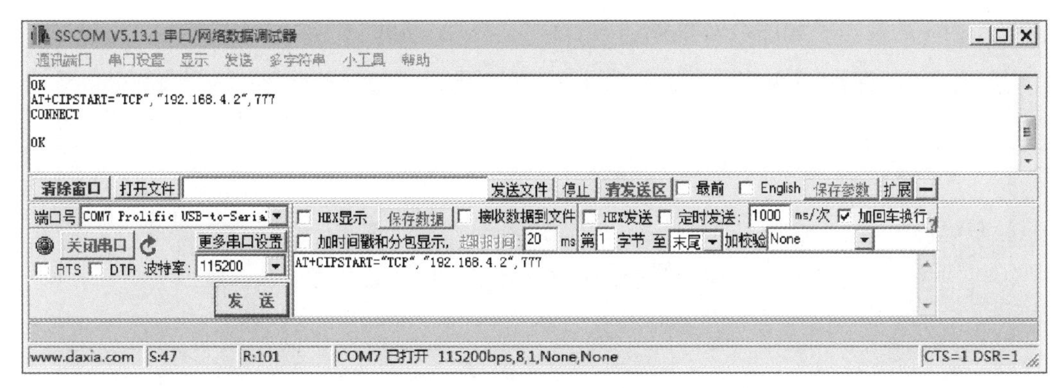

图4-71　发起TCP连接

（4）数据发送。输入指令AT+CIPMODE=1，使能数据透传模式，如图4-72所示。

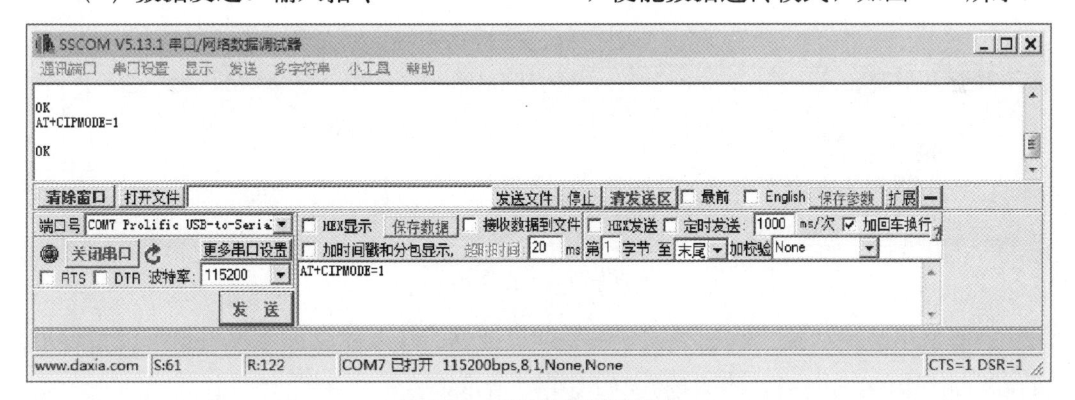

图4-72　使能数据透传模式

输入AT+CIPSEND指令开始发送数据，如图4-73所示。

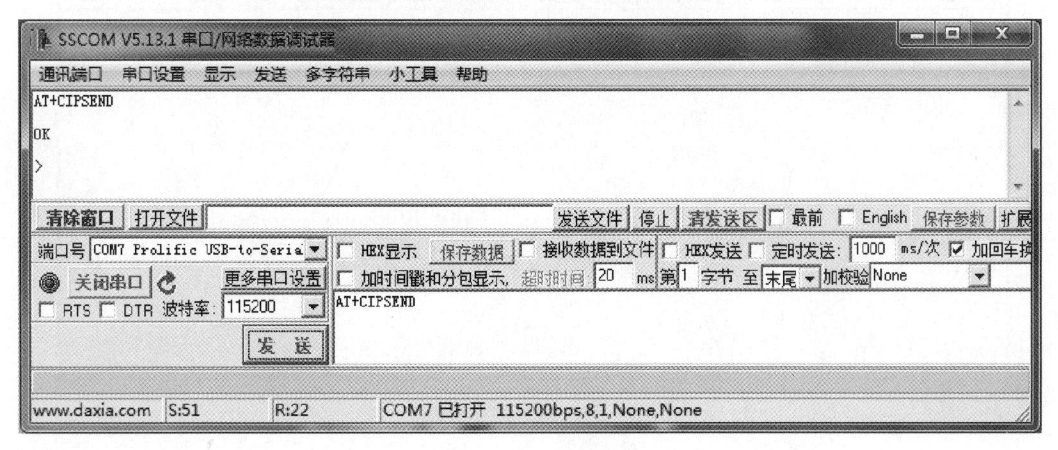

图4-73　进入透传模式

当接收到 > 号时，就可以进行数据发送，一次最大包为2048字节，或者间隔20ms为一包数据。

在发送窗口中输入“你好服务器，我是ESP8266!”，则在TCP服务器接收窗口中会接收到相应的数据，如图4-74所示。

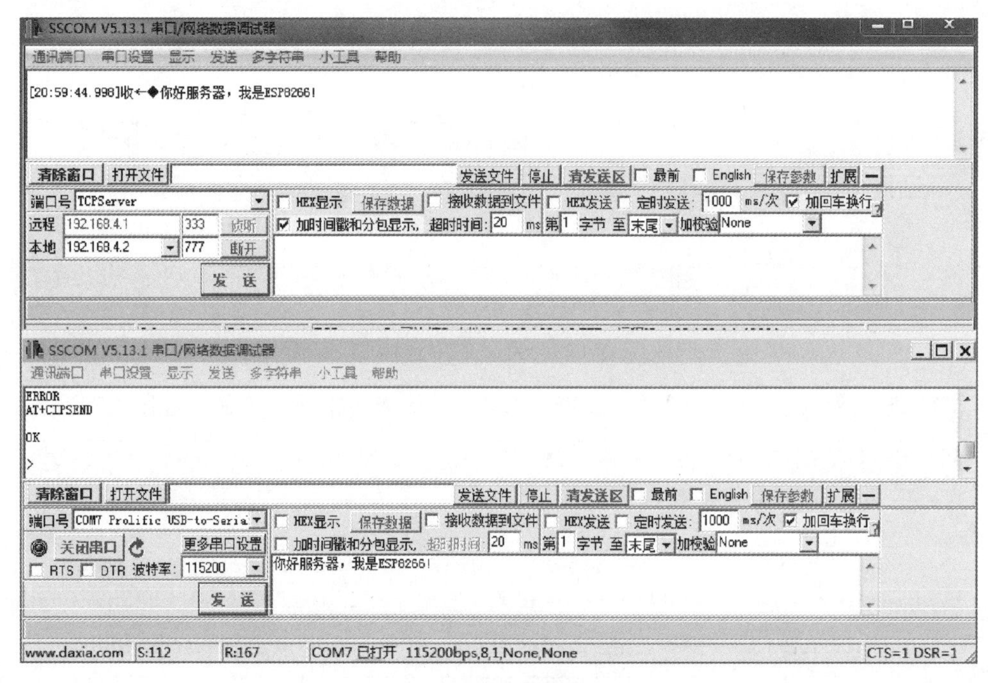

图4-74 数据发送

若要退出数据传输，则要发送+++为一包数据，且不能带回车换行符（就是将串口调试助手上的回车换行✓去掉），如图4-75所示。

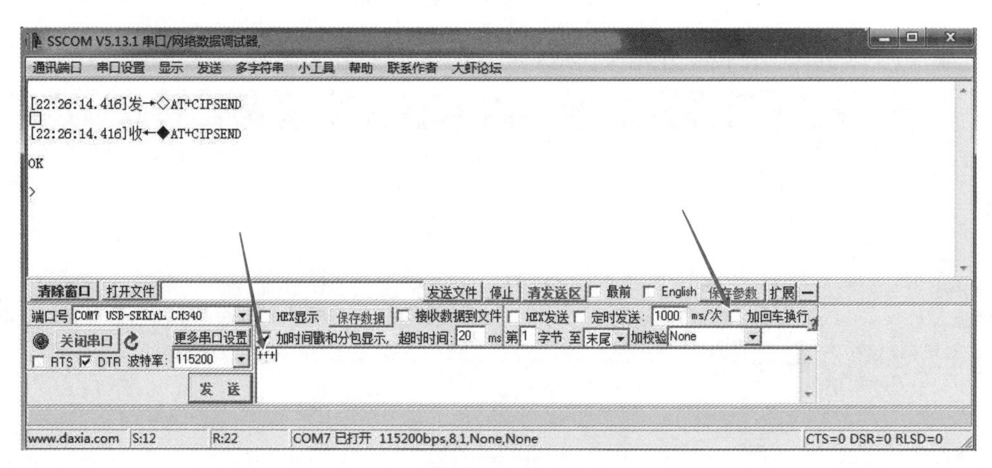

图4-75 退出数据传输

（5）数据接收。在TCP网络通信助手发送窗口输入“你好，ESP8266”，在ESP8266串口助手接收窗口会接收到相应的信息，如图4-76所示。

（6）关闭TCP连接。要退出TCP传输模式，则在串口助手中，输入以下指令：AT+CIPCLOSE，响应为OK，如图4-77所示。

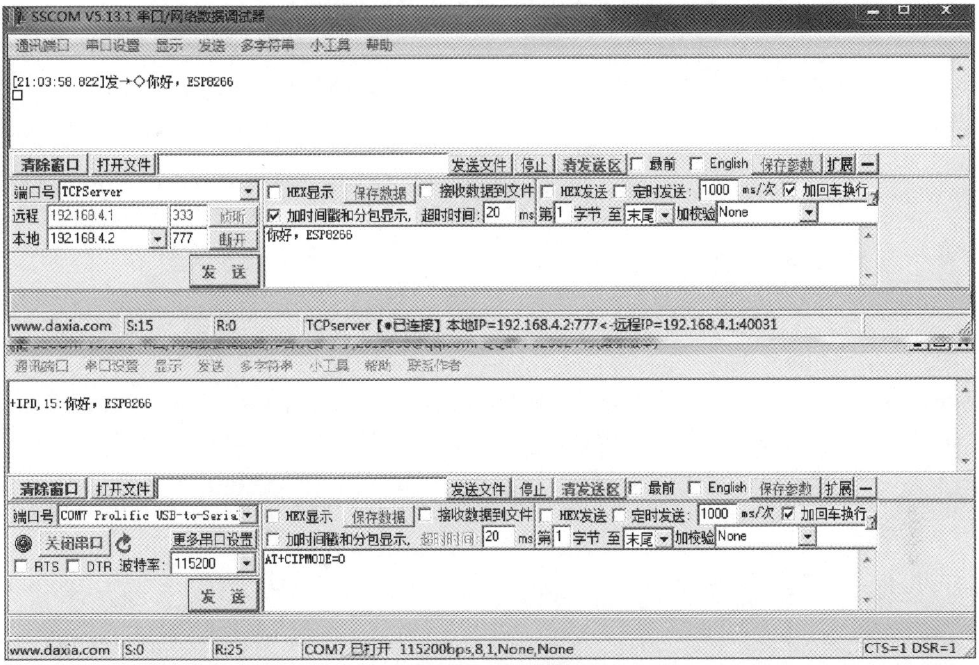

SSCOM V5.13.1 串口/网络数据调试器

通讯端口 串口设置 显示 发送 多字符串 小工具 帮助

[21:03:58.822]发→◇你好，ESP8266
□

清除窗口 打开文件 发送文件 停止 清发送区 最前 English 保存参数 扩展 —

端口号 TCPServer　HEX显示 保存数据 接收数据到文件 HEX发送 定时发送：1000 ms/次 加回车换行

远程 192.168.4.1 333 断开　加时间戳和分包显示，超时时间：20 ms 第1 字节 至 末尾 加校验 None

本地 192.168.4.2 777 断开　你好，ESP8266

发 送

www.daxia.com S:15 R:0 TCPserver【●已连接】本地IP=192.168.4.2:777<-远程IP=192.168.4.1:40031

通讯端口 串口设置 显示 发送 多字符串 小工具 帮助 联系作者

+IPD,15:你好，ESP8266

清除窗口 打开文件 发送文件 停止 清发送区 最前 English 保存参数 扩展 —

端口号 COM7 Prolific USB-to-Seria　HEX显示 保存数据 接收数据到文件 HEX发送 定时发送：1000 ms/次 加回车换行

关闭串口 更多串口设置　加时间戳和分包显示，超时时间：20 ms 第1 字节 至 末尾 加校验 None

RTS DTR 波特率：115200　AT+CIPMODE=0

发 送

www.daxia.com S:0 R:25 COM7 已打开 115200bps,8,1,None,None CTS=1 DSR=1

图4-76 数据接收

SSCOM V5.13.1 串口/网络数据调试器

通讯端口 串口设置 显示 发送 多字符串 小工具 帮助

AT+CIPCLOSE
CLOSED

OK

清除窗口 打开文件 发送文件 停止 清发送区 最前 English 保存参数 扩展

端口号 COM7 Prolific USB-to-Seria　HEX显示 保存数据 接收数据到文件 HEX发送 定时发送：1000 ms/次 加回车换

关闭串口 更多串口设置　加时间戳和分包显示，超时时间：20 ms 第1 字节 至 末尾 加校验 None

RTS DTR 波特率：115200　AT+CIPCLOSE

发 送

www.daxia.com S:52 R:96 COM7 已打开 115200bps,8,1,None,None

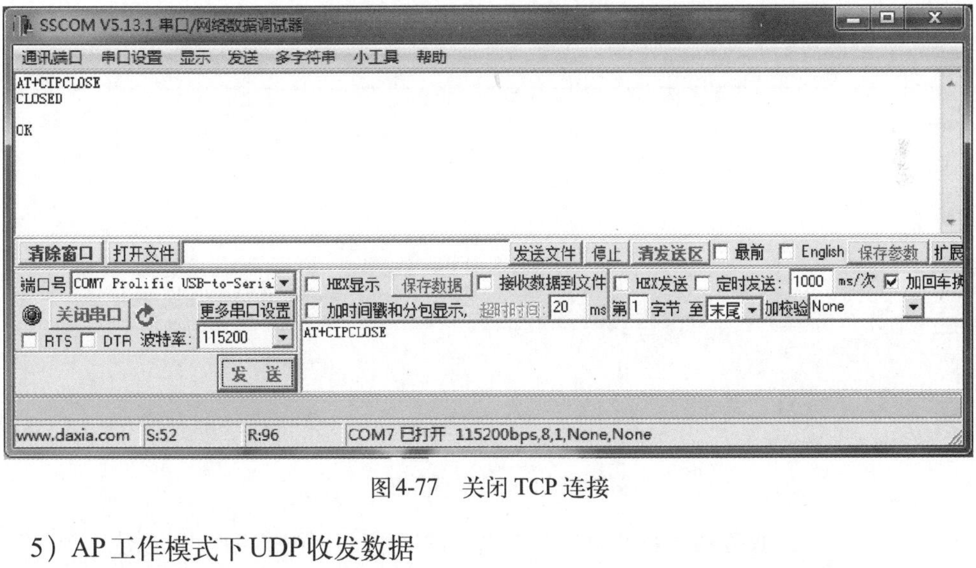

图4-77 关闭TCP连接

5）AP工作模式下UDP收发数据

ESP8266模块作为AP热点，进行UDP数据收发，不区分服务器模式还是客户端模式。其涉及的指令集如表4-14所示。

表4-14　AP工作模式下UDP收发数据指令集

发送指令	作用
AT+CWMODE=2	设置模块 Wi-Fi 模式为 AP 模式
AT+RST	重启生效
AT+CWSAP= “SSID”，“password”，通道，加密方式	设置模块的 AP 参数：账号为SSID，密码为password，通道号为1，加密方式为WPA_WPA2_PSK
AT+CIFSR	获取本地IP地址
AT+CWLIF	连接到ESP8266 AP 的station的信息
AT+CIPMUX=0	开启单连接模式
AT+CIPSTART=客户编号，“UDP”，“IP地址”，远端UDP端口号，本地端口号，远端口可变否	本地设备端口号，未设置为默认；0为固定远端，其设定的端口号8086是不能改变的；1为可变端口号
AT+CIPMODE=1	开启透传模式
AT+CIPSEND	开始发送数据
AT+CIPMODE=0	退出透传
AT+CIPCLOSE	断开 TCP 连接

（1）UDP单连接模式。输入指令AT+CIPMUX=0，控制ESP模块处于单连接模式，如图4-78所示。

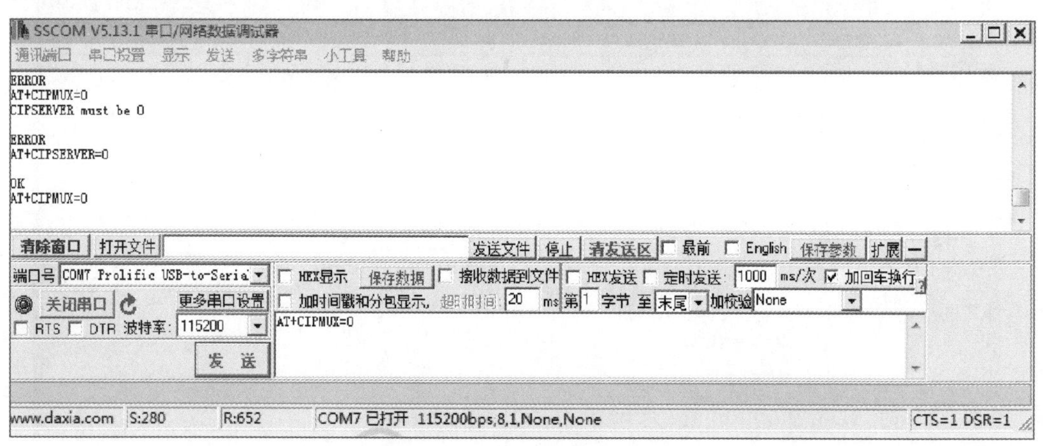

图4-78　使能单连接模式

（2）创建UDP服务器。打开第二个网络调试助手（使用SSCOM），创建一个UDP服务器端，发起TCP连接。在连接ESP8266 AP热点的计算机，查询该计算机由ESP8266 AP分配的IP地址。

输入指令AT+CWLIF，该指令为获取连接到ESP8266 AP 的站点的信息，通过返回值，可以看到计算机的IP地址为192.168.4.2，如图4-79所示。

打开SSCOM助手，端口号：UDP；本地地址：192.168.4.2，端口号为777，其余保持不变，单击“连接”，如图4-80所示。

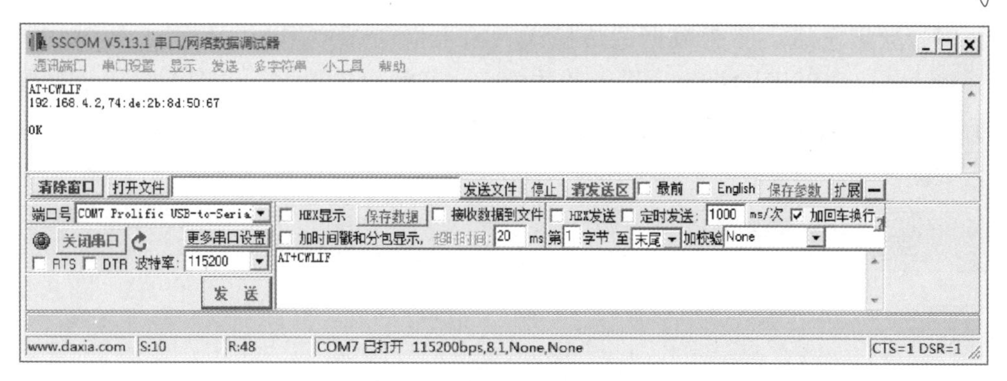

图4-79　创建UDP服务器

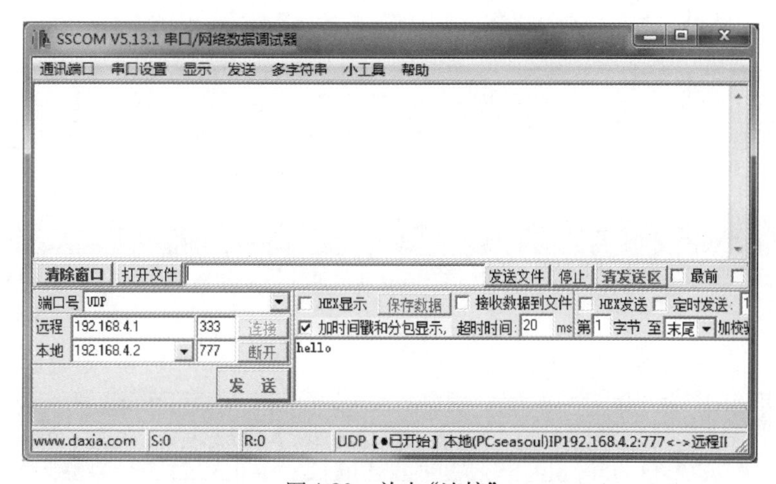

图4-80　单击“连接”

（3）发起UDP连接。在串口调试助手中输入以下AT指令AT+CIPSTART=“UDP”，“192.168.4.2”，777，333指令（创建TCP服务器时的IP地址和端口号）。建立TCP连接，服务器IP地址为192.168.4.2，端口号为777。该命令返回CONNECT　OK为正常连接，如图4-81所示。

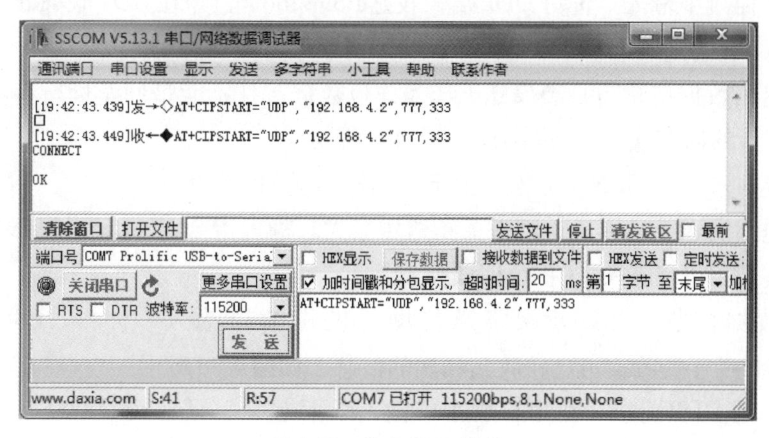

图4-81　发起UDP连接

（4）数据发送。使能数据透传模式，输入指令AT+CIPMODE=1，如图4-82所示。输入AT+CIPSEND指令，进入透传模式，开始发送数据，如图4-83所示。当接收到 > 号时，就可以进行数据的发送了，一次最大包为2048字节，或者间隔20ms为一包数据。

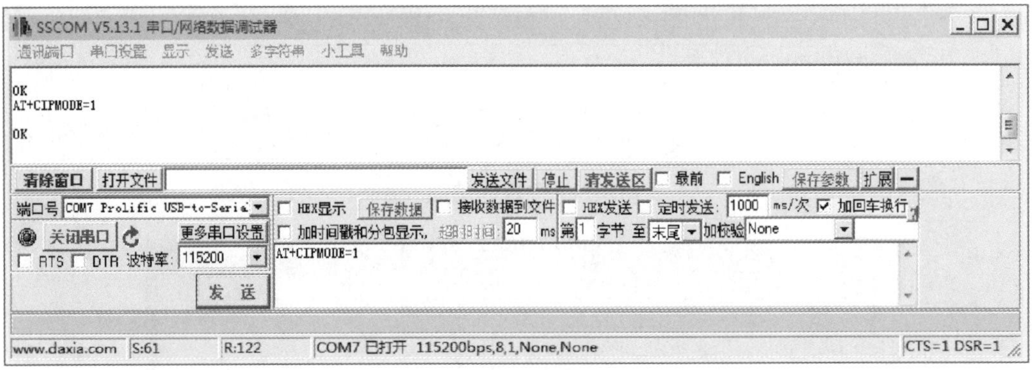

图4-82 使能数据透传模式

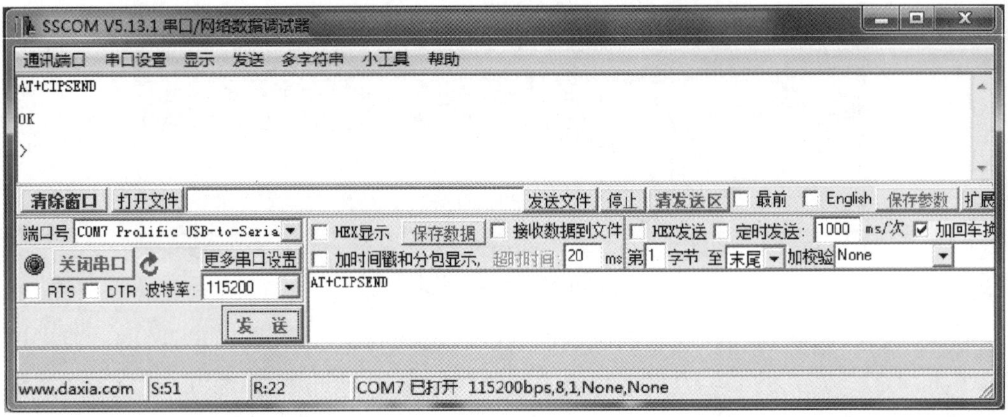

图4-83 进入透传模式

在发送窗口中输入“你好UDP端，我是ESP8266!”，则在UDP服务器接收窗口中会接收到相应的数据，如图4-84所示。

若要退出数据传输，则要发送+++为一包数据，且不能带回车换行符（就是将串口调试助手上的回车换行 ✓ 去掉），如图4-85所示。

此时输入AT+CIPSEND还是会进行再一次发起数据传输。

若要退出发送数据模式，则需关闭透传模式。输入指令AT+CIPMODE=0，则退出数据发送模式，完全进入AT指令调试模式。

（5）数据接收。在UDP网络通信助手发送窗口输入“你好，ESP8266”，在ESP8266串口助手接收窗口会接收到相应的信息，如图4-86所示。

（6）关闭UDP连接。在串口助手中输入以下指令：AT+CIPCLOSE，响应为OK，则退出UDP传输模式，关闭UDP连接，如图4-87所示。

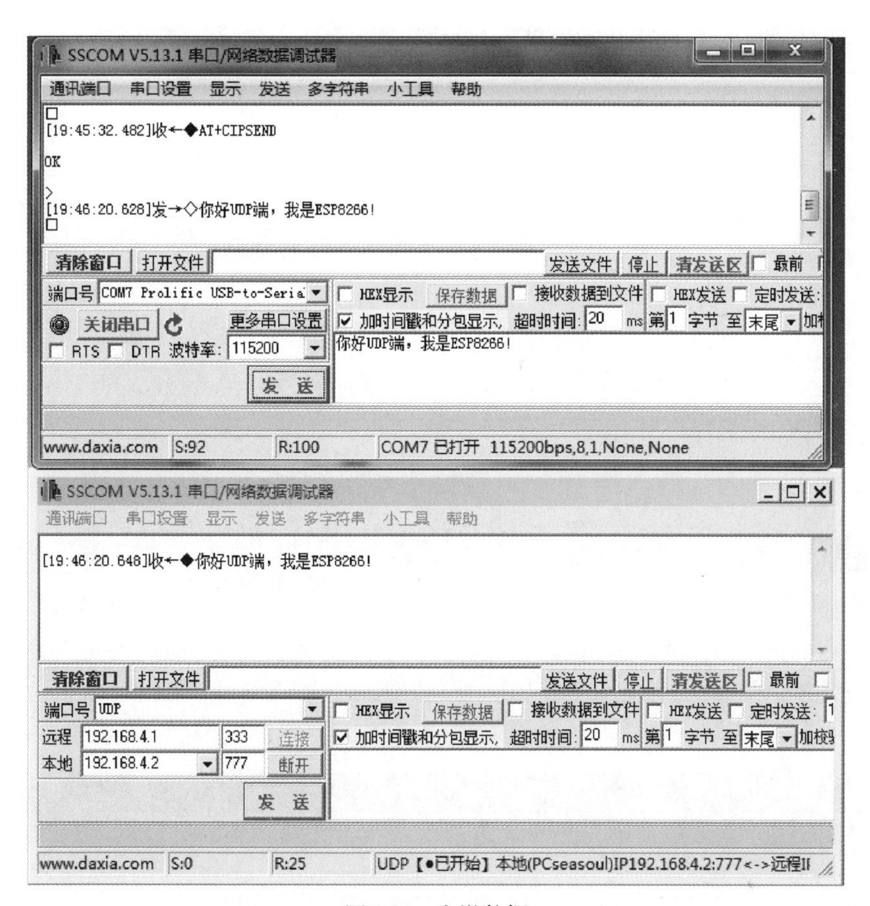

图4-84 发送数据

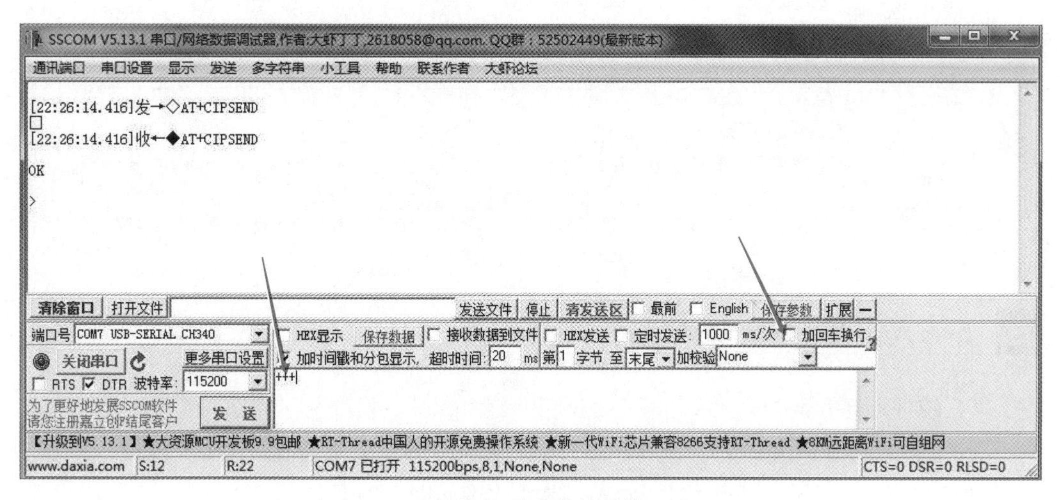

图4-85 退出数据传输

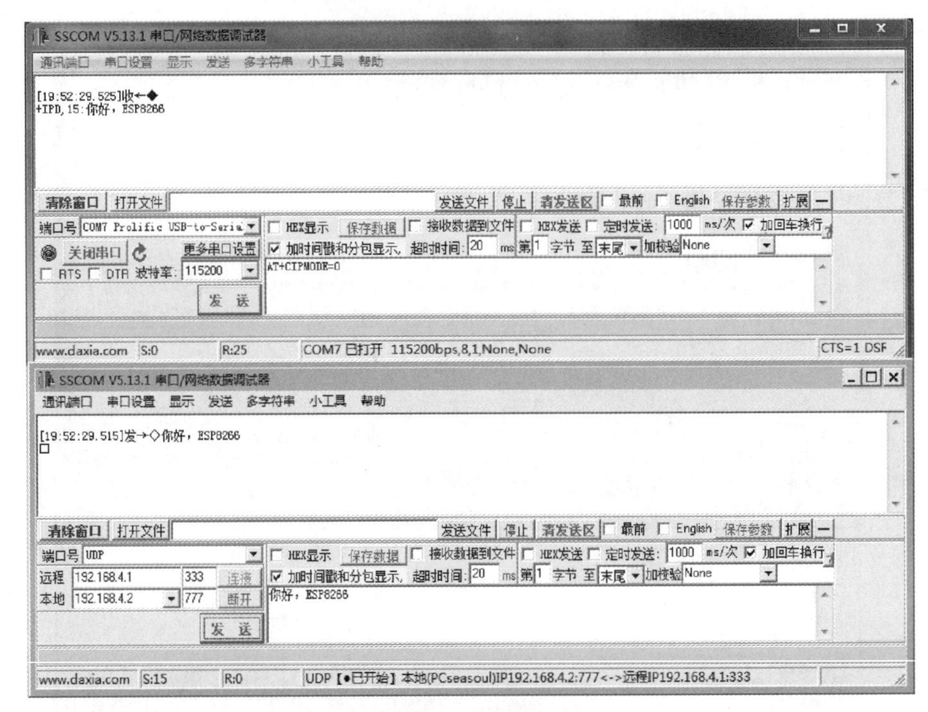

图4-86 数据接收

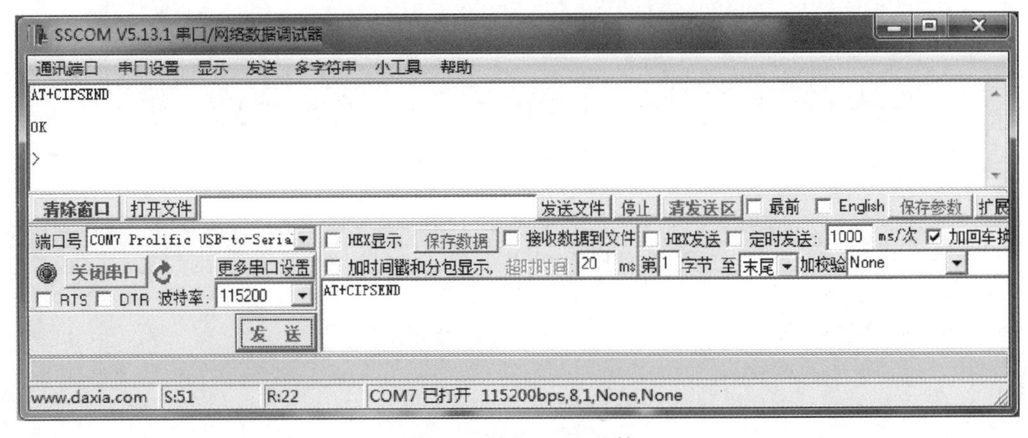

图4-87 关闭UDP连接

8 嵌入式开发板和计算机通过Wi-Fi通信

1）硬件连接

本任务信息传递流程为：单片机STM32控制传感器采集数据，Wi-Fi模块ESP8266与STM32连接，用于发送和接收数据。连接结构如图4-88所示。

Wi-Fi模块连接目标热点；计算机通过网络调试助手与Wi-Fi模块建立信息通信；当Wi-Fi模块接收到计算机发送的信息时，Wi-Fi模块通过串口与单片机进行通信，将接收到的数据存储到单片机中。在此过程中，Wi-Fi模块的主模式为STA，网络调试助手为TCP。图4-89是STM32开发板上预留的ESP8266模块接口。

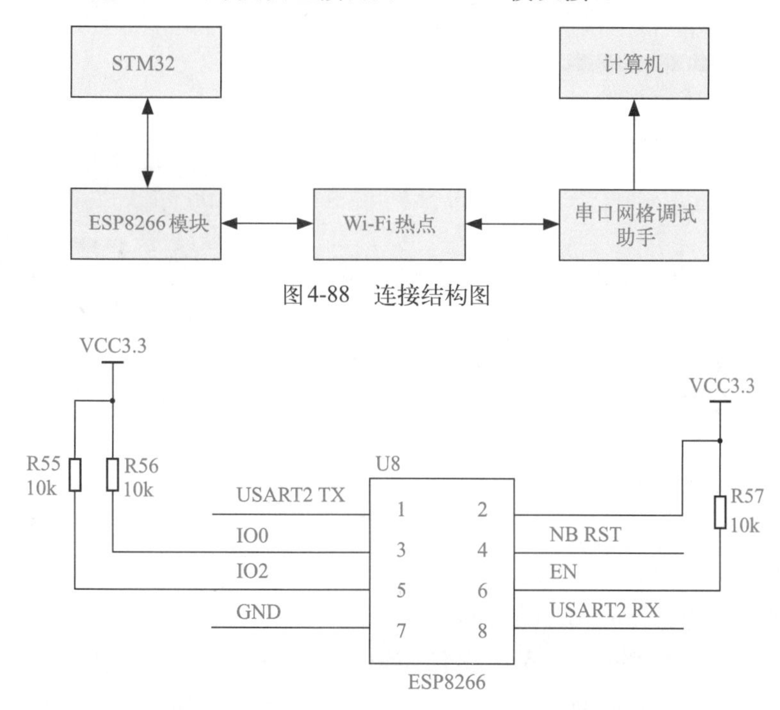

图4-88　连接结构图

图4-89　STM32开发板上预留的ESP8266模块接口

ESP8266模块与单片机的引脚USART2（引脚PA2、PA3）连接，依照串口连接方式,RX与TX交叉连接，即RX引脚连接PA3,TX引脚连接PA2。硬件实际连接如图4-90所示。

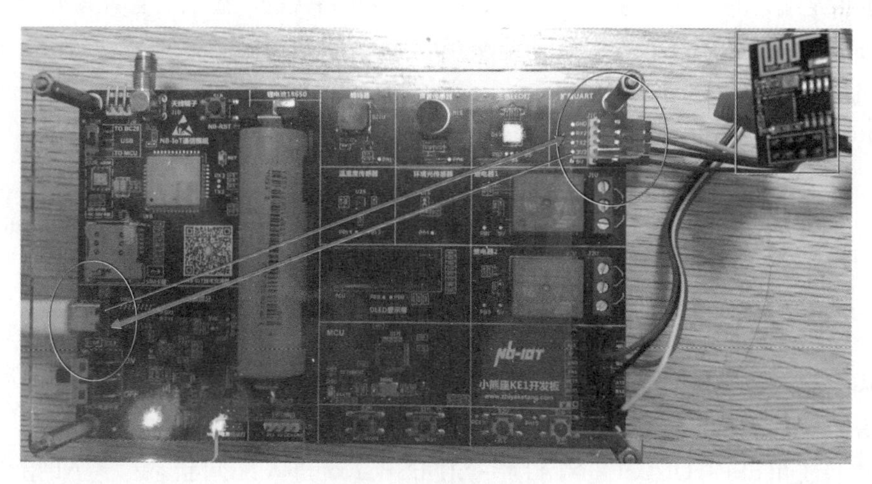

图4-90　硬件实际连接

在本任务中需要用到计算机串口助手控制ESP8266模块，即用AT命令去操作ESP8266模块，通过USART1和USART2两个串口桥接连接来实现通信。启动STM32CubeMX配置，使能串口USART1和USART2及中断。串口助手画面如图4-91所示。

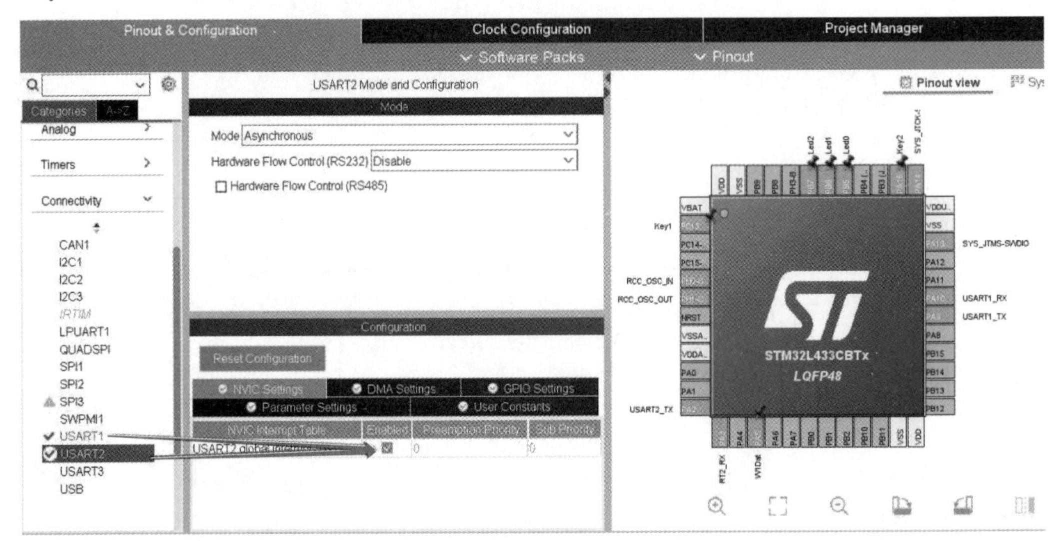

图4-91 串口助手画面

按下Ctrl+S组合键生成代码。

2）ESP8266模块SmartConfig配网

在物联网系统部署时，一般不会预先知道使用场合，需要在现场根据实际情况设定。但是在大多数的物联网产品中，缺少输入Wi-Fi密码的输入设备，如键盘，更不能将要连接的Wi-Fi热点名和密码交给预先设定程序设定。

在工程实施中常用的方法是通过按键来使设备进入SAT模式，并使用手机等移动终端将当前Wi-Fi的密码告知该设备，这种模式就是SmartConfig。在该模式下ESP8266会监听指定端口的UDP广播包，如果收到符合规定格式的广播包后会对其进行解析并获得Wi-Fi的SSID和PWD，然后自动连接获取到的Wi-Fi热点，从而实现Wi-Fi配网，其AT指令为：AT+CWSTARTSMART=<type>。设置ESP8266使其进入SmartConfig模式，如图4-92所示，其中的type是指不同的配网协议。

参数说明	<type>： ‣ 1：ESP-TOUCH ‣ 2：AirKiss ‣ 3：ESP-TOUCH+AirKiss

图4-92 进入SmartConfig模式

其中的ESP-TOUCH是乐鑫官方的配网协议，AirKiss是微信推出的配网协议，由于微信拥有庞大的用户群体，所以很多厂商和产品都支持AirKiss协议配网。

本书使用ESP-TOUCH配网AT指令使ESP8266进入配网状态，其AT指令为AT+CWSTARTSMART=1。AirKiss配置状态可以参考进行。

（1）STA模式预告配置。预先定义按键作用，通过AT指令进行模拟配置，将ESP8266模块设定为SAT模式，打开串口助手，在串口发送对话框依次输入以下AT指令。

```
1    AT+CWMODE=1                         设置模组为STA模式
2    AT+RTS                              重启模块
3    AT+CWSTARTSMART=1                   进入SmartConfig模式
```

串口助手界面如图4-93所示。

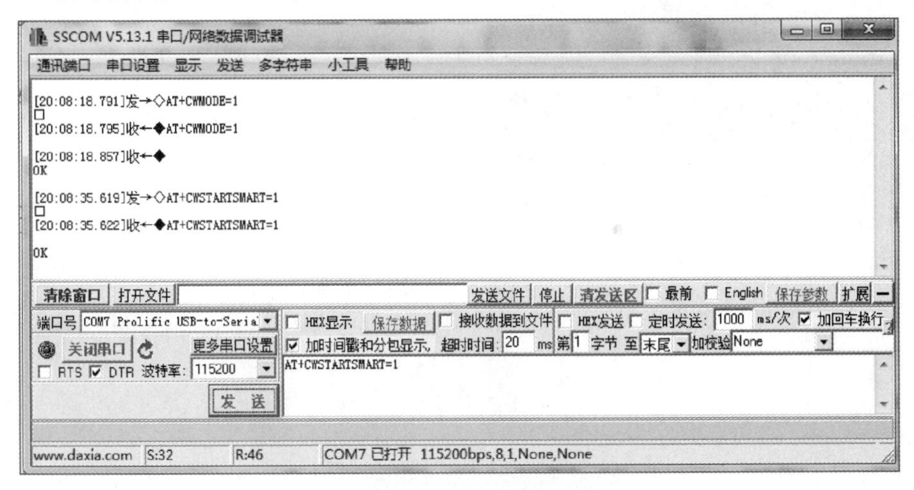

图4-93　STA模式预告配置

（2）EspTouch配网。在乐鑫官方平台https://www.espressif.com/zh-hans/support/download/Apps下载EspTouch软件（Android版与iOS可选），这里以Android版为例。

手机首先连接到设定的猎豹免费Wi-Fi，其热点名为“123456”，密码为“12345678”。安装EspTouch软件，完毕进入软件界面，选择“EspTouch”，在前面输入Wi-Fi密码，单击“确认”按钮，如图4-94所示。

图4-94　连接Wi-Fi

连接成功以后，EspTouch软件界面将显示“EspTouch完成”，同时串口将打印“Wi-Fi连接成功提示文本”，并显示ESP8266模块分配的IP地址，在ESP8266控制串口助手会显示：“smartconfig connected Wi-Fi”的提示，表明ESP8266模块连接到热点，如图4-95所示。

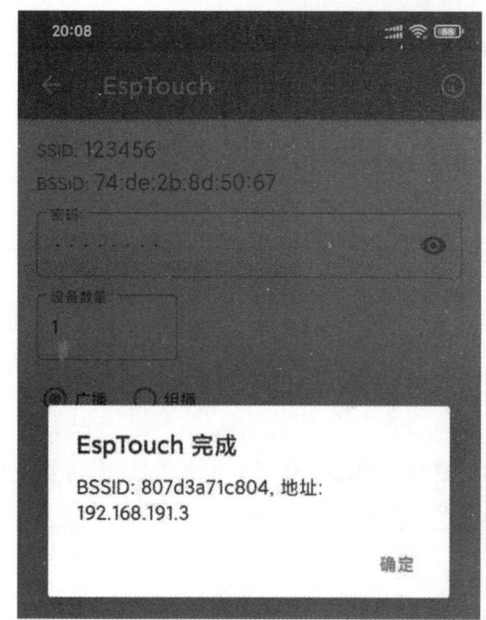

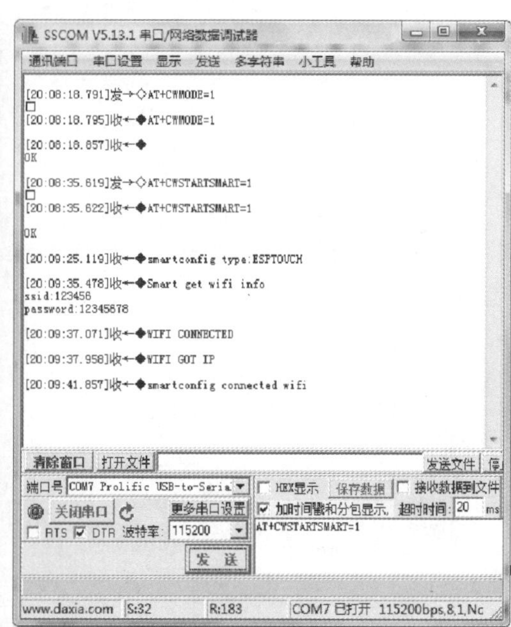

图4-95 连接完成

3）ESP8266数据上传云服务器

利用合宙官网上云平台（http://tcplab.openluat.com/）实现TCP透传云，建立一个TCP服务器，ESP8266模块作为客户端通过猎豹免费Wi-Fi连接到互联网。ESP8266通过STM32单机进行控制，通过串口助手监控数据的往来。

进入合宙官网上云平台，如3分钟内没有客户端接入则会自动关闭。每个服务器最大客户端连接个数为12，如图4-96所示。

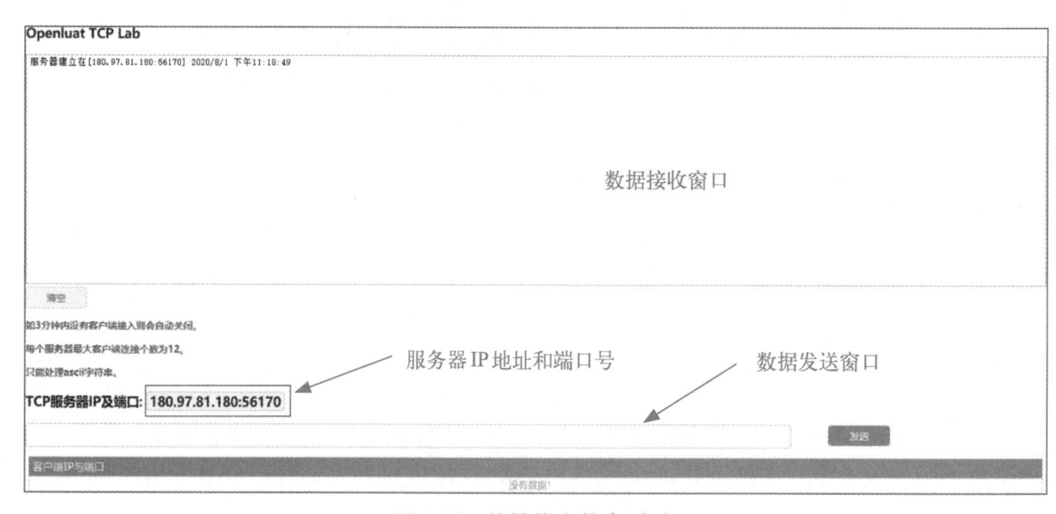

图4-96 关键信息状态（1）

启动Keil软件，编写程序，将程序编译下载到STM32单片机中，启动单片机，则STM32单片机控制DH11温度传感器，检测到的数据上传到云平台中，如图4-97所示。

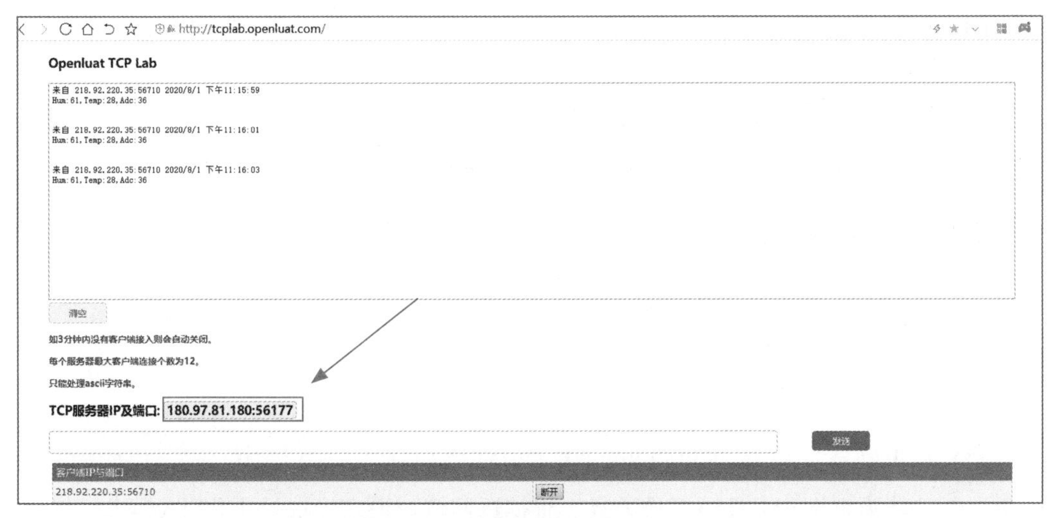

图4-97　关键信息状态（2）

4）STM32驱动ESP8266程序

（1）ESP8266模块初始化。AT+RST指令的C程序代码，包括对透传模式的退出“+++”，以及AT+RESTORE的模块复位功能。

```
1  * 功能：恢复出厂设置
2  * 参数：None
3  * 返回值：None
4  * 说明：此时ESP8266中的用户设置将全部丢失回复成出厂状态
5  */
6  void restoreESP8266 (void)
7  {
8      sendString (USART2,"+++") ;                        //退出透传
9      delay_ms (500) ;
10      sendString (USART2,"AT+RESTORE\r\n") ;    //恢复出厂
11      NVIC_SystemReset () ;                            //同时重启单片机
12  }
```

（2）ESP8266通信握手。AT指令代码为“AT”，其功能为验证模块是否工作正常，同时验证ESP模块与单片机是否完成联通。

```
1  /**
2   * 功能：检查ESP8266是否正常
3   * 参数：None
4   * 返回值：ESP8266返回状态
5   *          非0 ESP8266正常
6   *          0 ESP8266有问题
7   */
8  u8 checkESP8266 (void)
9  {
```

```
10      memset（RXBuffer,0,RXBUFFER_LEN）;          //清空接收缓冲
11
12      sendString（USART2,"AT\r\n"）;              //发送AT握手指令
13
14      if (findStr（RXBuffer,"OK",200）!=0)        //ESP8266正常
15    {
16        return 1;
17     }else                                        //ESP8266不正常
18    {
19          return 0;
20     }
21 }
```

（3）热点链接。AT指令代码为：AT+CWMODE?\AT+CWMODE_cur\AT+CWJAP_CUR，其功能为查询ESP8266工作方式，根据返回值，设定模块处于SATA模式，然后连接设定好的热点。

```
1 /**
2  * 功能：连接热点
3  * 参数：
4  *           ssid：热点名
5  *           pwd：热点密码
6  * 返回值：
7  *           连接结果,非0连接成功,0连接失败
8  * 说明：
9  *           失败的原因有以下几种（UART通信和ESP8266正常情况下）
10  *            1. Wi-Fi名和密码不正确
11  *            2. 路由器连接设备太多,未能给ESP8266分配IP
12  */
13 u8 connectAP（char * ssid,char* pwd）
14 {
15     memset（RXBuffer,0,RXBUFFER_LEN）;
16     sendString（USART2,"AT+CWMODE?\r\n"）;//查询此时Wi-Fi工作模式
17     if(findStr(RXBuffer,"CWMODE: 1",200)==0) //如果此时不是MODE1模式，
即不是STATION模式
18     {
19         memset（RXBuffer,0,RXBUFFER_LEN）;
20         sendString（USART2,"AT+CWMODE_CUR=1\r\n"）;
                                                  //设置为STATION模式
21         if（findStr（RXBuffer,"OK",200）==0)
22         {
23           return 0;
24         }
25     }
26
27     memset（TXBuffer,0,RXBUFFER_LEN）;           //清空发送缓冲
```

```
28      memset (RXBuffer,0,RXBUFFER_LEN) ;            //清空接收缓冲
29      sprintf (TXBuffer,"AT+CWJAP_CUR=\"%s\",\"%s\"\r\n",ssid,pwd) ;
                                                     //连接目标AP
30      sendString (USART2,TXBuffer) ;
31      if (findStr (RXBuffer,"OK",800) !=0)          //连接成功且分配到IP
32      {
33          return 1;
34      }
35 }
```

（4）指定协议（TCP/UDP）连接到服务器。AT指令代码为AT+CIPSTART、AT+CIPMODE、AT+CIPSEND，主要功能为查询服务器的连接，设定为透传模式，然后发送相关数据。

```
1  /**
2   * 功能：使用指定协议（TCP/UDP）连接到服务器
3   * 参数：
4   *          mode：协议类型"TCP","UDP"
5   *          ip：目标服务器IP
6   *          port：目标是服务器端口号
7   * 返回值：
8   *          连接结果,非0连接成功,0连接失败
9   * 说明：
10  *          失败的原因有以下几种（UART通信和ESP8266正常情况下）
11  *          1. 远程服务器IP和端口号有误
12  *          2. 未连接AP
13  *          3. 服务器端禁止添加（一般不会发生）
14  */
15 u8 connectServer (char* mode,char*ip,u16 port)
16 {
17     memset (RXBuffer,0,RXBUFFER_LEN) ;
18     memset (TXBuffer,0,RXBUFFER_LEN) ;
19     sendString (USART2,"+++") ;                    //多次连接需退出透传
20     delay_ms (500) ;
21     /*格式化待发送AT指令*/
22     sprintf (TXBuffer,"AT+CIPSTART=\"%s\",\"%s\",%d\r\n",mode,ip,port) ;
23     sendString (USART2,TXBuffer) ;
24     if (findStr (RXBuffer,"CONNECT",800) !=0)
25     {
26         memset (RXBuffer,0,RXBUFFER_LEN) ;
27         sendString (USART2,"AT+CIPMODE=1\r\n") ; //设置为透传模式
28         if (findStr (RXBuffer,"OK",200) !=0)
29         {
30             memset (RXBuffer,0,RXBUFFER_LEN) ;
31             sendString(USART2,"AT+CIPSEND\r\n");//开始处于透传发送状态
32             if (findStr(RXBuffer,">",200)!=0)
```

```
33                {
34                    return 1;
35                }else
36                {
37                    return 0;
38                }
39            }else
40            {
41                return 0;
42            }
43
44        }else
45        {
46            return 0;
47        }
48 }
```

（5）主动和服务器断开连接。AT指令代码为AT+CIPCLOSE，实现两部分功能：一是退出透传，二是退出与TCP服务器的连接。

```
1  /**
2   * 功能：主动和服务器断开连接
3   * 参数：None
4   * 返回值：
5   *          连接结果,非0断开成功,0断开失败
6   */
7  u8 disconnectServer（void）
8  {
9     sendString（USART2,"+++"）;                     //退出透传
10     delay_ms（500）;
11     memset（RXBuffer,0,RXBUFFER_LEN）;
12     sendString（USART2,"AT+CIPCLOSE\r\n"）; //关闭链接
13
14     if（findStr（RXBuffer,"CLOSED",200）!=0）     //操作成功,和服务器成功断开
15     {
16         return 1;
17     }else
18     {
19         return 0;
20     }
21 }
```

（6）透传模式下的数据发送数据。

```
1  /**
2   * 功能：透传模式下的数据发送函数
3   * 参数：
```

```
4  *        buffer: 待发送数据
5  * 返回值: None
6  */
7  void sendBuffertoServer (char *buffer)
8  {
9     memset (RXBuffer,0,RXBUFFER_LEN) ;
10     sendString (USART2,buffer) ;
11 }
```

（7）ESP8266头文件修改。需要注意的是，在代码中ESP8266.h，注意第9、10行，由于在前面已经进行了配置，这两条语句可以注释掉，对于代码不受影响。

```
1      /*****************************************************************
2       * 文件: ESP8266.h
3       * 功能: 声明TCP、UDP通信相关函数
4      *****************************************************************/
5      #ifndef __ESP8266_H
6      #define __ESP8266_H
7      #include "sys.h"
8      /*连接AP宏定义*/
9      #define SSID "123456"//热点 Wi-Fi名，该条语句如果已经配置，可以省略
10     #define PWD  "12345678"//热点Wi-Fi密码，该条语句已经配置，可以省略
11     /*连接服务器宏定义*/
12     #define TCP "TCP"
13     #define UDP "UDP"
14     /*服务器的IP和端口号每次刷新都会改变，记得要修改这里*/
15     #define IP  "180.97.81.180"    //这个就是网页端服务器的IP地址
16     #define PORT 56177             //这个就是网页端服务器的端口号
17     /*发送接收缓冲区长度宏定义*/
18     #define TXBUFFER_LEN 50
19     #define RXBUFFER_LEN 30
20
21     u8 checkESP8266 (void) ;
22     u8 ESP8266_Init (void) ;
23     void restoreESP8266 (void) ;
24     u8 connectAP (char * ssid,char * pwd) ;
25     u8 connectServer (char* mode,char* ip,u16 port) ;
26     void sendBuffertoServer (char* buffer) ;
27     void processServerBuffer (void) ;
28     u8 disconnectServer (void) ;
29     #endif
```

任务4.3 物联网短距离蓝牙通信技术组网实践

任务描述:

利用蓝牙模块实现单片机与计算机的通信。

任务平台配置:

实训台；3个JDY-24M蓝牙模块；3个USB转TTL模块；计算机1台；Keil MDK开发软件、串口调试助手。

4.3.1 知识准备：蓝牙通信技术

1 蓝牙技术的形成与发展

1）蓝牙的概念

蓝牙技术是一种短距离（一般是10m之内）无线通信技术。蓝牙标准是IEEE 802.15，工作在2.4GHz频带，带宽为1Mb/s。

蓝牙由蓝牙技术联盟（Bluetooth Special Interest Group，SIG）管理。蓝牙技术联盟在全球拥有超过25000家成员公司，它们分布在电信、计算机、网络和消费电子等领域。蓝牙技术联盟负责监督蓝牙规范的开发，管理认证项目，并维护商标权益。制造商的设备必须符合蓝牙技术联盟的标准才能以“蓝牙设备”的名义进入市场。蓝牙技术拥有一套专利网络，可发放给符合标准的设备。蓝牙认证标志如图4-98所示。

图4-98 蓝牙认证标志

2）蓝牙的功能

蓝牙的设计初衷是替代RS232电缆连接计算机外设，现在已经应用在形形色色的电子设备上，替代了耳机线、手机数据线、键盘鼠标线（蓝牙键盘鼠标）、打印机数据线等。蓝牙技术以低成本的近距离无线连接为基础，采用高速跳频和时分多址等先进技术，使得一些便于携带的移动通信设备和计算机设备不必借助电缆就能联网，并且能够实现无线连接因特网。

3）蓝牙的起源

Bluetooth一词取自于10世纪丹麦国王HaralBluetooth。而将“蓝牙”与后来的无线通信技术标准关联在一起的，是来自英特尔公司的工程师 Jim Kardach。他在一次无线通信行业会议上，提议将“Bluetooth”作为无线通信技术标准的名称。

蓝牙的核心是短距离无线电通信，它的基础来自跳频扩频技术，由好莱坞女演员Hedy Lamarr 和钢琴家 George Antheil 在 1942 年 8 月申请的专利上提出。他们从钢琴的按键数量上得到启发，通过使用 88 种不同载波频率的无线电控制鱼雷，由于传输频率是不断跳变的，因此具有一定的保密能力和抗干扰能力。起初该项技术并没有引起美国军方的重视，直到 20 世纪 80 年代才被军方用于战场上的无线通信系统。跳频扩频技术后来在解决包括蓝牙、Wi-Fi、3G 移动通信系统在无线数据收发问题上发挥着关键作用。

瑞典爱立信公司早在1994年就开始进行蓝牙技术的研发。1998年5月，爱立信、诺基亚、东芝、IBM和英特尔等五家著名厂商组成蓝牙特别兴趣组，在联合开展短程无线通信技术的标准化活动时提出了蓝牙技术，其宗旨是提供一种短距离、低成本的无线传输应用技术。芯片霸主英特尔公司负责半导体芯片和传输软件的开发，爱立信负责无线射频和移动电话软件的开发，IBM和东芝负责笔记本电脑接口规格的开发。

1999年下半年，著名的业界巨头微软、摩托罗拉、三康、朗讯与蓝牙特别兴趣组的五家公司共同发起成立了蓝牙技术推广组织，从而在全球范围内掀起了一股“蓝牙”热潮。

4）蓝牙的形成

从1994年至今的二十余年中，蓝牙经历了五代技术更新，依然是无线通信技术领域中最为重要的技术标准之一。图4-99显示了蓝牙发展历程。

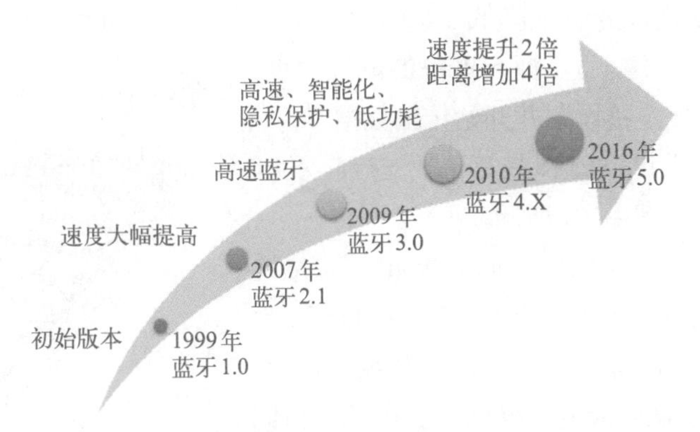

图4-99　蓝牙发展历程

（1）第一代蓝牙：关于短距离通信早期的探索，主要包括蓝牙1.0、蓝牙1.1、蓝牙1.2。

当1.0版本推出以后，蓝牙并未立即受到广泛的应用，蓝牙1.1版本正式列入IEEE 802.15.1标准，蓝牙1.2版本针对1.0版本暴露出的安全性问题，完善了匿名方式，新增屏蔽设备的硬件地址（BD_ADDR）功能，保护用户免受身份嗅探攻击和跟踪，同时向下兼容1.1版本。代表产品：爱立信第一台蓝牙手机T39mc。

（2）第二代蓝牙：发力高传输速率，主要包括蓝牙2.0、蓝牙2.1。

2004年的蓝牙2.0是1.2版本的改良版，新增的EDR（enhanced data rate，增强的数据速率）技术通过提高多任务处理和多种蓝牙设备同时运行的能力，使得蓝牙设备的传输速率可达3Mb/s。蓝牙2.0支持双工模式：可以一边进行语音通信，一边传输文档/高质素图片。2007年的蓝牙2.1新增了省电功能，将设备间相互确认的信号发送时间间隔从旧版的0.1s延长到0.5s左右，从而让蓝牙芯片的工作负载大幅降低。代表产品：以蓝牙与无线耳机沟通的Sony Ericsson P910 iPDA手机。

（3）第三代蓝牙：HighSpeed，传输速率高达24Mb/s，主要包括蓝牙3.0。

2009年的蓝牙3.0新增了可选技术High Speed，High Speed可以使蓝牙调用802.11Wi-Fi用于实现高速数据传输，传输速率高达24Mb/s，是蓝牙2.0的8倍，轻松实现录像机至高清电视、PC至PMP、UMPC至打印机之间的资料传输。功耗方面，蓝牙3.0引入了EPC增强电源控制技术，再辅以802.11，实际空闲功耗明显降低。此外，新的规范还加入UCD单向广播无连接数据技术，提高了蓝牙设备的相应能力。代表产品：蓝牙适配器，见图4-100。

图4-100 蓝牙3.0代表产品

（4）第四代蓝牙：主推低功耗，主要包括蓝牙4.0、蓝牙4.1、蓝牙4.2。

2010年的蓝牙4.0最重要的变化就是BLE（Bluetooth low energy，低功耗功能），提出了低功耗蓝牙、传统蓝牙和高速蓝牙三种模式："高速蓝牙"主攻数据交换与传输；"传统蓝牙"则以信息沟通、设备连接为重点；"低功耗蓝牙" 以不需占用太多带宽的设备连接为主，功耗较老版本降低了90%。蓝牙4.0还把蓝牙的传输距离提升到100m以上（低功耗模式条件下），拥有更快的响应速度，最短可在3ms内完成连接设置并开始传输数据。

代表产品：苹果iPhone 4S是第一款支持蓝牙4.0标准的智能手机，如图4-101所示。

图4-101 支持蓝牙4.0的iPhone 4S

2013年的蓝牙4.1，让Bluetooth Smart技术最终成为物联网发展的核心动力。蓝牙4.1支持与LTE无缝协作。当蓝牙与LTE无线电信号同时传输数据时，蓝牙4.1可以自动协调两者的传输信息，以确保协同传输，降低相互干扰。蓝牙4.1加入了专用的IPv6通道，设备只需要连接到可以联网的设备（如手机），就可以通过IPv6与云端的数据进行同步，满足物联网应用需求。

2014年的蓝牙4.2传输速率更加快速，比上代提高了2.5倍，数据包的容量提高，其可容纳的数据量相当于此前的10倍左右，改善了传输速率和隐私保护程度，支持

6LoWPAN。

（5）第五代蓝牙：开启物联网时代大门，主要包括蓝牙5.0、蓝牙5.1、蓝牙5.2等。

2016年的蓝牙5.0在低功耗模式下具备更快更远的传输能力，传输速率是蓝牙4.2的两倍（上限为2Mb/s），有效传输距离是蓝牙4.2的4倍（理论上可达300m），数据包容量是蓝牙4.2的8倍。支持室内定位导航功能，结合Wi-Fi可以实现精度小于1m的室内定位。蓝牙5.0针对物联网进行底层优化，力求以更低的功耗和更高的性能为智能家居服务。图4-102为蓝牙5.0标志。

图4-102　蓝牙5.0标志

2019年的蓝牙5.1利用测向功能检测蓝牙信号方向，进而提升位置服务。借助蓝牙测向功能，开发者能够将测向设备及厘米级定位精度的产品推向市场。

蓝牙技术联盟于2020年12 月发表低功耗蓝牙5.2 版核心规范，主要的特性是增强版ATT协议、LE功耗控制和信号同步，连接更快，更稳定，抗干扰性更好。

业界通常称4.0标准之前的蓝牙为经典蓝牙，而4.0标准之后的蓝牙为低功耗蓝牙，两者参数区别如表4-15所示。

表4-15　低功耗蓝牙与经典蓝牙的参数区别

蓝牙版本	发布时间（年份）	最大传输速率 /（Mb/s）	传输距离/m
蓝牙 5.1	2019	48	300
蓝牙 5.0	2016	48	300
蓝牙 4.2	2014	24	50
蓝牙 4.1	2013	24	50
蓝牙 4.0	2010	24	50
蓝牙 3.0+HS	2009	24	10
蓝牙 2.1+EDR	2007	3	10
蓝牙 2.0+EDR	2004	2.1	10
蓝牙 1.2	2003	1	10
蓝牙 1.1	2002	810	10
蓝牙 1.0	1998	723.1	10

（6）蓝牙Mesh规范。蓝牙Mesh网状网络是一项独立研发的网络技术，其主要规范是蓝牙Mesh规范1.0、蓝牙Mesh规划1.01。蓝牙Mesh规范由蓝牙技术联盟在2017年发布。它能够将蓝牙设备作为信号中继站，将数据覆盖到非常大的物理区域，同时兼容蓝牙4和5系列的协议。

传统的蓝牙连接是通过一台设备到另一台设备的“配对”实现的，建立“一对一”或“一对多”的微型网络关系，而Mesh网络能够使设备实现“多对多”的关系。Mesh

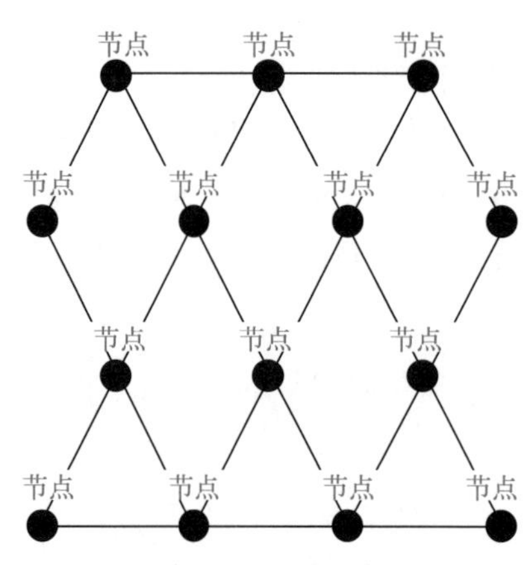

图4-103 蓝牙Mesh组网网络架构

网络中每个设备节点都能发送和接收信息，只要有一个设备连上网关，信息就能够在节点之间被中继，从而让消息传输至比无线电波正常传输距离更远的位置。

这样，Mesh网络就可以分布在制造工厂、办公楼、购物中心、商业园区以及更广的场景中，为照明设备、工业自动化设备、安防摄像机、烟雾探测器和环境传感器提供更稳定的控制方案。图4-103显示了蓝牙Mesh组网网络架构。

5）蓝牙的发展

蓝牙技术一直在发展，优势越来越明显。蓝牙技术的应用领域要向广度发展。蓝牙技术的第一阶段是支持手机、PDA和笔记本计算机，接下来的发展方向会向着各行各业扩展，包括汽车、信息加点、航空、消费类电子、军用等。

在计算机系统中，若要进一步提高蓝牙技术的应用，就要将蓝牙兼容技术与计算机操作系统同步发展，提高蓝牙技术在计算机和相关工程中的应用。

2 蓝牙的工作原理与技术特性

1）蓝牙技术的优点

（1）蓝牙模块体积很小、便于集成：由于个人移动设备的体积较小，嵌入其内部的蓝牙芯片体积就应该更小。

（2）低功耗：蓝牙设备在通信连接状态下，有四种工作模式——激活模式、呼吸模式、保持模式和休眠模式。激活模式是正常的工作状态，另外三种模式是为了节能所规定的低功耗模式。

（3）全球范围适用：蓝牙工作在2.4GHz的ISM频段，全球大多数国家ISM频段的范围是2.4 ～ 2.4835GHz，使用该频段无须向各国的无线电资源管理部门申请许可证。

（4）同时可传输语音和数据：蓝牙采用电路交换和分组交换技术，支持异步数据信道、三路语音信道以及异步数据与同步语音同时传输的信道。每个语音信道数据速率为64Kb/s，语音信号编码采用脉冲编码调制或连续可变斜率增量调制方法。当采用非对称信道传输数据时，速率最高为721Kb/s，反向为57.6Kb/s；当采用对称信道传输数据时，速率最高为342.6Kb/s。

（5）具有很好的抗干扰能力：工作在ISM频段的无线电设备有很多种，如家用微波炉、无线局域网和HomeRF等产品。为了很好地抵抗来自这些设备的干扰，蓝牙采用了跳频方式来扩展频谱，将2.402 ～ 2.48GHz频段分成79个频点，相邻频点间隔1MHz。蓝牙设备在某个频点发送数据之后，再跳到另一个频点发送，而频点的排列顺序则是伪随机的，每秒钟频率改变1600次，每个频率持续625μs。

（6）可以建立临时性的对等连接：根据蓝牙设备在网络中的角色，可分为主设备与从设备。主设备是组网连接时主动发起连接请求的蓝牙设备，几个蓝牙设备连接成一个微微网时，其中只有一个主设备，其余均为从设备。

（7）成本低：随着市场需求的扩大，各个供应商纷纷推出自己的蓝牙芯片和模块，蓝牙产品价格飞速下降。

（8）安全性好：采用无线电技术，传输范围大，可穿透不同物质以及在物质间扩散，采用跳频展频技术，抗干扰性强，不易被窃听。

（9）开放的接口标准：SIG为了推广蓝牙技术的使用，将蓝牙的技术标准全部公开，全世界范围内的任何单位和个人都可以进行蓝牙产品的开发，只要最终通过SIG的蓝牙产品兼容性测试，就可以推向市场。

2）蓝牙的技术性能参数

（1）有效传输距离为10cm～10m，增加发射功率可达到100m，甚至更远。

（2）收发器工作频率为2.45GHz，覆盖范围是相隔1MHz的79个通道（从2.402GHz到2.480GHz）。

（3）数据传输技术使用短封包，跳频展频技术，1600次/s，防止偷听和避免干扰。

（4）每次传送一个封包，封包的大小为126～287bit，封包的内容可以是包含数据或者语音等不同服务的资料。

（5）数据传输带宽可达到每个方向32.6Kb/s，异步连接允许一个方向的数据传输速率达到721Kb/s，用于上载或下载，这时相反方向的速率是57.6Kb/s。

（6）数据传输通道为留出3条并发的同步语音通道，每条带宽64Kb/s，语音与数据也可以混合在一个通道内，提供一个64Kb/s同步语音连接和一个异步数据连接。

3）蓝牙的频段与信道

无线局域网、蓝牙、ZigBee等无线网络，均工作在ISM频段上。世界上绝大多数国家该频段的带宽定为2.400～2.4835GHz。

2.4GHz被划分为40个信道（f=2402+k*2MHz,k=0, … ,39），信道间隔2MHz，其中广播信道有3个：37、38、39，对应的中心频率是2402MHz、2426MHz、2480MHz。

4）蓝牙跳频技术

由于蓝牙的载频2.45GHz的频段是对所有无线电系统都开放的频段，因此使用其中的任何一个频段都有可能遇到不可预测的干扰源。采用跳频扩谱技术是避免干扰的一项有效措施。跳频技术是把频带分成若干个跳频信道，在一次连接中，无线电收发器按一定的码序列不断地从一个信道跳到另一个信道，只有收发双方是按这个规律进行通信的，而其他的干扰不可能按同样的规律进行干扰。跳频的瞬时带宽是很窄的，但通过扩展频谱技术使这个窄带宽成百倍地扩展成宽频带，使干扰可能产生的影响变得很小。

跳频扩谱技术是蓝牙使用的关键技术之一。对应于单时隙分组，蓝牙的跳频速率为1600跳/s；对应于时隙包，跳频速率有所降低，但在建立链路时则提高为3200跳/s。高跳频速率使蓝牙系统具有足够高的抗干扰能力。与其他工作在相同频段的系统相比，蓝牙跳频更快，数据包更短，因此更稳定。

5）蓝牙系统与协议栈

（1）蓝牙系统组成。蓝牙系统一般由天线单元、链路控制器单元、链路管理（link management，LM）单元和主控制器等组成，如图4-104所示。

图4-104 蓝牙系统组成

天线单元：蓝牙天线部分体积小巧、重量轻，属于微带天线。蓝牙空中接口是建立在天线电平为0dB基础上的。

链路控制器单元：目前蓝牙产品的链路控制器包括3个集成芯片，即连接控制器、基带处理器和射频传输/接收器，此外还使用了3～5个单独调谐元件。基带链路控制器负责处理基带协议和其他一些底层常规协议。

链路管理单元：链路管理单元携带了链路的数据设置、鉴权、链路硬件配置和其他一些协议。链路管理单元提供如下服务：发送和接收数据、请求名称、链路地址查询、建立连接、鉴权、链路模式协商和建立、决定帧的类型等。

（2）蓝牙协议栈。一般而言，把某个协议的实现代码称为协议栈（protocol stack）。蓝牙协议栈就是SIG定义的一组协议的规范，是实现低功耗蓝牙协议的代码。

要实现一个蓝牙应用，首先需要一个支持蓝牙射频的芯片，然后还需要提供一个与此芯片配套的蓝牙协议栈，最后在协议栈上开发自己的应用。可以看出蓝牙协议栈是连接芯片和应用的桥梁，是实现整个蓝牙应用的关键。那蓝牙协议栈具体包含哪些功能呢？简单来说，蓝牙协议栈主要用来对应用数据进行层层封包，以生成一个满足蓝牙协议的空中数据包，也就是说，把应用数据包裹在一系列的帧头（header）和帧尾（tail）中。

具体来说，蓝牙协议栈主要由如下几部分组成：

① PHY层（physical layer，物理层）。PHY层用来指定蓝牙所用的无线频段、调制解调方式和方法等。PHY层做得好不好，直接决定整个蓝牙芯片的功耗、灵敏度等射频指标。

② LL层（link layer，链路层）。LL层是整个蓝牙协议栈的核心，也是蓝牙协议栈的难点和重点。在PHY层的基础上，提供两个或多个设备之间、和物理无关的逻辑传输通道（也称作逻辑链路）。像Nordic的蓝牙协议栈能同时支持20个link（连接），就是LL层的功劳。LL层要做的事情非常多，比如具体选择哪个射频通道进行通信，怎

么识别空中数据包，具体在哪个时间点把数据包发送出去，怎么保证数据的完整性，ACK如何接收，如何进行重传，以及如何对链路进行管理和控制等。

③ HCI（host controller interface，主机控制器接口）。HCI是可选的，主要用于2颗芯片实现蓝牙协议栈的场合，用来规范两者之间的通信协议和通信命令等。

④ GAP（generic access profile，通用访问协议）。GAP是对LL层有效数据包进行解析的两种方式中相对简单的那一种。GAP目前主要用来进行广播、扫描和发起连接等。

L2CAP（logic link control and adaptation protocol，逻辑链路控制和适配协议）。L2CAP对LL层进行了一次简单封装。LL层只关心传输的数据本身，而L2CAP就要区分是加密通道还是普通通道，同时还要对连接间隔进行管理。

SMP（secure manager protocol，安全管理协议）。SMP用来管理BLE连接的加密和安全，如何保证连接的安全性，同时不影响用户的体验，这些都是SMP要考虑的工作。

ATT（attribute protocol，属性协议）。简单来说，ATT协议用来定义用户命令及命令操作的数据，比如读取某个数据或者写某个数据。蓝牙协议栈中，开发者接触最多的就是ATT。

GATT（generic attribute profile，通用属性协议）。GATT用来规范attribute中的数据内容，并运用group（分组）的概念对attribute进行分类管理。没有GATT，蓝牙协议栈也能跑，但互联互通就会出问题，也正是因为有了GATT，BLE摆脱了ZigBee等无线协议的兼容性困境，成了出货量最大的2.4G无线通信产品。

3 蓝牙组网模式与组网过程

1）蓝牙的组网模式

下面介绍蓝牙系统网络拓扑结构的四种形式：点对点、微微网、分布式网络和Mesh网络。

（1）点对点方式。蓝牙设计初衷是点对点连接，一个主机、一个从机。两个蓝牙设备默认可以直接连接，无须中间节点，连接速度快。示意图见图4-105。

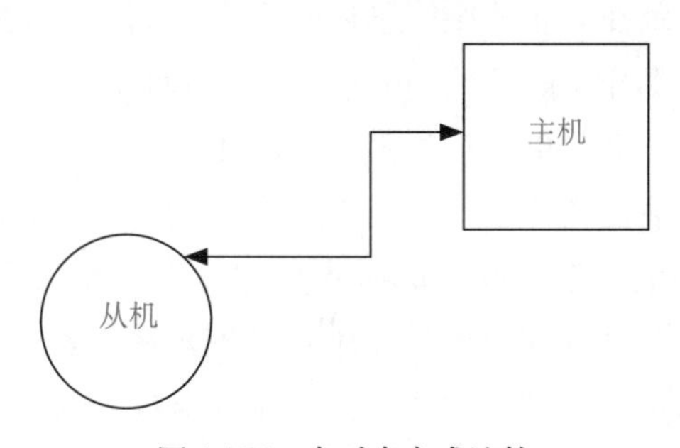

图4-105　点对点方式连接

（2）微微网方式。微微网是通过蓝牙技术，以特定方式连接起来的微型网络。微微网由一个主设备单元和最多7个从设备单元构成。主设备单元负责提供时钟同步信号和跳频序列，从设备单元一般是受控同步的设备单元，接收主设备单元的控制。示意图如图4-106所示。

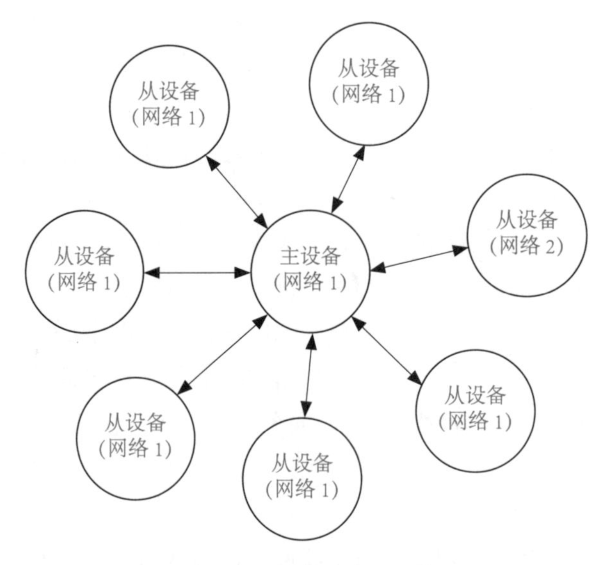

图4-106 微微网方式连接

微微网信道由一主单元标识（提供跳频序列）和系统时钟（提供跳频相位）来定义，其他为从单元。每一个蓝牙无线系统有一个本地时钟，没有通常的定时参考。当一微微网建立后，从单元进行时钟补偿，使之与主单元同步，微微网释放后，补偿亦取消，但可存储起来以便再用。一条普通的微微网信道的单元数量为8（1主7从），可保证单元间有效寻址和大容量通信。实际上，一个微微网中互联设备的数量是没有限制的，只不过在同一时刻只能激活8个，其中1个为主，7个为从。蓝牙系统建立在对等通信基础上，主从任务仅在微微网生存期内有效，当微微网取消后，主从任务随即取消。每一单元皆可为主单元或从单元，可定义建立微微网的单元为主单元。除定义微微网外，主单元还控制微微网的信息流量，并管理接入。蓝牙给每个微微网提供特定的跳转模式，因此它允许大量的微微网同时存在，同一区域内多个微微网的互联形成了分散网。不同的微微网信道有不同的主单元，因而存在不同的跳转模式。

在这种网络模式下，最简单的应用就是蓝牙手机与蓝牙耳机，在手机与耳机间组建一个简单的微微网，手机作为主设备，而耳机充当从设备。同时在两个蓝牙手机间也可以直接应用蓝牙功能，进行无线的数据传输。办公室的PC可以是一个主设备单元，主设备单元负责提供时钟同步信号和跳频序列，从设备单元一般是受控同步的设备单元，接收主设备单元的控制，无线键盘、无线鼠标和无线打印机可以充当从设备单元的角色。有两种组网方式：一种是PC对PC组网，另一种是PC对蓝牙接入点组网。

在PC对PC组网模式中，一台PC通过有线网络接入因特网之中，利用蓝牙适配器充当因特网共享代理服务器，另外一台PC通过蓝牙适配器与代理服务器组建蓝牙无线网络，充当一个客户端，从而实现无线连接、共享上网的目的。这种方案是在蓝牙组网技术中最具有代表性的方案，具有很大的便捷性。示意图见图4-107。

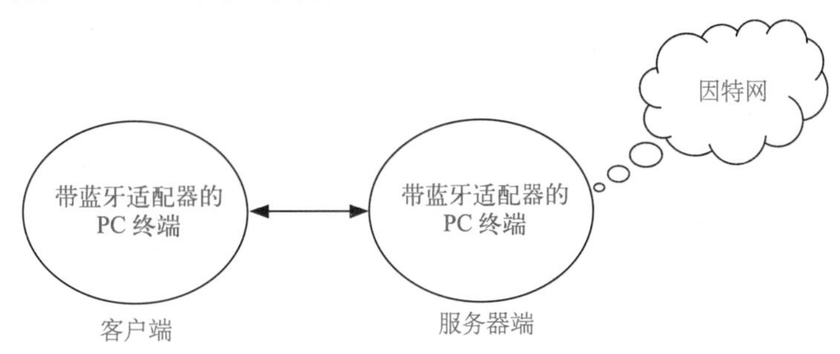

图4-107　PC对PC组网

在PC对蓝牙接入点的组网模式中，蓝牙接入点，即蓝牙网关，通过与路由器等宽带接入设备相连接入因特网。以蓝牙网关来发射无线信号，与各个带有蓝牙适配器的终端设备相连接，从而组建一个无线网络，实现所有终端设备的共享上网。终端设备可以是PC、PDA、手机等，但它们都必须带有蓝牙无线功能，且不能超过7台终端。这种方案适用于公司企业组建无线办公系统，具有很好的便捷性和实用性。示意图见图4-108。

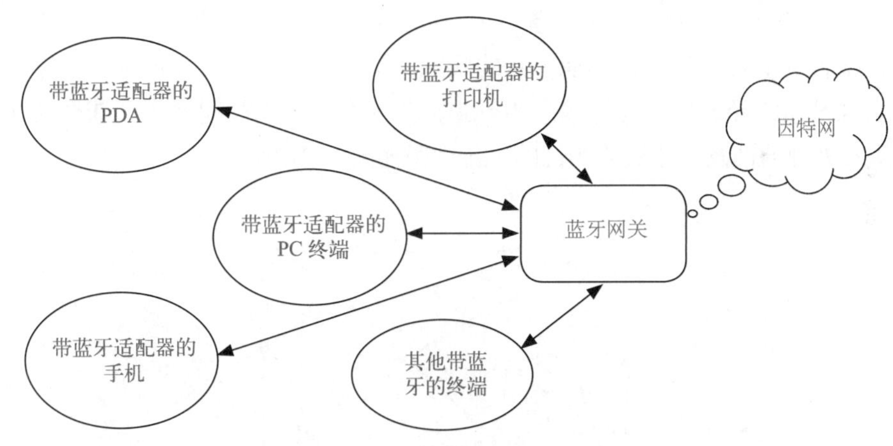

图4-108　PC对蓝牙接入点组网

（3）分布式网络。分布式网络也称超微网，是由多个独立的非同步的微微网组成的，以特定的方式连接在一起。一个微微网中的主设备单元同时也可以作为另一个微微网中的从设备单元，这种设备单元又称为复合设备单元。蓝牙独特的组网方式赋予了它无线接入的强大生命力，同时可以有7个移动蓝牙用户通过一个网络节点与因特网相连。它靠跳频顺序识别每个微微网。同一微微网所有用户都与这个跳频顺序同步。示意图见图4-109。

（4）蓝牙Mesh网络。蓝牙Mesh网络是用于建立多对多设备通信的低功耗蓝牙的网络拓扑。它允许用户创建基于多个设备的大型网络，网络可以包含数十、数百甚至数千台蓝牙Mesh设备，这些设备之间可以相互进行信息的传递。

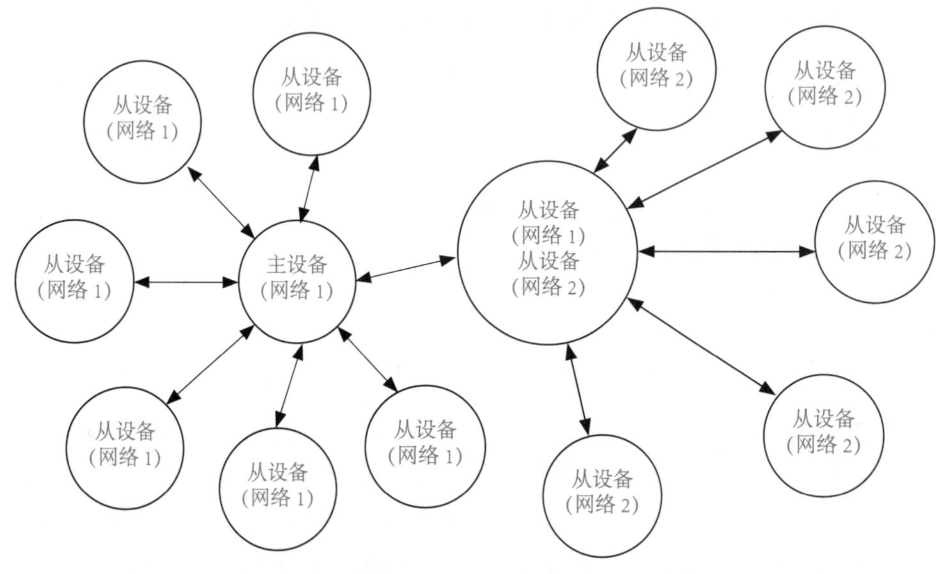

图4-109 蓝牙分布式网络

蓝牙Mesh具有多对多拓扑结构，每台设备都能够与Mesh网络中的任何其他设备进行通信。在Mesh网络中每一个设备称为节点，每个节点具有独立的通信特性。通过消息可以报告自身状态和查询其他节点的状态。每个节点都定义了地址，通过地址查阅可以实现最短路径通信。发送消息的行为称为发布。节点被配置为可选择发送到特定地址进行处理的消息，这被称为订阅。示意图如图4-110所示。

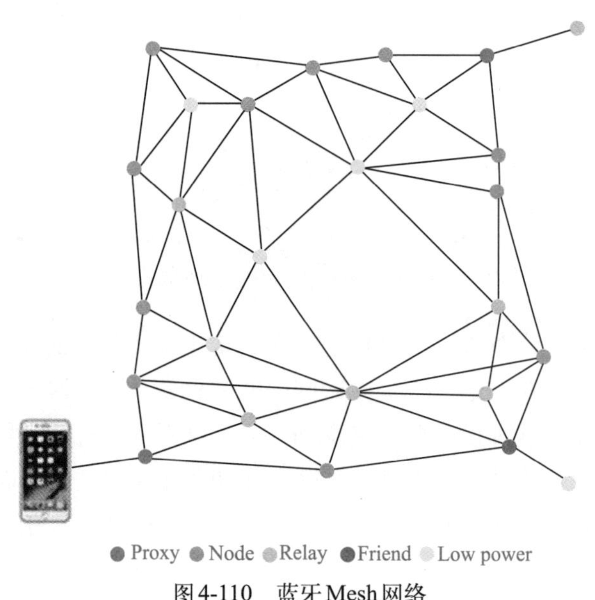

图4-110 蓝牙Mesh网络

蓝牙Mesh节点的四种类型如下:

- Proxy——支持蓝牙Mesh和GATT之间的消息代理，支持智能手机等设备连接蓝牙网。
- Relay——中继消息用以扩展蓝牙网状网络的范围和规模。
- Friend——实现一个附加的消息缓存，以支持具有低功耗特性的节点。
- Low Power——允许在已知的时间间隔内休眠和轮询来自朋友节点的消息。

蓝牙Mesh规范实现了“多对多”通信拓扑结构，可实现更广的覆盖范围和更多数量的节点。例如在智能家居上的使用，可实现去中心化。各个设备节点根据组网需要配置成Mesh网络的不同角色，智能音箱、路由器等连接外网设备也可以同时接入外部网络，实现内部网络数据的共享和存储，如图4-111所示。

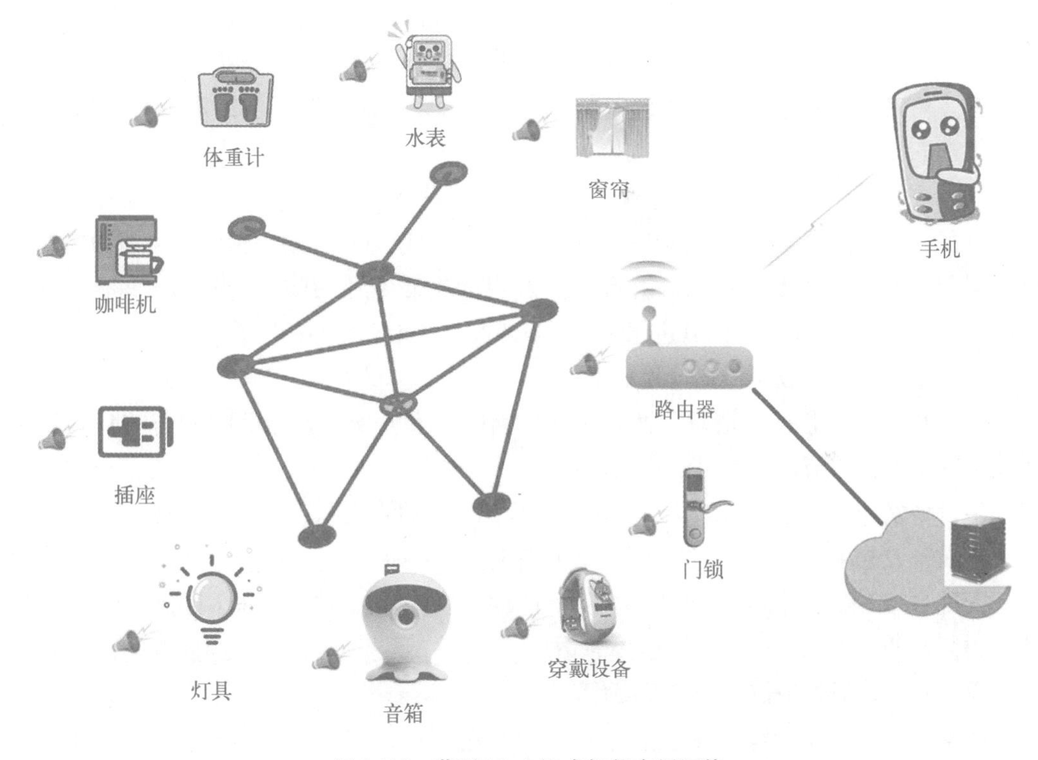

图4-111　蓝牙Mesh组成智能家居网络

2）蓝牙的组网过程

（1）蓝牙通信的主与从。蓝牙技术规定每一对设备之间进行蓝牙通信时，必须一个为主角色，另一为从角色，才能进行通信。通信时，必须由主端进行查找，发起配对，建链成功后，双方即可收发数据。理论上，一个蓝牙主设备，可同时与7个蓝牙从设备进行通信。一个具备蓝牙通信功能的设备，可以在两个角色间切换，平时工作在从模式，等待其他主设备来连接，需要时，转换为主模式，向其他设备发起呼叫。一个蓝牙设备以主模式发起呼叫时，需要知道对方的蓝牙地址，配对密码等信息，配对完成后，可直接发起呼叫。

（2）蓝牙的呼叫过程。蓝牙主设备发起呼叫，首先是查找，找出周围处于可被查找的蓝牙设备。主设备找到从端蓝牙设备后，与从设备进行配对，此时需要输入从设备的PIN码，也有设备不需要输入PIN码。配对完成后，从设备会记录主设备的信任信息，此时主端即可向从设备发起呼叫，已配对的设备在下次呼叫时，不再需要重新配对。已配对的从设备，也可以发起建链请求，但做数据通信的蓝牙模块一般不发起呼叫。链路建立成功后，主从两端之间即可进行双向的数据或语音通信。在通信状态下，主端和从设备都可以发起断链，断开蓝牙链路。

（3）蓝牙一对一的串口数据传输应用。蓝牙数据传输应用中，一对一串口数据通信是最常见的应用之一，蓝牙设备在出厂前即提前设好两个蓝牙设备之间的配对信息，主端预存有从设备的PIN码、地址等，两端设备加电即自动建链，透明串口传输，无须外围电路干预。一对一应用中从设备可以设为两种类型：一是静默状态，即只能与指定的主端通信，不被别的蓝牙设备查找；二是开发状态，既可被指定主端查找，也可以被别的蓝牙设备查找建链。

（4）主设备与从设备数据传输。主设备与从设备建立连接之后，会进行服务发现、特征发现、数据读写等数据传输。当主设备需要读取从设备中提供的应用数据时，首先进行GATT数据服务发现，给出想要发现的主服务通用唯一识别码（universally unique identifier，UUID），只有主服务UUID匹配，才能获得GATT数据服务。

主设备与从设备数据传输过程如下：

首先从设备发起搜索请求，搜索正在广播的节点设备，若与GAP服务的UUID相匹配，则主设备与节点设备可以建立连接。

主设备发起建立连接请求，节点设备响应后，主设备与从设备建立连接。

主设备发起主服务UUID进行GATT服务发现。

发现GATT服务后，主设备发送要进行数据读写操作的特征值的UUID，获取特征值的句柄，即采用发送UUID方式获得句柄。

通过句柄，对特征值进行读写操作。

图4-112显示了主设备与从设备数据传输过程。

4 蓝牙模块

1）蓝牙模块概述

蓝牙模块是指集成蓝牙功能的芯片基本电路集合，用于短距离2.4GHz的无线通信模块。蓝牙模块的作用简单来说就是以无线连接取代有线连接，将固定和移动信息设备组成个人局域网，实现设备之间低成本的无线互联通信。

蓝牙模块主要由芯片、PCB板、外围器件构成，一般模块具有半成品的属性，是在芯片的基础上进行加工。换言之，蓝牙模块一般具有二次开发的特性。对于最终用户来说，蓝牙模块是半成品，通过在模块的基础上功能再开发、封装外壳等工序，实现能够利用蓝牙通信的最终产品。

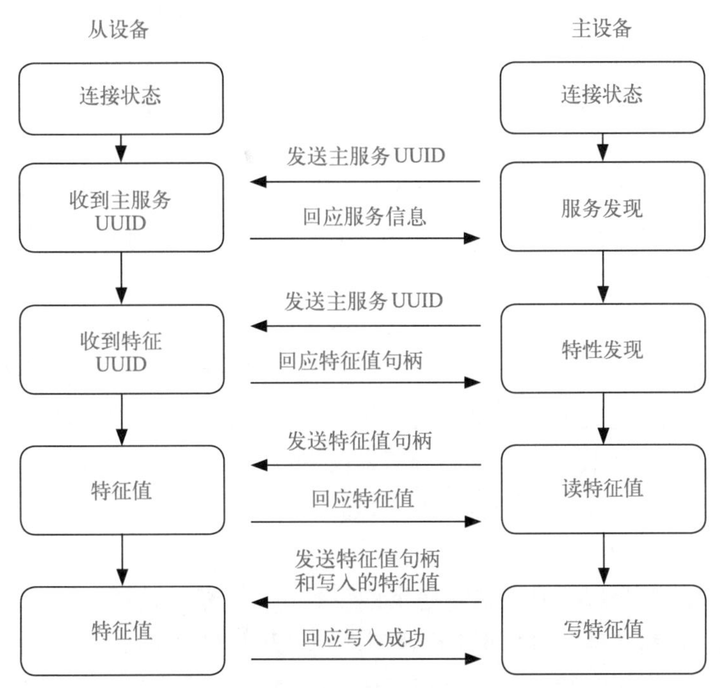

图4-112　主设备与从设备数据传输过程

蓝牙模块的外围接口种类很多，不同的蓝牙模块配置不同，主要有UART串口、USB接口、双向数字PIO、数模转换输出DAC、模拟输入ADC、模拟音频接口AUDIO、数字音频接口PCM和编程口SPI。另外还有电源、复位、天线等。

蓝牙模块的生产需要经过蓝牙标准组织的认证。严格来说，产品申明支持蓝牙需要包含蓝牙标准组织的认证。该认证包含了RF和Profile的测试，测试完成后向蓝牙标准组织购买一个认证设备ID，就可以在蓝牙标准组织里面查到该产品的认证合法使用。该ID是以最终产品申明，一系列没有设计变化的蓝牙产品可以共用一个ID号。目前国内的很多蓝牙产品并未严格认证，如果出口可能会有潜在的法律风险。

2）蓝牙模块的分类

蓝牙模块根据芯片温度适应能力及可靠性主要分四类：商业级，工作温度范围0～70℃；工业级，工作温度范围-40～85℃；军工级，工作温度范围-55～150℃。另外，还有一种汽车工业级蓝牙模块，其工作温度范围-40℃～+125℃。

从应用角度划分有手机蓝牙模块、蓝牙耳机模块、蓝牙语音模块、蓝牙串口模块、蓝牙电力模块和蓝牙HID模块等。

从芯片采用的角度可分为ROM版模块、EXT模块及Flash版模块。

从技术角度可分为三种：蓝牙数据模块、蓝牙语音模块和蓝牙远程控制模块。目前市场上的蓝牙模块数据传输与语音传输是不同型号的模块，所采用的芯片也不同。

但也有双模蓝牙模块，传输音频的同时也能进行数据传输。

根据封装形式可分为直插型、表贴型和串口适配器三种。直插型有插针引脚，便于前期焊接，小批量生产，模块有内置和外置两种安装方式。另外，还有外接方式的串口蓝牙适配器，当客户不方便将蓝牙内置到设备里时可以直接把适配器插到设备的串口上，上电即可以使用。

蓝牙模块按照应用和支持协议大致分为两种：经典蓝牙模块和低功耗蓝牙模块。经典蓝牙模块泛指支持蓝牙协议在4.0以下的模块，一般用于数据量比较大的传输，如语音、音乐等较高数据量传输。低功耗蓝牙模块是指支持蓝牙协议4.0或更高的模块，也称为BLE模块。低功耗蓝牙技术使用与传统蓝牙技术相同的自适应跳频技术，因而能确保低功耗蓝牙在住宅、工业与医疗等“嘈杂”射频环境中维持稳定的传输。

蓝牙模块按照低能耗架构又分为两种芯片：单模芯片和双模芯片。所谓的蓝牙单模就是仅支持标准蓝牙版本或者BLE，两者仅支持其中一个。双模芯片是能与标准蓝牙技术及使用传统蓝牙架构的其他双模芯片通信。

3）蓝牙模块的选型

Nordic公司的Nrf51822功耗低，稳定性较好，应用最为广泛，而Ti、ST、NXP等公司的蓝牙芯片，需要自己封装蓝牙模块写固件，开发复杂。

国内乐鑫科技的ESP32系统，自带蓝牙和CAN的可编程芯片，汇承科技的HC系列蓝牙模块主要以经典蓝牙模块为主，筋斗云科技的JDY系统蓝牙芯片以低能耗、价格低、稳定性好也占据了国内市场很大份额。

选择蓝牙模块，最重要的是选择蓝牙模块的主控芯片。因为主控芯片的性能直接决定了蓝牙模块的功能，以及一些重要参数，如蓝牙版本、模块体积、功耗、音频、速率等核心参数。

大规模民用产品一般选用ROM版模块，如市场上的USB蓝牙适配器，由于大部分协议运行在PC内部，对芯片处理能力要求很低，芯片厂家会推出价格很低的产品。工业蓝牙一般采用Flash版的芯片生产的模块，运行速度快，具备高集成度、高可靠性、高性能指标等特点。

5 蓝牙技术与Wi-Fi技术

蓝牙和Wi-Fi，好比一对“双胞胎”，都属于无线通信网络标准，可以实现无线短距离通信，并且都工作在ISM 2.4GHz公共频段，但在应用上有其本质的不同。

1）工作方式不同

Wi-Fi属于WLAN无线局域网，支持多个终端设备同时传输的网络模式，即一对多的模式。它的传输范围为100m，传输速率最大可以达到11Mb/s，使用的是DSSS（直序列扩频）或B/sK（相移键控），上下带宽是22MHz。

蓝牙属于WPAN无线个域网，即点对点、多点对多点，主要用来连接一些外接设备，或者是在近距离进行数据传输。蓝牙传输的带宽是1Mb/s，通信距离一般为10m左右（Bluetooth 4.0传输距离可以达到50m），使用的是FHSS（跳频扩谱）方式，一般每秒钟跳变1600次，将83.5MHz的频带划分为79个频带信道，每个时刻只占1MHz的带宽，调制方式是GFSK（高斯频移键控）。

2）安全性不同

Wi-Fi连接到网络一般都是有密码保护的，也很容易通过技术手段被破解,故安全性比较低。蓝牙打破了用有线电缆来连接各种数字设备的局限，无线通信质量好，数据安全性能高。

3）应用场所不同

Wi-Fi优点之一是传输速率快，并且不需要布线，所有需要无线上网的设备都可以连接，比如智能手机、笔记本电脑等。Wi-Fi适用于室内场景，特别是公司与家居环境，而蓝牙可以同时进行数据和语音的无线通信，一般各种数码产品中可以集成蓝牙功能，比如手机、耳机、打印机、键鼠、相机等。由于这些数码产品出厂时就安装了蓝牙模块，并且安全性较高、功耗较低，适合户外场景的使用。

4）石英晶振频率不同

石英晶体用于产生控制和管理所有通信系统的频率，是大多数钟、手表、计算机和微处理机中的重要元件。石英晶体在蓝牙和Wi-Fi两种无线技术中扮演重要的角色。在蓝牙技术产品中，常用的石英晶振频率有12.000MHz、16.000MHz、24.000MHz、26.000MHz、32.000MHz等。在Wi-Fi技术产品中，常用的石英晶振频率有20.000MHz、40.000MHz等。

6 蓝牙技术的应用场景

截至目前，蓝牙技术联盟的成员已经超过了2500家，几乎涵盖了全球各行各业，包括通信、计算机、商务办公、工业、家庭、医学、军事、农业等。蓝牙技术可以应用于各种无线设备，如PDA、手机、图像处理设备（照相机、打印机、扫描仪）、智能卡、消费娱乐产品（耳机、MP3、游戏）、汽车产品（GPS、动力系统）、家用电器、玩具等领域。

7 蓝牙 Mesh 技术的应用场景

蓝牙Mesh技术提供多对多设备传输功能，提高了网络覆盖的效能，可以用于上千甚至数万个设备。

蓝牙Mesh能够满足智能楼宇与工业自动化市场对于连接稳定性、扩充性与安全性的要求，提供真正的工业级解决方案。蓝牙Mesh可以对上千个灯进行组网，然后实现智能控制和管理维护。图4-113显示了一个此种模式的应用。

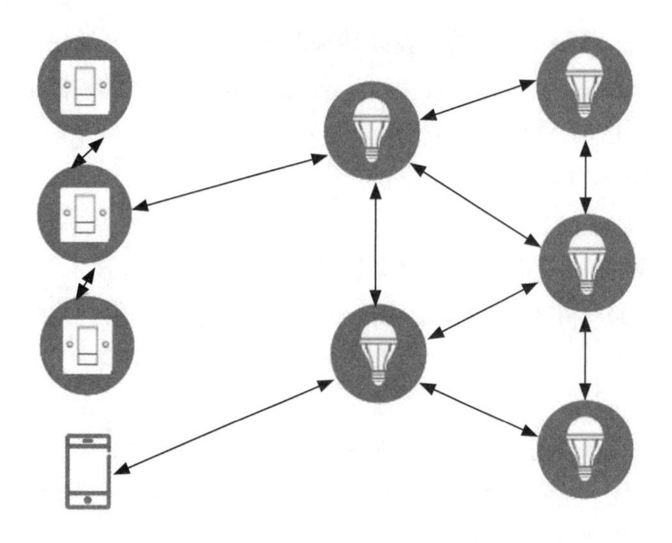

图4-113 Mesh组网灯控制

4.3.2 任务实施

1 硬件连接

市面上比较流行的蓝牙模块有两个版本，分别是汇承科技的HC系列、筋斗云科技的JDY系列。二者功能其实并没有太大的区别，只是引脚布局不同。

本任务选用筋斗云科技的JDY-24M模块，这是一种蓝牙5.0 Mesh BLE主从透传模块。

JDY-24M组网数量最大支持65280台设备，采用多跳无线防碰撞技术，组网通信速度支持50ms发送16字节数据。单模块支持路由节点与终端节点，路由节点支持数据中继（不支持低功耗），终端节点支持低功耗（按键唤醒发完数据后自动睡眠）。

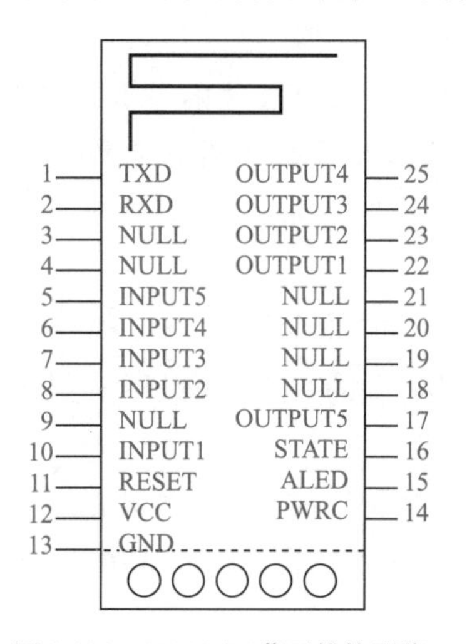

图4-114 JDY-24M蓝牙模块引脚

JDY-24M组网一般只需要配置好组网NETID、短路地址后，模块将会自动组网，组网模块与App通信时相当于透传，这样极大地方便了用户开发App时与老产品的App兼容。其功能特性为：支持与手机（iOS、Android）App数据透传（工作电流1mA左右），支持模块与模块主从高速透传，支持iBeacon功能（超低功耗），支持BLE蓝牙探针功能。

JDY-24M蓝牙模块引脚如图4-114所示。

在使用过程中，视情况可以设为六针式和四针式。六针式引脚全部连接，而四针式只连接电源两针和串口输入RX与输出TX两个引脚。六针式引脚顺序见图4-115。

图4-115 六针式引脚顺序

EN：睡眠唤醒或在连接状态下拉低后可以发送AT指令，底板上的按键接到的就是EN引脚；

VCC：电源；

GND：电源地；

TXD：串口输出引脚，TTL电平；

RXD：串口输入引脚，TTL电平；

STATE：连接状态引脚，未连接输出低电平，连接后输出高电平。

由于使用过程的需要，通常将PWRC键设置为按键，以方便对设备进行复位操作。

JDY-24M模块，用USB-TTL转换电路进行连接，电压范围比较大。经过在实训中测试，发现选用5V，模块比较稳定，丢码现象比较少。除了这两根线，还要把JDY-24M模块的GND、TXD、RXD与USB-TTL的GND、RXD、TXD相连。

JDY-24M模块接线如图4-116所示。

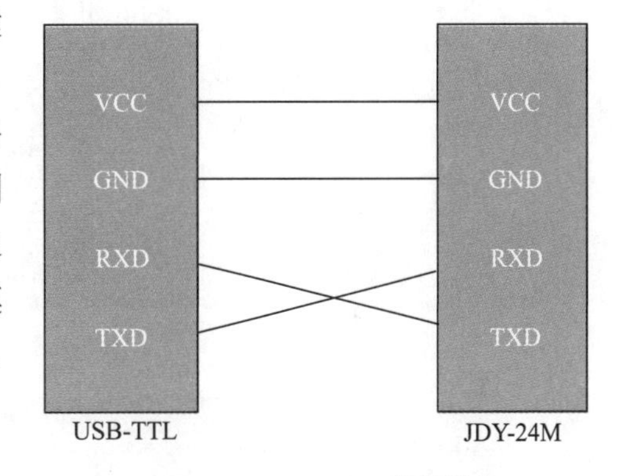

图4-116 JDY-24M模块接线

如果是六引脚模块，连接其中4个引脚就行了：RXD、TXD、GND、VCC分别和USB转TTL模块的TXD、RXD、GND、VCC相连接，EN引脚无须连接。STATE只有在接入单片机系统时，才可能通过一个引脚进行使能控制。

2 驱动程序安装

JDY芯片安装时无须额外的驱动程序，只需根据选择的USB转TTL芯片安装相应的硬件驱动。图4-117为两种芯片的驱动文件。

驱动安装过程为全默认设置即可。典型安装界面如图4-118所示。

安装USB转串口驱动之后，插入USB转串口设备，在计算机的设备管理器中会出现一个串口的COM口，在串口调试软件中，选择该COM口。查看COM口界面如图4-119所示。

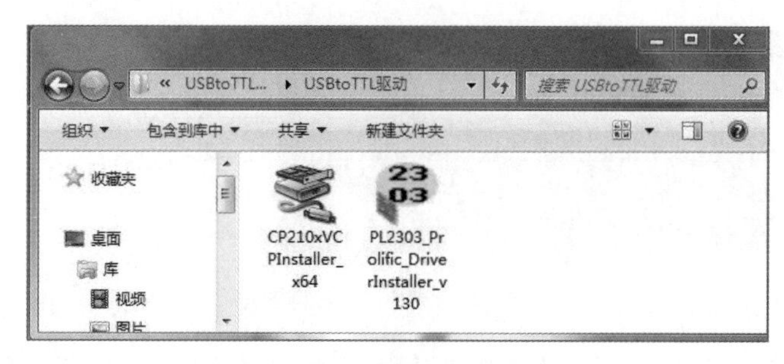

图4-117　两种芯片的驱动文件

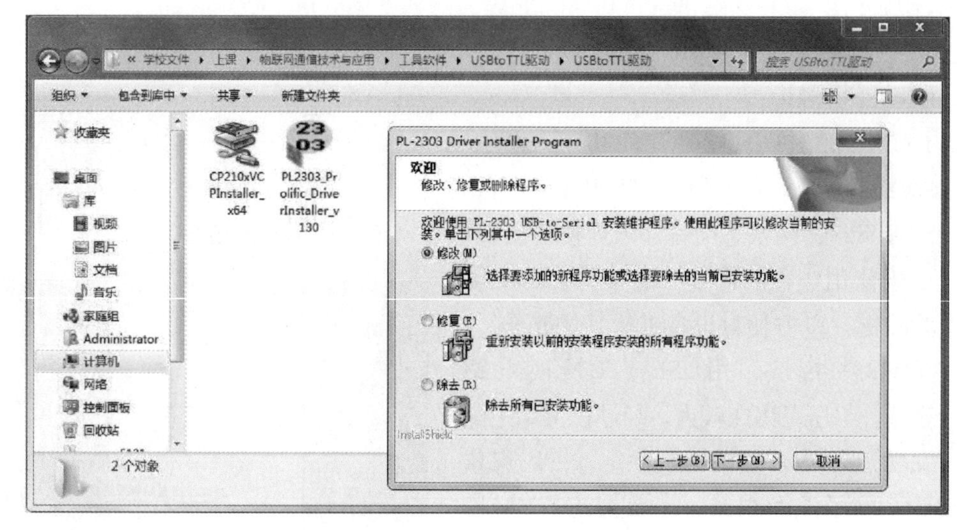

图4-118　典型安装界面

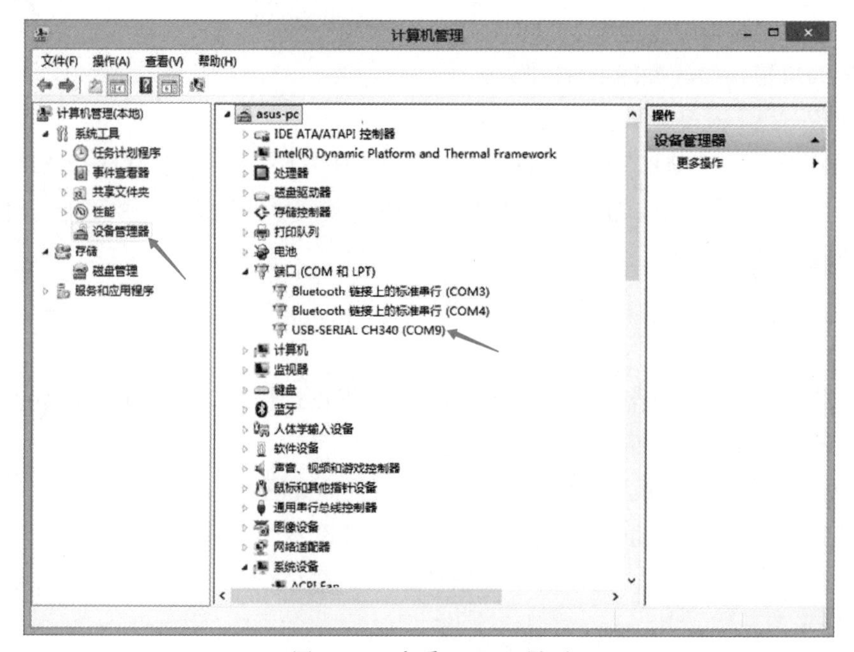

图4-119　查看COM口界面

3 模块测试

测试板子指令是否收发正常。在串口调试助手中发送AT指令，若收到“OK”，就代表可以与板子进行通信了。

JDY-24M模块默认的工作方式为ROLE=5，即工作在Mesh模式，波特率为9600，根据需要可以设定成常用的“115200”。

使用AT指令进行测试，涉及的AT指令如表4-16所示。

表4-16　模块测试AT指令集

AT指令	响应	参数	备注
AT	+OK	无	测试指令
AT+DEFAULT	+OK		恢复出厂配置
AT+RESET	+OK	无	复位指令
AT+VERSION	+VERSION=JDY-24M-V1.3	无	查询软件版本号
AT+LADDR	+LADDR=<Param>	Param：MAC地址十六进制字符串	查询MAC地址
AT+NAME<Param>	+OK	Param：BLE广播 默认广播名：JDY-24M 最长18字节	设置模块名字
AT+NAME	+NAME=<Param>		查询模块名字
AT+PIN<Param>	+OK	密码4位	设置访问密码
AT+PIN	+PIN=<Param>	默认是1234	查询访问密码
AT+TYPE<Param>	+OK	Param（0-2）0：连接无密码 1：有密码连接，不绑定2：有密码连接，并绑定3：默认：0	设置、查询密码连接形式
AT+BAUD<Param>	+OK	Param：（2到8） 默认为4：9600	设置模块通信波特率
AT+BAUD	+BAUD=<Param>	AT+BAUD	查询通信的波特率
AT+STAT	+STAT=<Param>	Param（0-3） 0：未连接1：已连接 2：已组网3：已连接与组网	查询模块的连接状态

（1）打开串口助手，单击“更多串口设置”，选定USB转TTL模块所在的COM口。

（2）波特率设定为115200，其余项目保持默认。

（3）勾选“加回车换行”。

（4）取消“DTR”选择框。

（5）在发送窗口，输入“AT”，单击“发送”按钮。如果设置都正确，则在接收窗口会接收“OK”。

（6）依次输入AT指令，对模块进行测试，相应的参数保持默认值。

以上几步模块测试界面如图4-120所示。

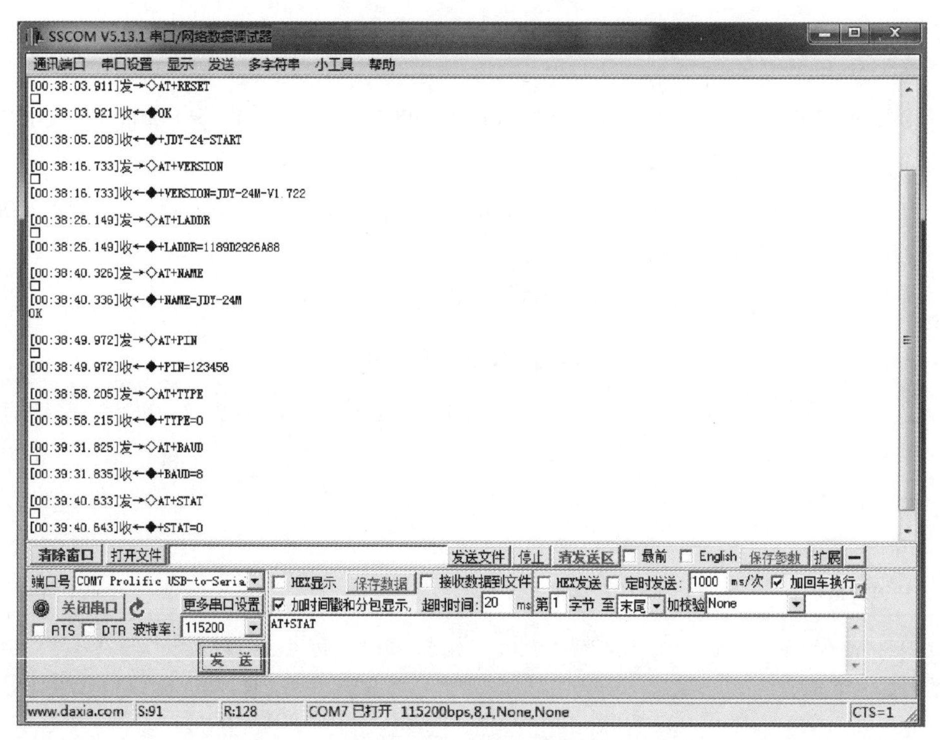

图4-120 模块测试界面

由测试可知，模块的版本号为“JDY-24M-V1.722”，MAC地址为“1189D2926A88”，模块的名字为“JDY-24M”，密码为“123456”，密码访问方式为“0：无密码访问”，波特率为“8：115200”，连接状态为“0：未连接状态”。

完成对模块基本测试。

4 工作模式配置

蓝牙模块的数据传输分为透传和指令传输两大类，对于蓝牙模块的工作模式，可以设定为主机模式和从机模式，对于数据传输要设定的几个主要参数，需要通过AT指令进行设定，相关的AT指令如表4-17所示。

表4-17 工作模式配置AT指令集

AT指令	响应	参数	备注
AT+ROLE	+ROLE=<Param>	无	查询模块工作模式
AT+ROLE<Param>	OK	Param：（0到8） 0：从机（App、微信、小程序）透传 1：主机透传模式 6：多连从机模式（支持4个主机连接） 7：多连主从机（主机支持同时连接4个从机，从机支持4个主机连接） 5：默认值（Mesh组网模式）	设定工作模式

续表

AT指令	响应	参数	备注
AT+NAME<Param>	+OK		设置模块名字
AT+BAUD<Param>	+OK	Param:（2到8） 默认为4：9600	设置模块通信波特率
AT+PIN<Param>	+OK	密码4位	设置访问密码
AT+TYPE<Param>	+OK		设置密码访问模式
AT+RESET	+OK	无	每次设定完复位

1）主机模块工作模式设置

在本实验中，设定1个模块为主机模式，名字为“JDY-24M_MASTER”，波特率为“115200”，访问密码为“123456”，密码访问方式为“1：依靠密码访问，无须绑定”。

（1）设置模块波特率。需要注意的是，模块初始的波特率设置为9600，要修改为波特率115200，需要输入指令AT+BAUD8，返回值为“OK”，然后输入AT+RESET，进行复位，波特率修改完成。

将通信波特率设置成115200，再通过AT+BAUD指令进行查询，确认是否修改完毕。设置模块波特率界面如图4-121所示。

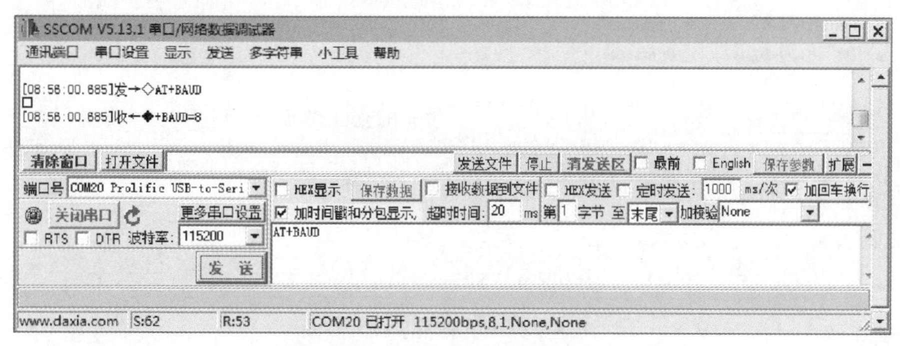

图4-121　设置模块波特率界面

（2）工作模式查询。工作模式可以通过指令AT+ROLE查询。默认的工作模式为ROLE=5，模块工作在Mesh组网模式。根据查询的结果进行工作模式设置，查询成功后返回可设置的范围。工作模式查询界面如图4-122所示。

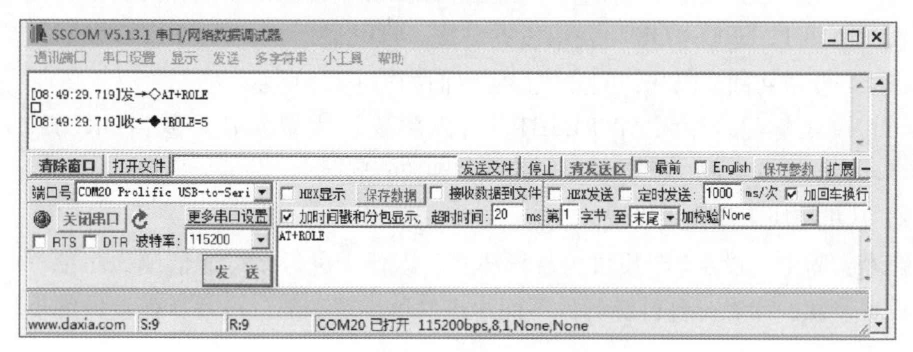

图4-122　工作模式查询界面

（3）工作模式设定。根据任务要求对模块工作模式进行修改。输入指令AT+ROLE1，设置成功后返回“OK”，则模块设定为主机模式。工作模式设定界面如图4-123所示。

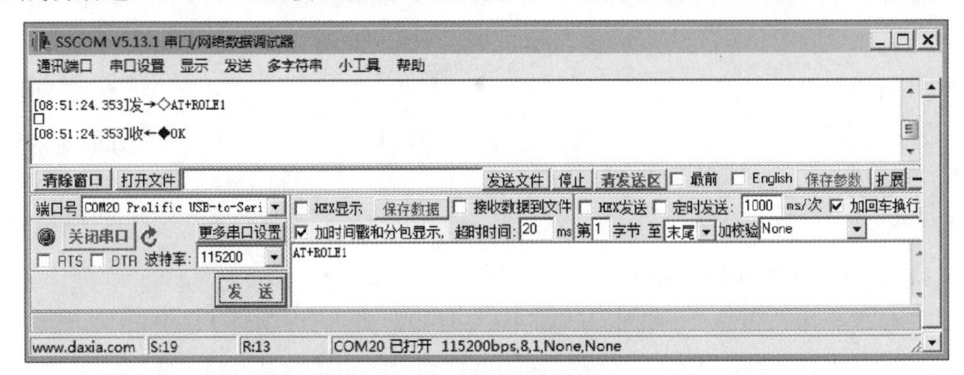

图4-123 工作模式设定界面

（4）模块名字设置。根据需要将模块的名字改成AT+NAME=JDY_24M_MASTER，返回值为“+NAME= =JDY_24M_MASTER”，表示名字修改完成。模块名字设置界面如图4-124所示。

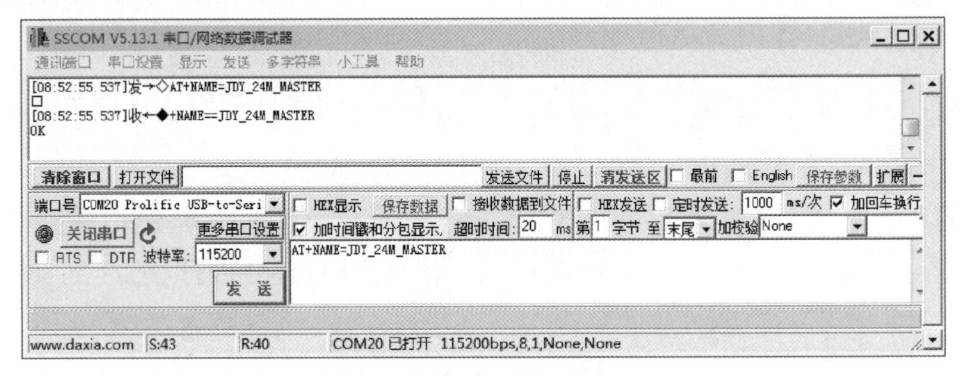

图4-124 模块名字设置界面

（5）模块访问密码和访问方式设定。将模块的访问密码设为“123456”。输入指令AT+PIN123456，返回值为“OK”，表示密码修改完成。可通过AT+PIN指令进行查询，确认是否修改完毕。

将访问模式设为有密码访问，不绑定，以保证在数据传输过程的安全特性。输入指令AT+TYPE1，返回“OK”表示设置完成。可以通过AT+TYPE进行查询，以确保完成修改。模块访问密码和访问方式设定界面如图4-125所示。

（6）模块复位。输入AT+RESET，可以将模块设置复位。返回OK与+JDY-24-START，表明设置完成。模块复位界面如图4-126所示。

2）从机模块工作模式设置

在本实验中，设定2个模块为从机模式，以便于进行多点通信模式。参考主机模块的设置步骤，读者可自行练习，下面给出简单步骤和部分设置界面，详细步骤不再赘述。

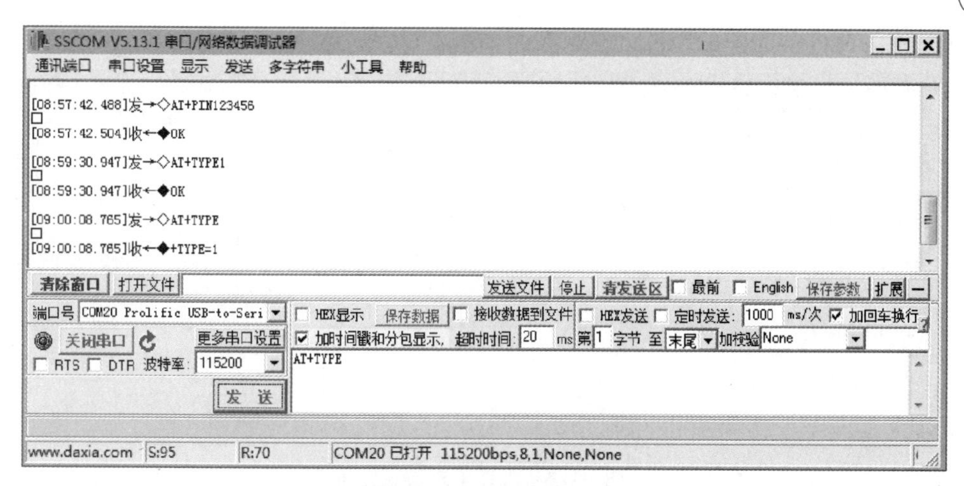

图4-125　模块访问密码和访问方式设定界面

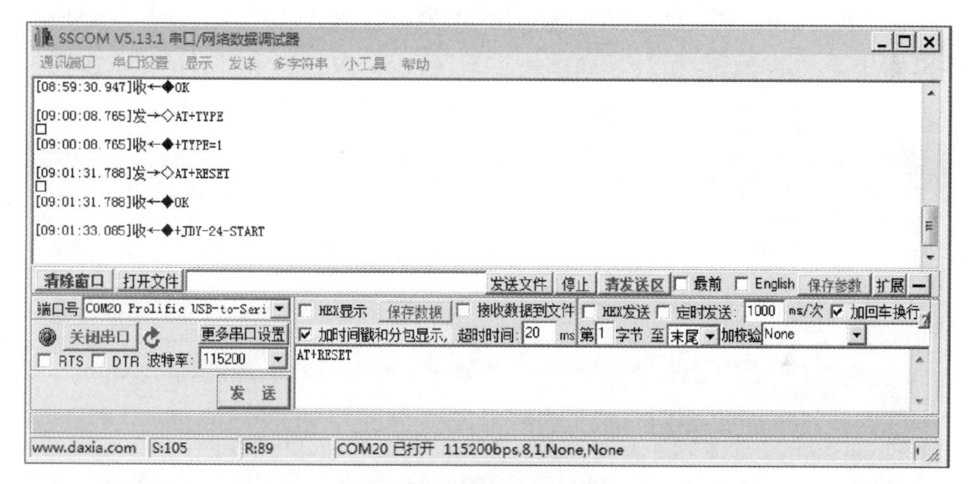

图4-126　模块复位界面

首先，将通信波特率设置成115200，再通过AT+BAUD指令进行查询，确认是否修改完毕。模块波特率设置界面如图4-127所示。

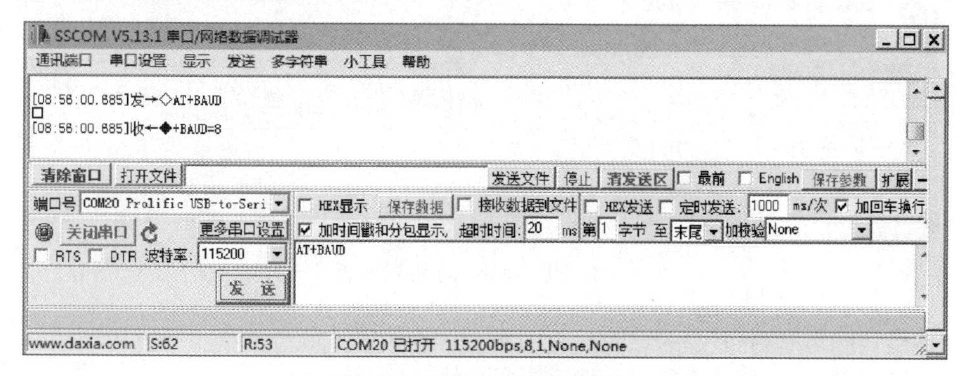

图4-127　模块波特率设置界面

然后，对模块工作方式进行修改，输入指令AT+ROLE0，设置成功后返回OK，则模块设定为从机模式。工作模式设定界面如图4-128所示。

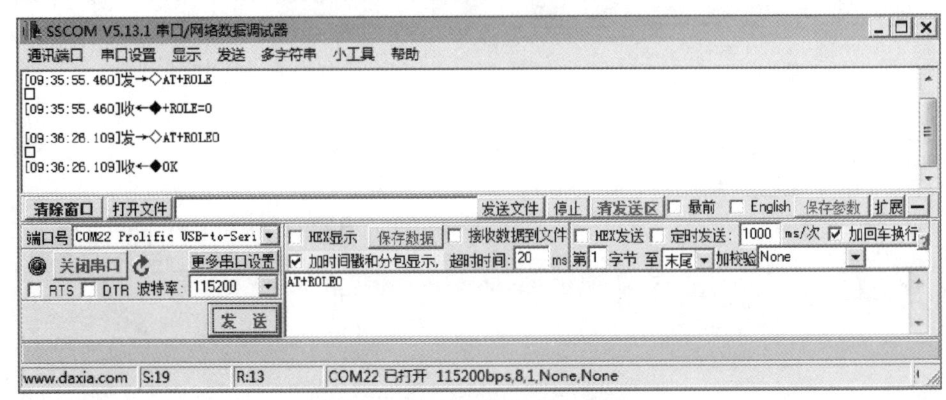

图4-128 工作模式设定界面

最后，将模块的名字改成“AT+NAME=JDY-24M-SLAVE1”和“AT+NAME= JDY-24M-SLAVE2”，返回值为“+NAME==JDY-24M-SLAVE1”和“+NAME==JDY-24M-SLAVE2”，表示名字修改完成。模块名字设置界面如图4-129所示。

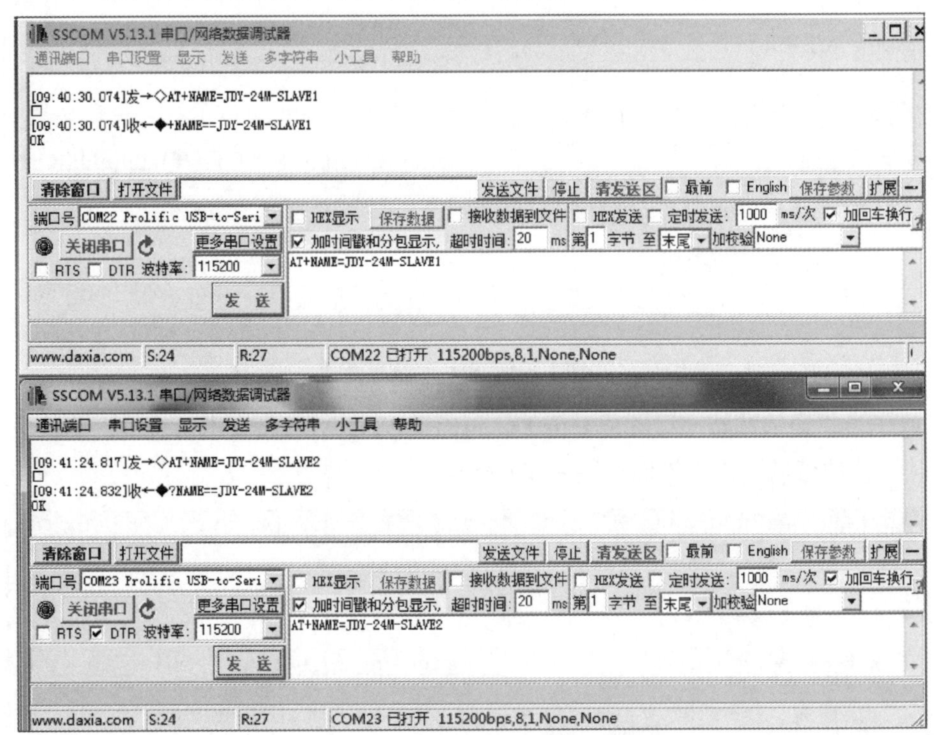

图4-129 模块名字设置界面

模块访问密码设为“123456”，访问方式设为密码访问不绑定。模块访问密码和访问方式设定界面如图4-130所示，然后进行模块复位。

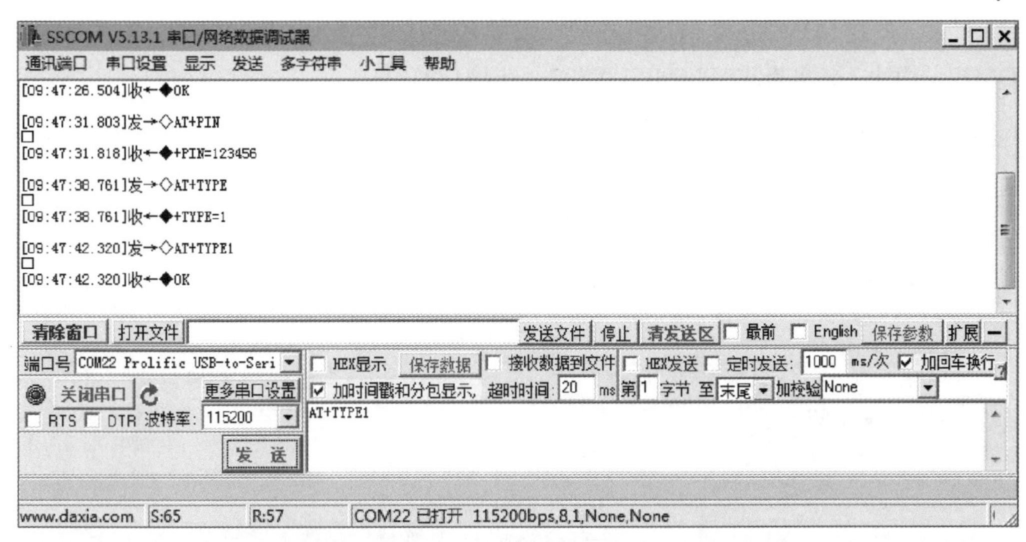

图4-130　模块访问密码和访问方式设定界面

5　主从模块点对点透传

1）主从模块点对点透传AT指令

主从模块点对点透传即将主机模式与2个从机模式连接到PC的USB口，打开串口调试助手，分别对应每个模块的COM端口，用于数据通信调试。

主从模块点对点透传AT指令集如表4-18所示。

表4-18　主从模块点对点透传AT指令集

AT指令	响应	参数	备注
AT+INQ	OK +DEV：1=1893D711AB87, -82,JDY-08	Param：（0-4）搜索时间， 默认：0秒	主机搜索从机 会返回搜索到从机的编号、MAC地址、设备名等
AT+CONN <Param>	OK	为搜索到从机编号	搜索列表连接
AT+CONN	+CONN=<Param>		查询连接的从机
AT+CONA	+CONN=<Param>	Param：MAC地址	指定MAC地址连接
AT+DISC	+OK	无	断开连接
AT+BAND<Param>	OK		绑定MAC地址连接
AT+BAND	+BAND=<Param>		查询绑从机MAC地址
AT+CLRBAND	OK	无	主机取消绑定
AT+SRBAND	OK	无	主机搜索周边信号最强的从机自动绑定连接

2）主从模块点对点透传设置

对2个JDY-24M进行了工作模式设置，分别为主机模块1，名字为JDY-24M-

MASTER，连接COM20；2个从机模块，其中模块1 名字为JDY-24M-SLAVE1，连接COM22，模块2名字为JDY-24M-SLAVE2，连接COM23。

主从模块点对点透传设置界面如图4-131所示。

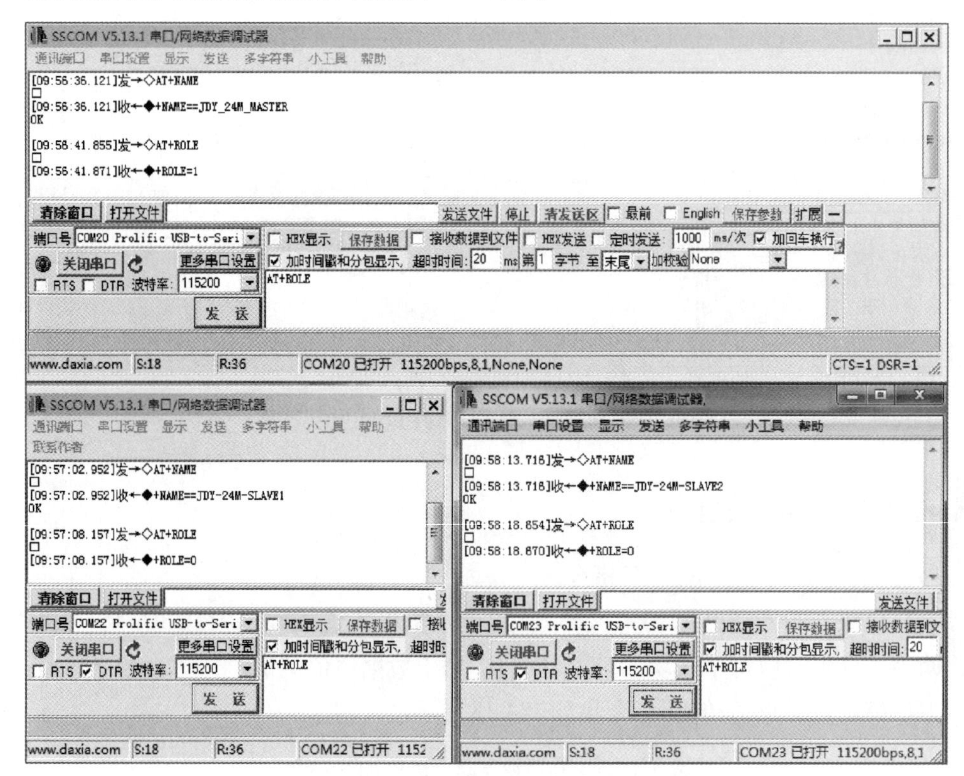

图4-131 主从模块点对点透传设置界面

3）主从模块点对点透传数据

（1）主机搜索从机。连接主机的串口助手输入AT+INQ，返回OK，以及搜索到从机信息，包括从机编号、MAC地址、名字等。模块复位界面如图4-132所示。

由图4-132可知，一共搜索到两个从机，分别为+DEV：3=1189D2926A7A,-26,=JDY-24M-SLAVE1和+DEV：5=1189D2926A8A,-20,=JDY-24M-SLAVE2，从返回的参数可以看出，两个从机的编号分别自动设定为3和5，后面紧跟模块的MAC地址和对应的名字。

（2）通过编号连接从机1。连接从机有三种方式：

① 通过搜索编号连接，即输入指令AT+CONN3。若主机返回OK、+CONNS连接成功以及+CONNECTED>>0x1189D2926A7A，从机返回+CONNECTED，表示主从机连接成功。

要退出连接，输入AT指令：AT+DISC。需要注意的是，在输入指令时，必须按住模块上的“使能”按键，方能进行AT指令的再输入。模块复位界面如图4-133所示。

② 通过设备的MAC地址连接。输入指令AT+CONA（从机MAC地址）进行连接。要连接JDY-24M-SLAVE1，通过主机查询得到其MAC地址为1189D2926A7A，输入指

令AT+CONA1189D2926A7A，则主机返回+CONNECTED>>0x1189D2926A7A，从机返回+CONNECTED，表示连接成功。

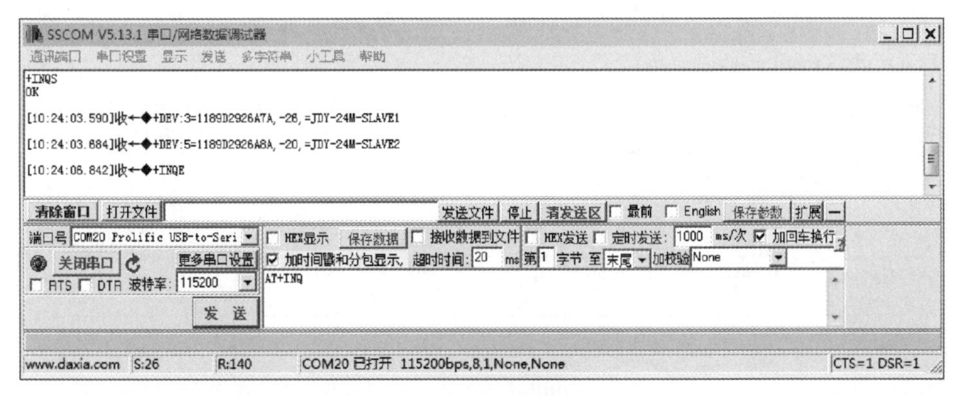

图4-132　模块复位界面（1）

图4-133　模块复位界面（2）

要退出连接则输入AT指令AT+DISC。需要注意的是，在输入指令时，必须按住模块上的“使能”按键，方能进行AT指令的再输入。

模块复位界面如图4-134所示。

③ 通过设备的MAC地址进行绑定，此模式下对模块的连接是永久性的，可通过输入指令AT+BAND（从机MAC地址）进行连接。该模式下，模块开关机后，连接信息永远保存，主机将会自动与从机连接，开机有记录，只要从机在主机周边，主机都

将自动连接绑定的从机，只有用户清除绑定连接后，主机才不再与绑定的从机连接。

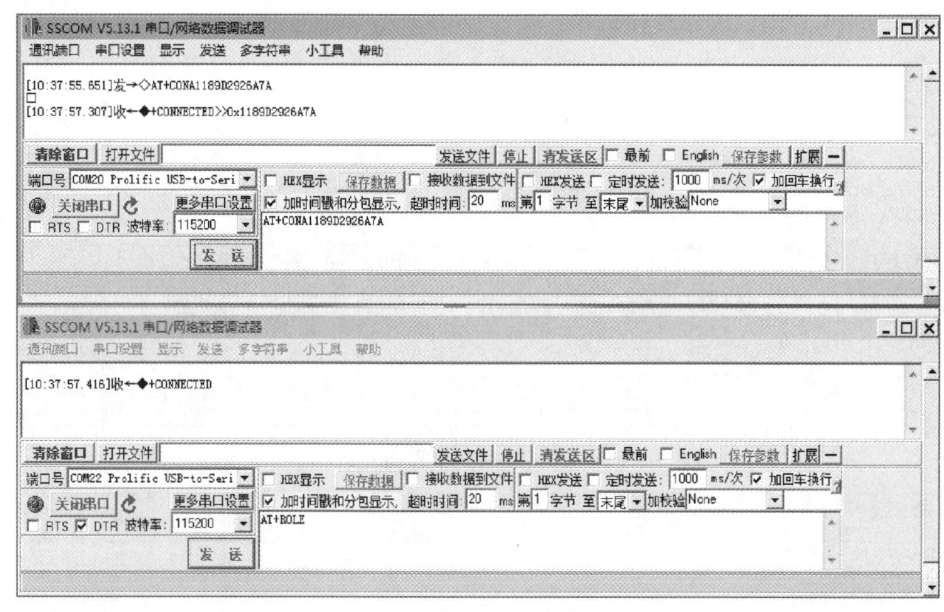

图4-134　模块复位界面（3）

要绑定从机JDY-24M-SLAVE1，通过主机查询得到其MAC地址为1189D2926A7A，在主机串口助手中输入指令：AT+BAND1189D2926A7A，则主机返回+CONNECTED>>0x1189D2926A7A，从机返回+CONNECTED，表示连接成功。

模块复位界面如图4-135所示。

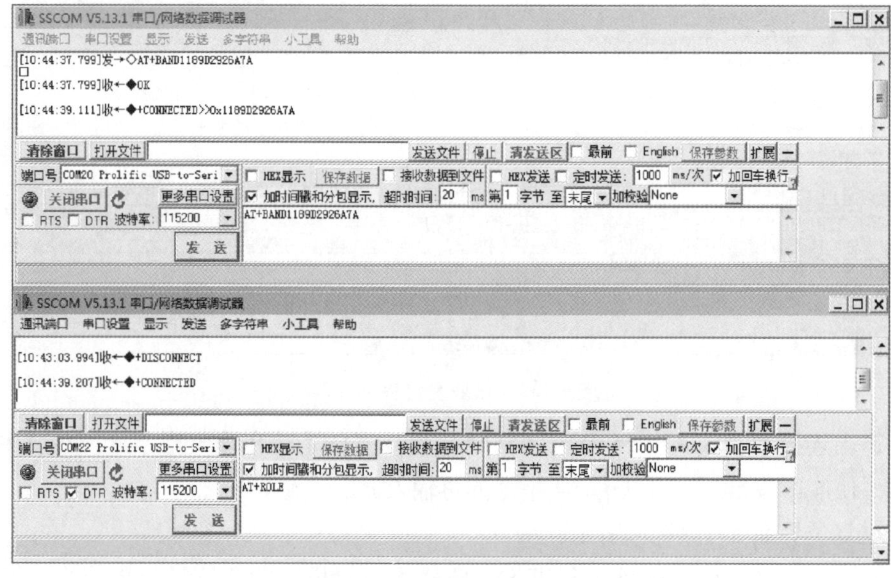

图4-135　模块复位界面（4）

要退出连接则输入AT指令：AT+CLRBAND。需要注意的是，在输入指令时，必须按住模块上的“使能”按键，方能进行AT指令的再输入。模块复位界面如图4-136所示。

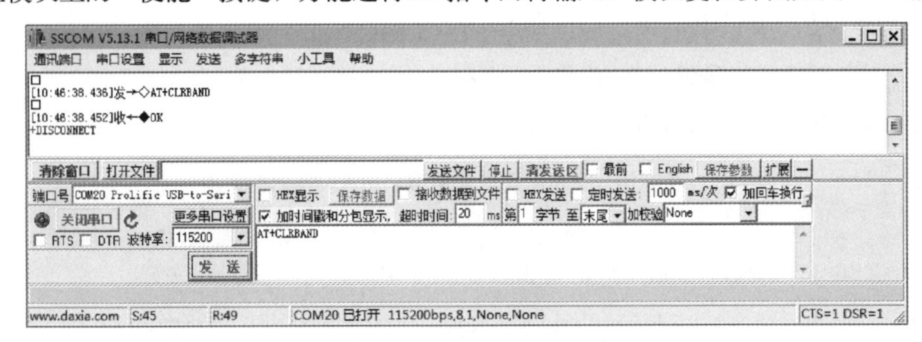

图4-136　模块复位界面（5）

（3）主从机模块透传：连接上主、从机后就可以双向透传了。

在主机串口助手中输入“你好，JDY-24M-SLAVE1,我是JDY-24M-MASTER”，则从机会接收到相应的信息。

在从机串口助手中输入“你好，JDY-24M-SMATER,我是JDY-24M-SLAVE1”，则主机会接收到相应的信息。模块复位界面如图4-137所示。

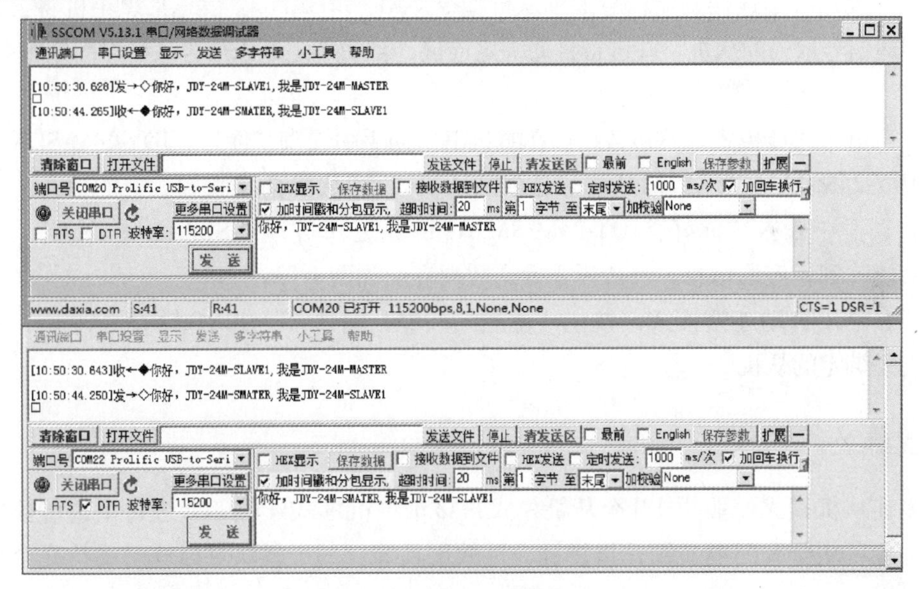

图4-137　模块复位界面（6）

（4）断开连接。在连接状态下发指令，将按键“使能（PWRC）”按键引脚拉低（按下），并发送AT+DISC；在绑定连接状态，将按键“使能（PWRC）”按键引脚拉低（按下），发送AT+CLRBAND。

6　主模块自动透传周围信号最强从机

如果用户需要连接周边信号最强的从机，可以在未连接状态下，发送指令AT+SRBAND。发送此指令后，主机将自动与周边信号最强的从机绑定连接，并在下次开机时有绑定记录。只要从机在主机周边，主机将自动与已绑定过的从机连接。如果想清除绑定的从机，只有通过发送指令 AT+CLRBAND。

1）主机绑定信号最强从机 AT 指令

主机绑定信号最强从机AT 指令集如表4-19 所示。

表4-19 主机绑定信号最强从机AT指令集

AT指令	响应	参数	备注
AT+CLRBAND	OK	无	主机取消绑定
AT+SRBAND	OK	无	主机搜索周边信号最强的从机自动绑定连接

2）主机绑定信号最强从机设置

在前面已经对三个JDY-24M进行了工作模式设置。分别为主机模块1，名字JDY-24M-MASTER，连接COM20；2个从机模块，其中模块1名字为JDY-24M-SLAVE1，连接COM22，模块2名字为JDY-24M-SLAVE2，连接COM23。

3）主机绑定信号最强从机数据透传

（1）发送绑定连接周边信号最强从机指令：AT+SRBAND。发送后，主机将会自动搜索周边信号最强的从机，并进行自动绑定连接。自动绑定最强信号从机界面如图4-138所示。

（2）进入透传模式，发送数据。在主机串口助手中输入“你好，JDY-24M-SLAVE1，我是JDY-24M-MASTER。你是信号最强的从机”，则从机会接收到相应的信息。在从机串口助手中输入“你好，JDY-24M-SMATER,我是JDY-24M-SLAVE1，谢谢！”，则主机会接收到相应的信息。透传模式发送数据界面如图4-139所示。

（3）退出自动连接模式，按住“使能”按键，输入AT+CLRBAND 指令后，将会清除已经绑定的从机。

7 多连从机模式

多连从机模式一般用于1个从机模式被多个主机模式连接，并进行主透传数据通信。一般可用于大门电子锁、售货机、付款玩具等，一个模块可以同时支持几个用户进行操作。

1）模块多从机连接AT指令

将两个模块设为主机，1个模块设为从机，进行多连从机实验。每个模块都连接到PC的USB口，打开串口调试助手，分别对应每个模块的COM端口，用于数据通信调试。

模块多从机连接AT指令集如表4-20所示。

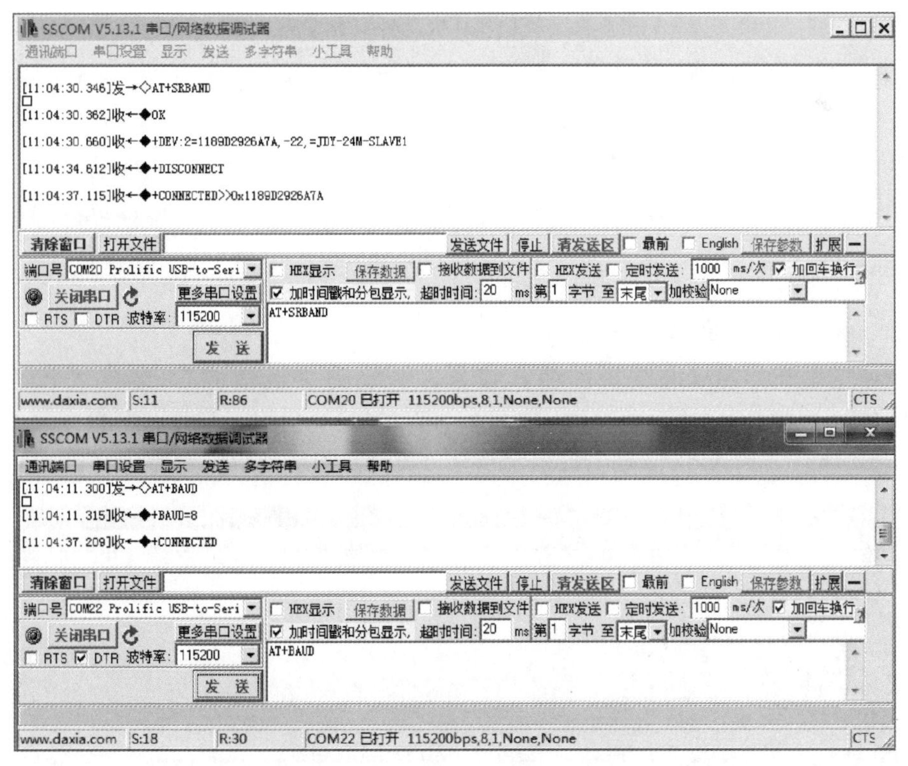

图4-138 自动绑定最强信号从机

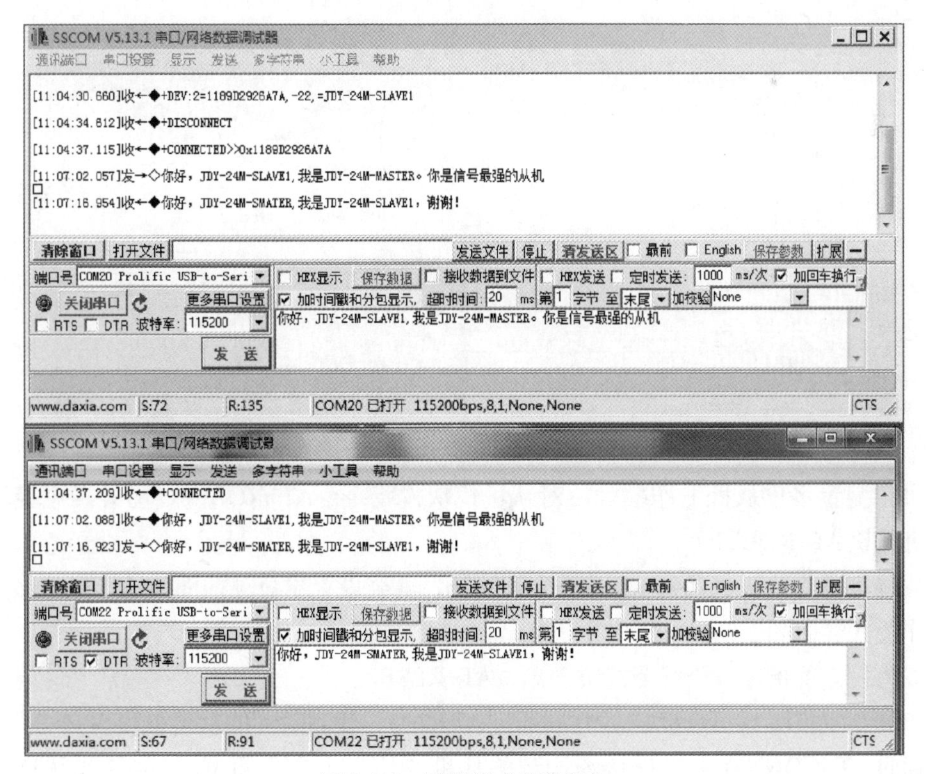

图4-139 透传模式发送数据

表4-20　模块多从机连接AT指令集

AT指令	响应	参数	备注
AT+ROLE	OK	Param：（0-8）6为多连从机	设定工作模式
AT+RESET	OK		重启设备
AT+DISC	+OK	无	断开连接
AT+BAND<Param>	OK		绑定MAC地址连接

2）多从机模块工作模式配置

针对三个JDY-24M进行工作模式设置。分别为主机模块1，名字为JDY-24M-MASTER0，连接COM22；主机模块2，名字为JDY-24M-M1，连接COM23；1个多连从机模块，名字为JDY-24M-S，连接COM20。界面如图4-140所示。

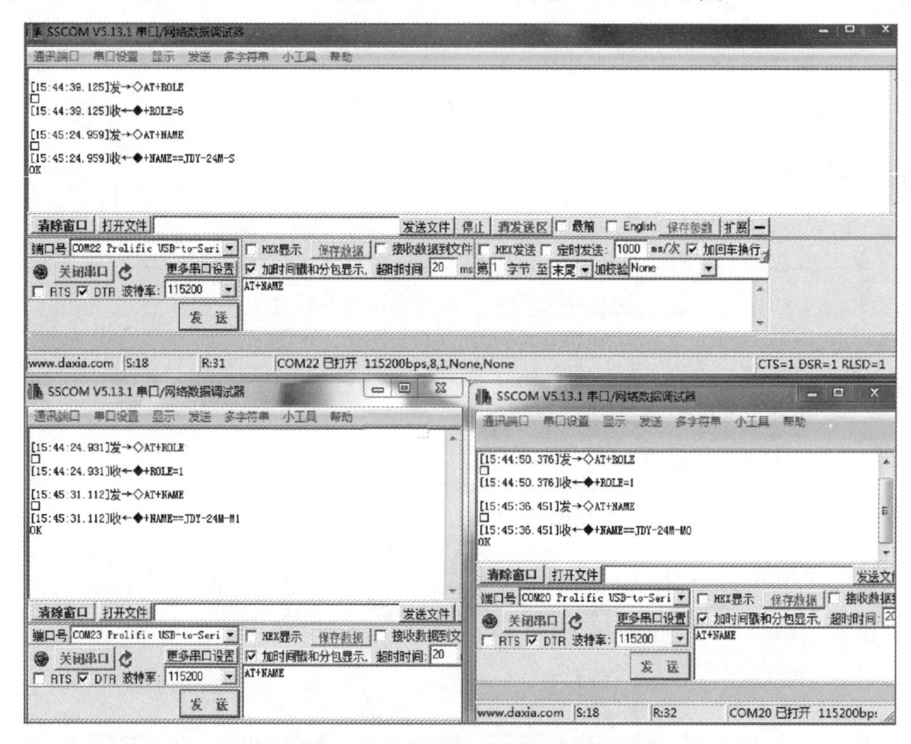

图4-140　多从机模块工作模式配置界面

（1）配置多连从机工作模式，对从机模块发指令：AT+ROLE6，另外两个模块设为主机模块AT+ROLE1。

波特率设为默认15200，密码设为123456，其余设置参数见前面描述。配置多连从机工作模式界面如图4-141所示。

（2）发复位指令，让三个模块重启：AT+RESET。

（3）令主模块1、主模块2，分别通过AT+INQ，找到附近的从机模块。

通过AT+CONN命令，连接查询到的从机模块，则在主机1、主机2与从机串口助手上会显示相应的连接状态，表示两个主机与从机已经建立了多从机连接。界面如图4-142所示。

图4-141　配置多连从机工作模式界面

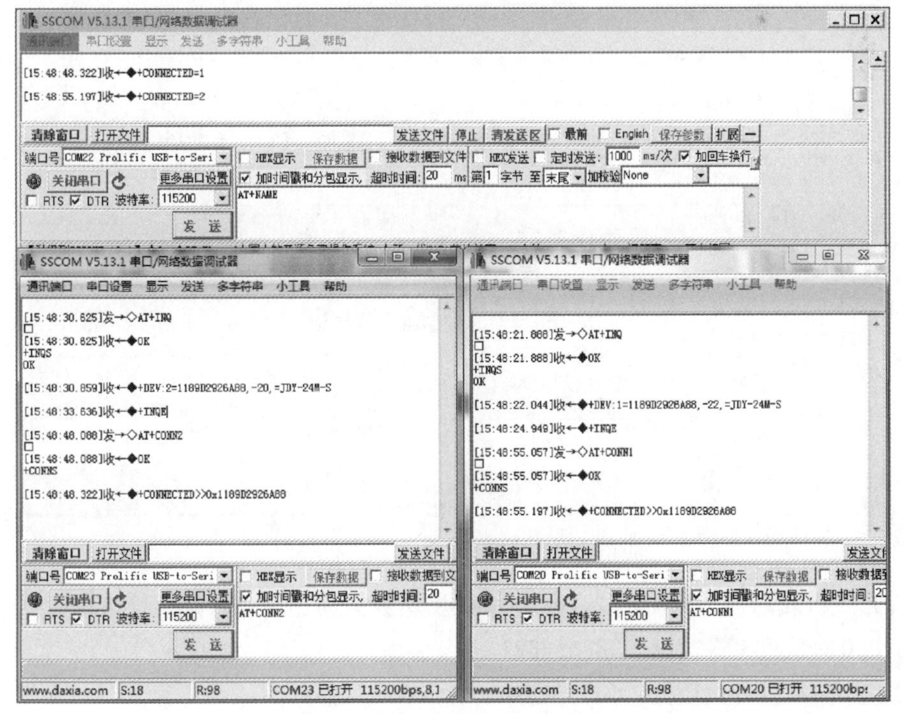

图4-142　多连从机实验配置界面

当有主机连接上从机后，从机会输出主机的ID号:

```
+CONNECTED=1
+CONNECTED=2
```

表示1号JDY-24M-M0主机与2号JDY-24M-M1主机已经连接上从机，而每个主机会显示连接的从机的MAC地址。

通过以上设置，在1个从机JDY-24M-S与两个主机JDY-24M-M0、JDY-24M-M1之间建立了多连从机连接方式。

3）多从机模块数据指令传输

（1）从机发送数据到主机。在多连从机模式下，从机向每个主机传输数据，需要通过指令AT+DATA。在该指令下，第1位数为建立连接的主机。在该模式下，1个从机最多能直连4个主机，其编号自动编为0～4。后面的数字为要传输的字节数。

从机向0号主机发送数据指令：AT+DATA1112233445566。

从机向1号主机发送数据指令：AT+DATA2AABBCCDDEE。

用户也可以使用十六进制格式向主机发数据，只需要将AT+DATA转换成十六进制格式发送即可。

发送后，两个主机分别会接收到从机发来的数据。从机发送数据到主机界面如图4-143所示。

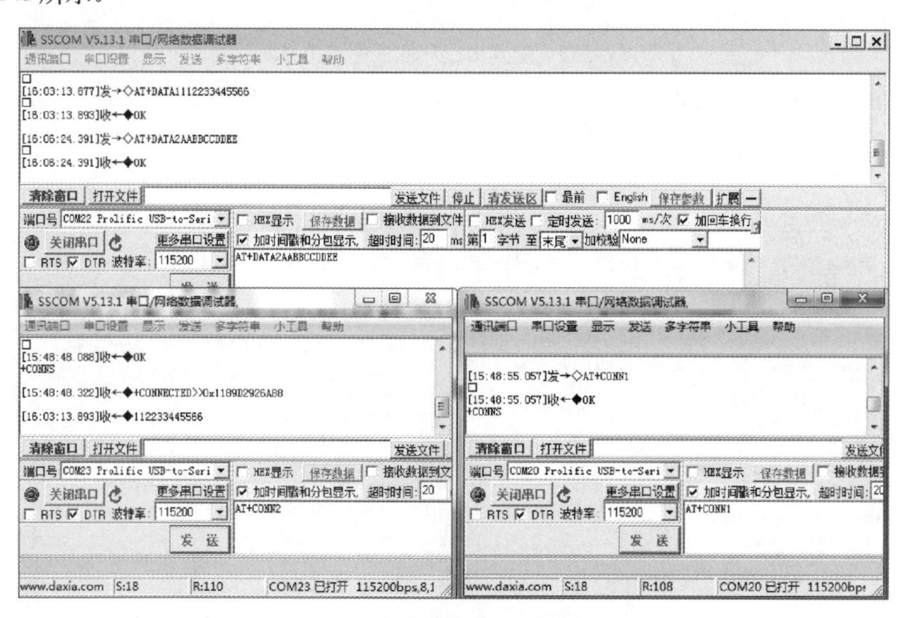

图4-143 从机发送数据到主机界面

（2）主机发送数据到从机。主机向从机发送数据为透传，可以直接传输数据。

主机0向从机发送数据：987654321。

主机1向从机发送数据：GFEDCBA。

从机则会分别接收到两个主机传输过来的数据，并进行显示。需要注意的是，由于模块设置的原因，主机发送数据给从机，不会显示相应的主机型号。如果需要显示，还要进行功能拓展。主机发送数据到从机界面如图4-144所示。

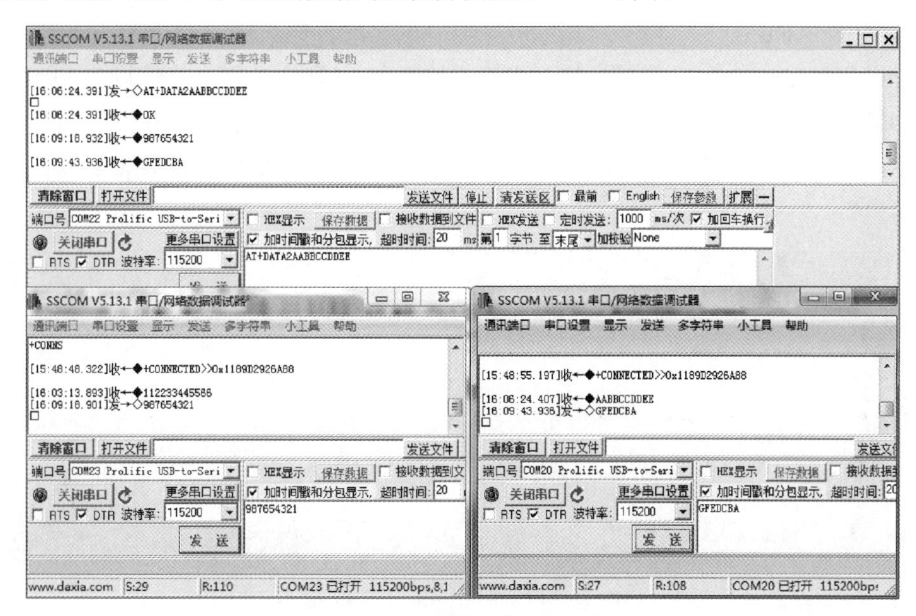

图4-144　主机发送数据到从机界面

4）退出连接

在按住“使能”键强制PWRC引脚拉低的情况下，在两个主机串口助手中分别输入指令AT+DISC，则退出多连从机模式。

8　多连主从机指令数据传输模式

多连主从机一般用于蓝牙模块，既当主机又当从机，可与多个主机之间数据通信的同时，又连接多个从机。当模块作为从机使用时，与多连从机模式操作方式一样。

下面介绍作为主机数据传输的使用方法。

1）配置方式

当模块作为主机使用时，主机发送AT+INQ搜索周边从机。

例如，输出搜索到的从机MAC、RSSI、NAME参数。

```
+DEV: 0=11891240001F, -28,JDY-24M
+DEV: 1=118912400020,-46,JDY-24M
+DEV: 2=118912400021,-26,JDY-24M
+DEV: 3=11FA12400022,-40,JDY-67-BLE
```

通过AT+CONN或AT+CONA指令连接搜索到的从机，例如AT+CONN0或者AT+CONA118912400020。

连接后输出从机的ID号：+CONNECTED=2，此连接号与搜索到的从机编号不相同。

此时，由于模块处于多连主从机模式，主机数据发送到连接的从机，则需要使用指令AT+DATA进行数据收发，编号为连接完成后返回的编号。

2）传输实验

准备3个蓝牙模块：1个模块设为多连主从模式，AT+ROLE7，名字设为AT+NAME=JDY-24M-MS；另外2个模块设为从机模块AT+ROLE0，名字分别设为AT+NAME= JDY-24M-S1、JDY-24M-S2，进行多连主从机模块式主机连接从机数据收发实验。界面如图4-145所示。

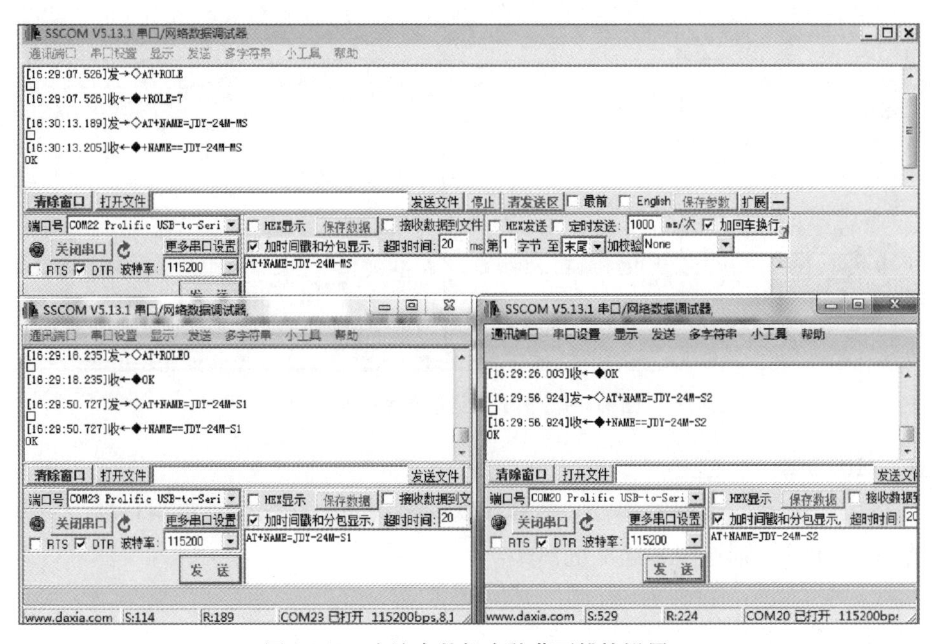

图4-145　多连主从机实验蓝牙模块设置

第一步主机发送指令AT+INQ搜索周围的从机。

（1）OK。

（2）+INQS。

（3）OK。

（4）+DEV：1=1189D2926A8A,-8,=JDY-24M-S1。

（5）+DEV：5=1189D2926A7A,-34,=JDY-24M-S2。

（6）+INQE。

第二步使用AT+CONN进行连接。

可以发现，搜索到的从机编号与建立多连模式下的连接编号不一样，多连模式下的连接编号进行了重新编号，而在进行指令数据传输时，发送的ID为建立多连模式下模块编号。搜索从机建立连接界面如图4-146所示。

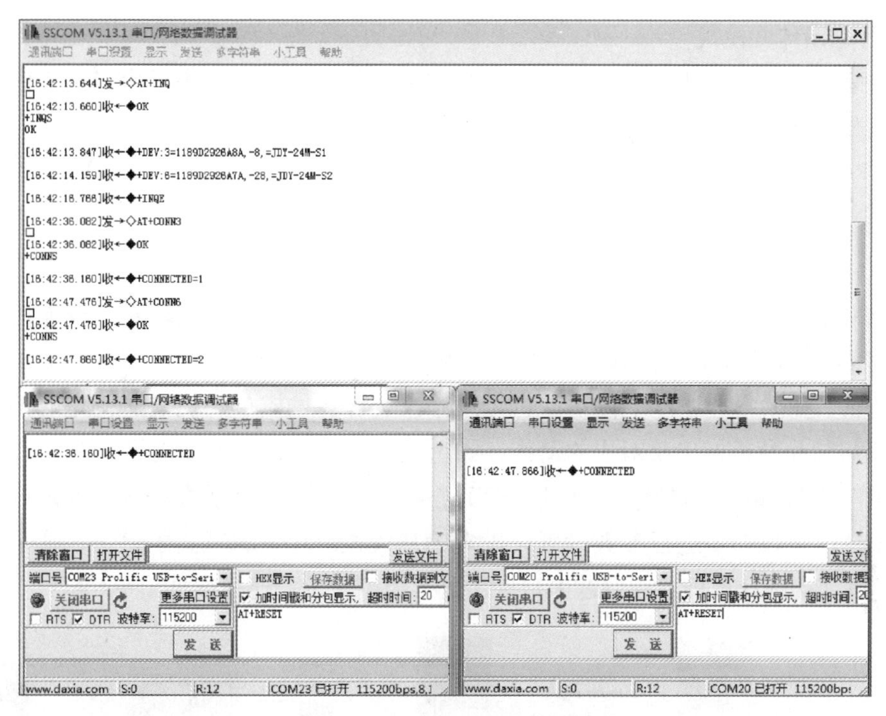

图4-146　搜索从机建立连接

3）数据传输

从机发送主机数据为透传模式，可以直接发送数据，参考前面内容。

主机发送数据从机，则必须通过AT+DATA（<ID><数据>）指令方式。

向1号从机发送数据“9988776655”，则输入AT+DATA1GGFFEEDD。

向2号从机发送数据“9988776655”，则输入AT+DATA2998877665。

数据传输界面如图4-147所示。

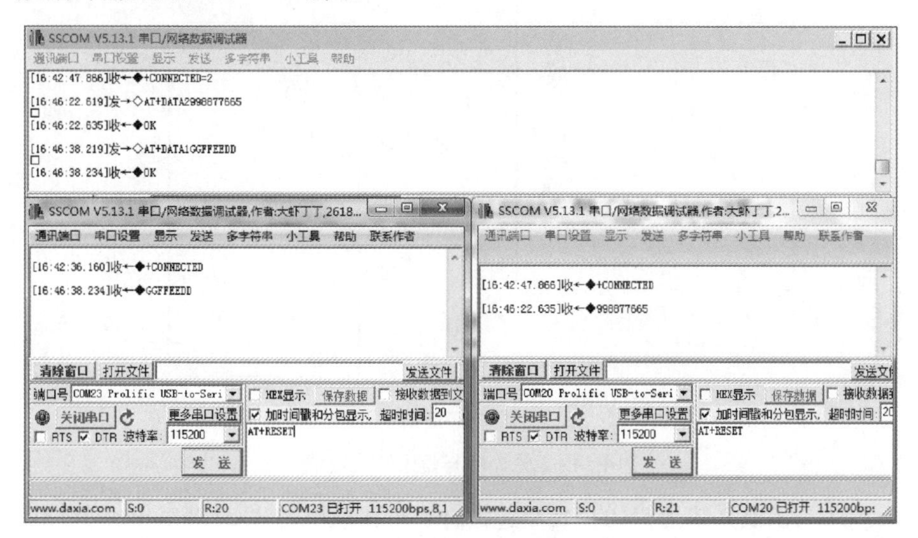

图4-147　数据传输

4）退出传输模式

在按住“使能”键强制PWRC引脚拉低的情况下，在两个主机串口助手中分别输入指令AT+DISC，则退出多连从机模式。

9 嵌入式开发板与计算机通过蓝牙通信

1）硬件连接

STM32单片机通过串口，将数据转发到蓝牙模块A，蓝牙模块A无线连接蓝牙模块B，蓝牙模块B经串口转USB线将数据传递给计算机。

当然，如果掌握了这个例子，也可以修改成计算机或单片机发送特定的消息，另外的STM32单片机做出相对应的动作，如点亮LED等、发动电动机等。

硬件连接如下：STM32串口UART1连接到JDY-24M蓝牙模块A，蓝牙模块A参数事先经过串口助手进行参数设置，设定为从模式。JDY-24M蓝牙模块B通过USB转TTL模块连接到计算机上，通过串口助手进行控制。设备连线参见图4-148。

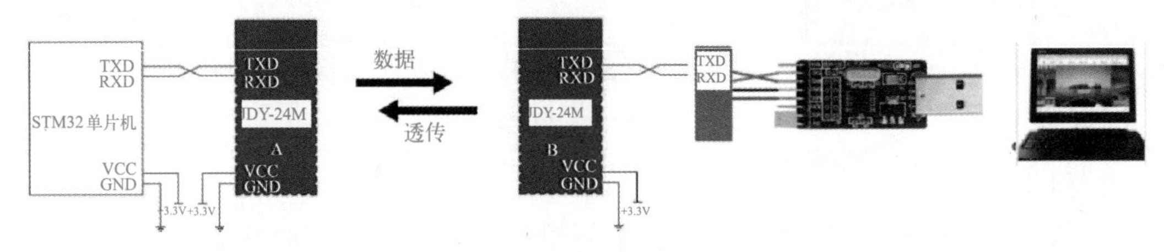

图4-148 设备连线

（1）模块与系统为3.3V的MCU连接时，串口交叉连接即可（模块的RXD接MCU的TXD、模块的TXD接MCU的RXD），如图4-149所示。

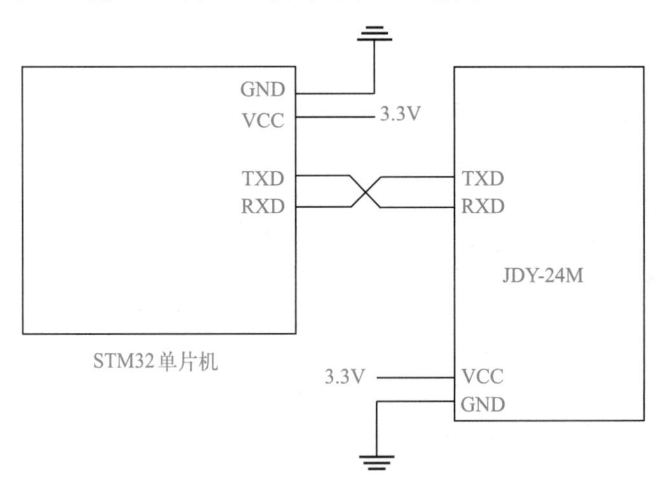

图4-149 单片机与蓝牙模块连线

（2）模块与供电系统为5V的MCU连接时，可在模块的RXD端串接一个1kΩ电阻再接MCU的TXD，模块的TXD接MCU的RXD，无须串接电阻。

2）蓝牙模块的初始化配置

将模块通过串口调试助手在PC上进行参数配置。

（1）测试：AT\r\n，返回：OK（即通信成功）。

（2）设置蓝牙名称：AT+NAME=PDD\r\n，返回：OK。

（3）查询蓝牙名称：AT+NAME?\r\n，返回：+NAME=PDD　OK。

（4）设置配对密码：AT+PIN=1234\r\n，返回：OK。

（5）查询配对密码：AT+PIN?\r\n，返回：+PSWD=1234　OK。

（6）查询设备mac地址：AT+LADDR?\r\n，返回：+ADDR：21：13：52b9b　OK。

（7）设置模块的主从模式。

发送：AT+ROLE=1\r\n（设置模块1为主模式Master），返回：+ROLE=1。

发送：AT+ROLE=0\r\n（设置模块2为从模式Slave），返回：+ROLE=0。

（8）设置设备波特率：AT+BAUD4\r\n，返回：BAUD=4　OK设置波特率为9600。

（9）重启设备AT+RESET\r\n，返回：OK。

上电后就进入了数据透传模式，此时蓝牙模块LED灯快闪，连接后LED灯双闪。在此模式下连接后可以传输数据。

3）软件实现

（1）头文件。程序编辑包括了相应的头文件。

```
1 #include "public.h"
2 #include "systick.h"
3 #include "stdio.h"
```

（2）串口初始化。设定串口波特率为9600，使能串口1，开启中断。

```
4 //使用串口1
5 void My_USART1_Init (void)
6 {
7      GPIO_InitTypeDef GPIO_InitStrue;
8      USART_InitTypeDef USART_InitStrue;
9      NVIC_InitTypeDef NVIC_InitStrue;
10
11     RCC_APB2PeriphClockCmd (RCC_APB2Periph_GPIOA,ENABLE) ;
                                                        //GPIO端口使能
12     RCC_APB2PeriphClockCmd (RCC_APB2Periph_USART1,ENABLE) ;
                                                        //串口端口使能
13
14     GPIO_InitStrue.GPIO_Mode=GPIO_Mode_AF_PP;
15     GPIO_InitStrue.GPIO_Pin=GPIO_Pin_9;
16     GPIO_InitStrue.GPIO_Speed=GPIO_Speed_10MHz;
17     GPIO_Init (GPIOA,&GPIO_InitStrue) ;
18
19     GPIO_InitStrue.GPIO_Mode=GPIO_Mode_IN_FLOATING;
```

```
20    GPIO_InitStrue.GPIO_Pin=GPIO_Pin_10;
21    GPIO_InitStrue.GPIO_Speed=GPIO_Speed_10MHz;
22    GPIO_Init（GPIOA,&GPIO_InitStrue）；
23
24    USART_InitStrue.USART_BaudRate=9600;
25      USART_InitStrue.USART_HardwareFlowControl=USART_HardwareFlow
Control_None;
26    USART_InitStrue.USART_Mode=USART_Mode_Tx|USART_Mode_Rx;
27    USART_InitStrue.USART_Parity=USART_Parity_No;
28    USART_InitStrue.USART_StopBits=USART_StopBits_1;
29    USART_InitStrue.USART_WordLength=USART_WordLength_8b;
30
31    USART_Init（USART1,&USART_InitStrue）；
32
33    USART_Cmd（USART1,ENABLE）;//使能串口1
34
35    USART_ITConfig（USART1,USART_IT_RXNE,ENABLE）;//开启接收中断
36
37    NVIC_InitStrue.NVIC_IRQChannel=USART1_IRQn;
38    NVIC_InitStrue.NVIC_IRQChannelCmd=ENABLE;
39    NVIC_InitStrue.NVIC_IRQChannelPreemptionPriority=1;
40    NVIC_InitStrue.NVIC_IRQChannelSubPriority=1;
41    NVIC_Init（&NVIC_InitStrue）；
42
43}
```

（3）中断函数。实现STM32单片机数据接收到蓝牙传来的数据后，进行转发，又重新通过蓝牙发回，在计算机串口助手上显示。

```
44  void USART1_IRQHandler（void）
45   {
46     u8 res;
47     if（USART_GetITStatus（USART1,USART_IT_RXNE）!=RESET）
48            {
49                      res= USART_ReceiveData（USART1）；
50                      USART_SendData（USART1,res）；
51            }
52
53}
```

（4）主函数。实现串口数据的接收和回传，在计算机串口助手上显示。

```
54  int main（）
55   {
56    NVIC_PriorityGroupConfig（NVIC_PriorityGroup_2）；
57    My_USART1_Init（）；
58    while（1）
```

```
59    {
60    }
61}
```

思考与练习

1. 简述蓝牙、Wi-Fi与ZigBee在物联网应用方面的性能对比。
2. TCP与UDP通信方式的区别是什么?
3. Wi-Fi模块的三种工作方式是怎么设置的?
4. 利用串口调试助手，测试ESP8266模块通信状况都有什么过程?
5. 简述Wi-Fi模块AP模式通信指令和作用。
6. 简述完成嵌入式系统与Wi-Fi模块的数据通信设计主要步骤。
7. 蓝牙技术的特点是什么?
8. 简述蓝牙的组网过程。
9. 简述蓝牙模块在主从模块点对点透传时数据传输的过程。

读书笔记

读 书 笔 记

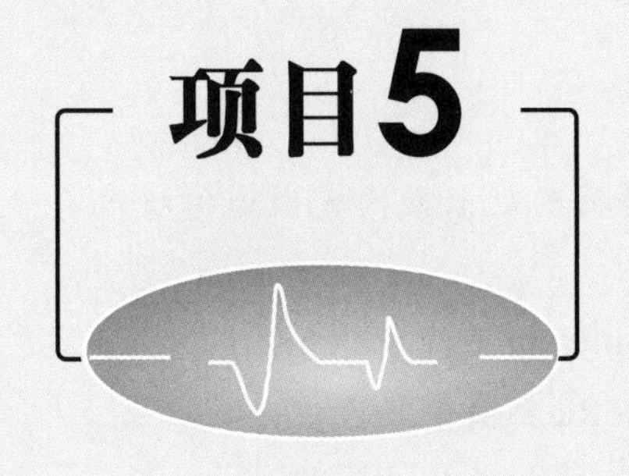

项目5 物联网长距离无线通信技术应用

本项目首先介绍NB-IoT、LTE Cat1和LoRa三种低功耗长距离无线通信技术的相关基础知识，然后分别进行实验，由简单到复杂，设计了“低功耗长距离无线通信技术的选用”“利用NB-IoT模块向服务器传送数据”“利用LTE Cat1模块向服务器传送数据”和“利用LoRa模块实现点对点通信”四个任务。完成本项目后，学生可以掌握三种流行的低功耗长距离无线通信的基本知识，学会用三种通信技术进行数据传输，掌握物联网传输层长距离无线传输方向工程师基本岗位能力。

【教学目标】

1. 知识目标

（1）了解物联网系统常用的三种低功耗长距离无线通信技术NB-IoT、LTE Cat1和LoRa。

（2）了解NB-IoT、LTE Cat1和LoRa相关技术特点。

（3）了解NB-IoT、LTE Cat1和LoRa相关发展历程。

（4）熟悉NB-IoT、LTE Cat1和LoRa相关技术原理。

2. 技能目标

（1）能够针对不同应用场景选择合适的长距离通信技术。

（2）能够用各自模块实现数据传输。

【任务编排】

学习低功耗长距离无线通信技术基础知识，通过以下4个任务，掌握根据不同情况选用最佳技术方案，并能进行NB-IoT、LTE Cat1和LoRa模块的应用。

任务5.1　低功耗长距离无线通信技术的选用。

任务5.2　利用NB-IoT模块实现向服务器传送数据。

任务5.3　利用LTE Cat1 DTU实现向服务器传送数据。

任务5.4　利用LoRa模块实现点对点通信。

【实施环境】

（1）物联网通信实训平台和实训室。

（2）NB-IoT模块、LTE Cat1 DTU、LoRa模块。

（3）计算机、服务器。

（4）USB转串口线、适配器。

（5）串口调试软件、格西烽火。

任务 5.1 低功耗长距离无线通信技术选用

任务描述:

熟悉多种低功耗长距离无线通信技术及其特性，能根据使用场合和环境选用最佳的技术。

任务平台配置:

实训台。

5.1.1 知识准备：低功耗长距离无线通信技术

1 广域网通信技术

广域网通信技术包括低功耗广域网（low-power wide-area network，LPWAN）、移动通信技术的2/3/4/5G通信技术等。其中，3GPP支持的2/3/4/5G蜂窝通信技术、NB-IoT、eMTC等为国际标准的通信制式，工作在授权频谱下，而LoRa、SigFox等则工作在未授权频谱下。

2 典型物联网长距离无线通信技术

1) GPRS传输技术

GPRS（general packet radio service）是通用分组无线电服务，是终端和通信基站之间的一种远程通信技术。GPRS可以说是GSM的延续，GPRS的传输速率可达到56 ~ 114Kb/s。用户使用该项数据业务，可以连接到电信运营商的通信基站，进而连接到互联网，获取互联网信息。GPRS由欧洲电信标准委员会推出，后来移交给第三代合作伙伴计划（3rd Generation Partnership Project）即3GPP负责。

首先，GSM的网络信号覆盖范围很广，实际上可以使用GPRS业务的地域也很广，这是GPRS技术的主要优点。其次，GPRS终端可以在信号覆盖范围内自由地漫游，开发商无需再开发任何其他通信设备（由运营商负责），用户使用方便。最后，由于移动通信终端的普及，其成本已经大大降低，因此在物联网中采用GPRS通信技术，其硬件成本相比Wi-Fi或者ZigBee都有较大的优势。

GPRS终端在通信时要使用电信运营商的基础设施，因此需要缴纳一定的费用，即数据流量费，这个服务费用限制了大量设备连接到网络。GPRS的速率较低，是另外一个问题。GPRS通信质量受信号强弱影响较大，无信号覆盖或者较弱的地方通信效果很差，可能影响业务的完成。

2）4G移动通信技术

4G指的是第四代移动通信技术。4G理论上下行峰值能达到100Mb/s，能够传输高质量音频和视频图像，制式主要有LTE、TD-LTE、FDD-LTE，目前全球运营商已经广泛部署。4G比目前的家用宽带ADSL快25倍，并能够满足几乎所有用户对于无线服务的要求。此外，4G可以在DSL和有线电视调制解调器没有覆盖的地方部署，然后再扩展到整个地区。很明显，4G有着不可比拟的优越性。

3）5G移动通信技术

5G即第五代移动通信技术。5G应用场景分为移动互联网和物联网两大类，其峰值理论传输速率可达10Gb/s，比4G网络的传输速率快数百倍。

表5-1是移动通信技术参数比较。

表5-1　移动通信技术参数比较

参数	2G	3G	4G	5G
频段	授权频段 （以900MHz为主）	授权频段 （以900、1800MHz为主）	授权频段 （1800～2600MHz）	授权频段: C-band 毫米波
传输速率	114Kb/s	TD-SCDMA: 2.8Mb/s CDMA2000: 3.1Mb/s WCDMA: 14.4Mb/s	下行 Cat.6、7: 220Mb/s Cat.9、10: 330Mb/s	10Gb/s （巴龙5000芯片支持 下行速率 -4.6Gb/s 上行速率 -2.5Gb/s）
典型应用	POS、智能可穿戴设备	自动售货机、智能家居	移动终端、视频监控	AR、VR、辅助驾驶、自动驾驶、远程医疗

3　典型低功耗长距离无线通信技术

1) NB-IoT技术

NB-IoT（narrow band Internet of things，窄带物联网），是一种专为万物互联打造的蜂窝网络连接技术。NB-IoT所占用的带宽很窄，只需约180kHz，而且其使用授权频段，可采取带内、保护带或独立载波三种部署方式。NB-IoT可以与现有网络共存，能够直接部署在GSM、UMTS或LTE网络，即2G、3G和4G网络上，实现现有网络的复用，降低部署成本，实现平滑升级。

移动网络作为全球覆盖范围最大的网络，其接入能力可谓得天独厚，因此相较

Wi-Fi、蓝牙、ZigBee等无线连接方式，基于蜂窝网络的NB-IoT连接技术的前景更加被看好，已经逐渐作为开启万物互联时代的钥匙，而被商用到物联网行业中。

2）LTE Cat M1技术

LTE Cat M1是为物联网和机器对机器（M2M）通信而专门设计的新型低功率广域蜂窝技术。它已被开发用于支持低于1Mb/s的上传/下载数据速率的低或中等数据速率应用，并且可以在半双工或全双工模式中使用。

LTE Cat M1使用现有的LTE网络进行操作，但是不同于NB-IoT（其使用未使用的频谱或者位于保护频带中的频谱进行操作）的是，LTE Cat M1在LTE频带内进行工作。其优点之一是它具有从一个小区站点向另一个小区站点之间切换的能力，这使得可以在移动应用中使用该技术；而NB-IoT不允许从一个小区站点移动切换至另一个小区站点，因此只能用于固定应用，即仅限于单个小区站点覆盖的区域内的应用。

由于LTE Cat M1技术能够与2G、3G和4G移动网络共存，因此它具有移动网络的所有安全和隐私功能的优点，如支持用户身份保密性、实体认证、机密性、数据完整性以及对移动设备鉴定的功能等。

3) LTE Cat1技术

LTE Cat1技术也称为Category 1（Cat.1）的LTE标准，可以称为“低配版”的4G终端，属于蜂窝物联网，是广域网。Cat.1是为需要中、低带宽的物联网设备设计的，提供的上传速率为5Mb/s，下载速率为10Mb/s，延迟为50 ～ 100ms。在全双工模式下，它使用高达20MHz的带宽，并支持塔切换，Cat.1可以管理NB-IoT和Cat-M1支持的低功耗应用程序，但它也可以支持更高的带宽需求。

Cat.1具备一定的成本优势，LTE Cat1可以无缝接入现有LTE网络中，无须针对基站进行软硬件的升级，网络覆盖成本很低。芯片成本上，经过系统优化后，集成度更高，模组的硬件架构更简单，外围硬件成本更低。在时延方面，拥有跟LTE Cat.4相同的毫秒级传输时延。在某些应用上，可由Cat.4迁移至Cat.1，例如，对讲机、玩具机器人等之前Cat.4做语音交互的场景，完全可以转用Cat.1。许多中速率连接的场景，都将有Cat.1的用武之地。这些场景包括共享单车、金融支付、工业控制、车载支付、公网对讲、POS等。

与NB-IoT和Cat-M1相比，Cat.1耗电量更大，信号范围略短。

4）LoRa技术

LoRa来源于long range这个词组，是一种长距离通信技术。LoRa技术基于线性Chirp扩频调制，延续了移频键控调制的低功耗特性，但是大大增加了通信范围。Chirp扩频调制有长距离传输以及很好的抗干扰性，已经在军事和航天通信方面应用多年。极端情况下，LoRa的单个网关或者基站可以覆盖整个城市或者几十千米。

LoRa具有超长电池寿命（几年）、节点之间长距离通信、低速率（如每小时只要传递几次数据）等特点。和NB-IoT技术一样，也可以牺牲低功耗指标来提高速率。

5）eMTC技术和eLTE-IoT

eMTC是爱立信提出的无线物联网解决方案。eMTC基于LTE（long term evolution）接入技术设计了无线物联网络的软特性，主要面向低速率、深度覆盖、低功耗、大连接的物联网应用场景。相对于NB-IoT，eMTC速率更高，可达1Mb/s，但覆盖较小，功耗较大，容量也较小。另外，eMTC提供一定的语音通信能力。

eLTE-IoT是华为专门为行业物联市场开发的窄带物联解决方案，基于1GHz以下的非授权ISM频谱，采用灵活易部署的轻量化设备，并支持标准物联网协议与企业现有应用平台进行对接，目标市场为企业自建窄带物联网市场，为包括智能抄表、智能停车、工业传感监测等业务场景提供网络支撑。

5.1.2 任务实施

NB-IoT技术适用于移动性强、设备分散、设备数量大、数据量小、设备独立无须多设备协同的运行场景。例如，移动物品或车辆的监控和控制、精度不高的定位、楼宇的设备状态监控、环境监控、远程控制等场景。

LTE Cat-M1和NB-IoT这类能深入到建筑物内部的低功耗广域网技术，是IoT应用的理想选择，三大运营商在一、二线城市已经铺设NB-IoT网络，生态和方案都比较成熟，没有搭建基站的烦恼和费用，不过需要和手机一样缴纳通信流量费。

LoRa技术适用于大项目、大区域、设备数量多、数据量不大、设备固定的场景。例如，楼宇的设备状态监控、环境监控、远程控制等，或者农业环境、设备的监控和控制等，以及需要搭建私有网络的应用场景。LoRa在协议、规范、生态都比较成熟，适合大部分企业使用。

目前，Cat.1在业界得到了广泛应用，这是因为NB-IoT无法满足中速率及移动特性需求，常见的LTE Cat.4成本高，无法满足部分物联网设备通信需求。且Cat-M1和NB-IoT这两种新替代品在大多数市场还没有准备好。相比之下，Cat.1现在已经可以使用，并且得到了全世界运营商的广泛支持。它成本低，在物联网部署中很受欢迎，价格与目前的Cat-M1和NB-IoT模块差不多。随着2G和3G网络的关闭，需要升级物联网部署的公司会发现，Cat.1比旧的2G和3G网络更节能、更省电。

任务 5.2 利用 NB-IoT 模块实现向服务器传送数据

任务描述:

NB-IoT模块接计算机，使用AT命令完成通过NB-IoT模块向服务器发送数据的动作。

任务平台配置:

计算机、服务器、NB-IoT模块、SIM卡。
串口调试助手。

5.2.1　知识准备：NB-IoT通信技术

1　NB-IoT 技术特点

（1）广覆盖，在同样的频段下，NB-IoT比现有的网络增益20dB，相当于提升了100倍覆盖区域的能力。

（2）具备支撑连接的能力，NB-IoT一个扇区能够支持10万个连接，支持低延时敏感度、超低的设备成本、低设备功耗和优化的网络架构。

（3）更低功耗，NB-IoT终端模块的待机时间可长达10年。

（4）NB-IoT基于现有蜂窝网络技术，可以通过升级现网来快速支持行业市场需求，无须重新建网。

2　NB-IoT 频段

NB-IoT工作于授权频谱下，表5-2是国内运营商使用的频段。

3　NB-IoT 应用场景

NB-IoT聚焦于低功耗广覆盖物联网市场，广泛应用于多种垂直行业，如远程抄表、资产跟踪、智能停车、智慧农业等。

表5-2 国内运营商使用的NB-IoT频段

运营商	上行频率/MHz	下行频率/MHz	频宽/MHz
中国联通	909～915 1745～1765	954～960 1840～1860	6 20
中国移动	890～900 1725～1735	934～944 1820～1830	10 10
中国电信	825～840	870～885	15

5.2.2 任务实施

（1）插入SIM卡，然后将NB-IoT模块插到计算机上，打开串口调试助手。单击“串口设置”按钮，弹出Setup菜单，选择正确的端口号，设定波特率115200，8位数据，1位停止位，无校验位，无流控制，单击OK按钮，关闭弹出菜单，然后单击“打开串口”按钮，界面如图5-1所示。

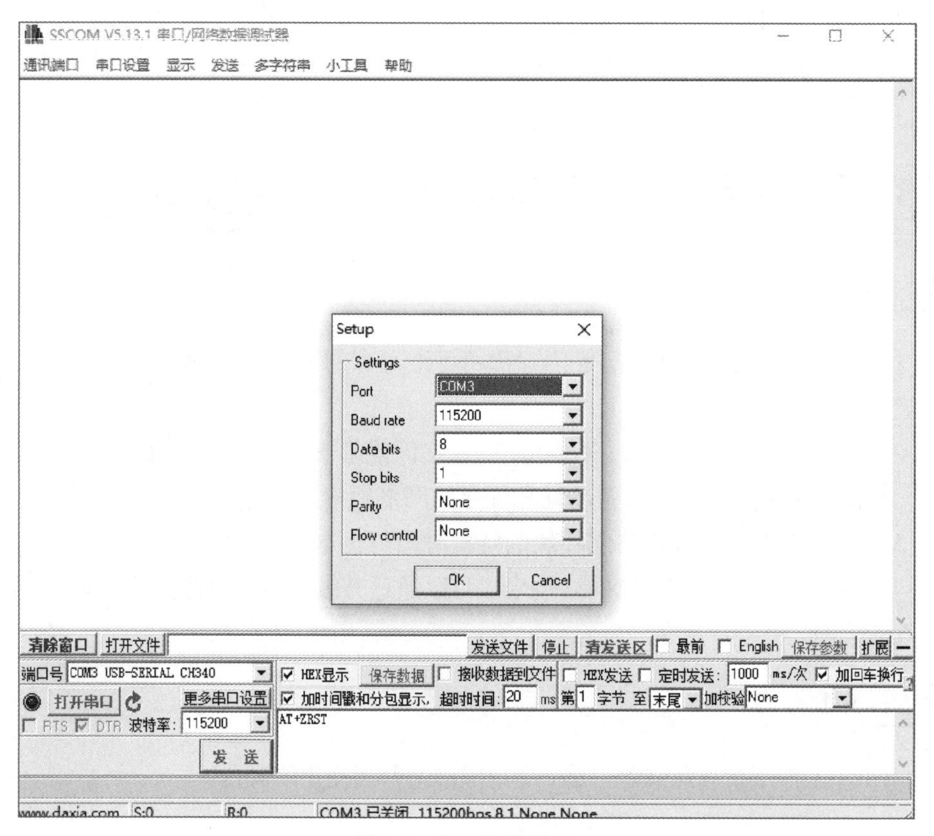

图5-1 串口设置界面

（2）按下模块的开机键等待模块进行开机启动，开机界面如图5-2所示。

（3）发送AT+ZRST指令复位NB模块，界面如图5-3所示。

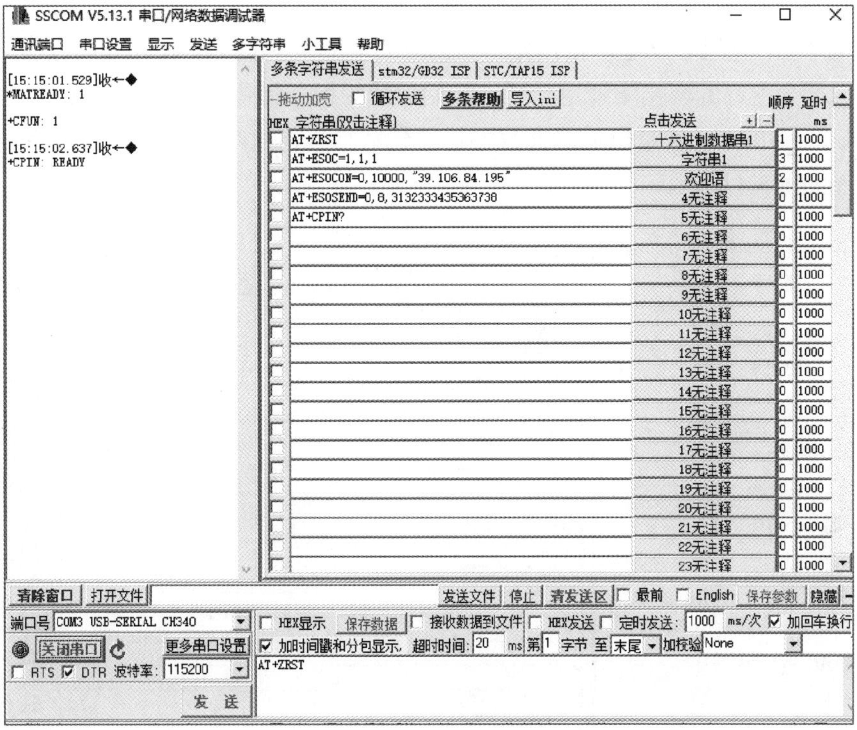

SSCOM V5.13.1 串口/网络数据调试器

通讯端口　串口设置　显示　发送　多字符串　小工具　帮助

[15:15:01.529]收←◆
*MATREADY: 1

+CFUN: 1

[15:15:02.637]收←◆
+CPIN: READY

多条字符串发送 | stm32/GD32 ISP | STC/IAP15 ISP

拖动加宽　□ 循环发送　多条帮助　导入ini　顺序　延时

HEX　字符串(双击注释)　点击发送　ms

HEX	字符串	点击发送	顺序	延时 ms
□	AT+ZRST	十六进制数据串1	1	1000
□	AT+ESOC=1,1,1	字符串1	3	1000
□	AT+ESOCON=0,10000,"39.106.84.195"	欢迎语	2	1000
□	AT+ESOSEND=0,8,3132333435363738	4无注释	0	1000
□	AT+CPIN?	5无注释	0	1000
□		6无注释	0	1000
□		7无注释	0	1000
□		8无注释	0	1000
□		9无注释	0	1000
□		10无注释	0	1000
□		11无注释	0	1000
□		12无注释	0	1000
□		13无注释	0	1000
□		14无注释	0	1000
□		15无注释	0	1000
□		16无注释	0	1000
□		17无注释	0	1000
□		18无注释	0	1000
□		19无注释	0	1000
□		20无注释	0	1000
□		21无注释	0	1000
□		22无注释	0	1000
□		23无注释	0	1000

清除窗口　打开文件　发送文件　停止　清发送区　□ 最前　□ English　保存参数　隐藏

端口号 COM3 USB-SERIAL CH340　□ HEX显示　保存数据　□ 接收数据到文件　□ HEX发送　□ 定时发送：1000 ms/次　☑ 加回车换行

关闭串口　更多串口设置　☑ 加时间戳和分包显示，超时时间：20 ms 第1 字节 至 末尾 加校验 None

□ RTS ☑ DTR 波特率：115200　AT+ZRST

发　送

图 5-2　模块开机界面

SSCOM V5.13.1 串口/网络数据调试器

通讯端口　串口设置　显示　发送　多字符串　小工具　帮助

[15:15:01.529]收←◆
*MATREADY: 1

+CFUN: 1

[15:15:02.637]收←◆
+CPIN: READY

[15:15:34.123]发→◇AT+ZRST
□
[15:15:34.137]收←◆AT+ZRST
OK\0
[15:15:36.359]收←◆
*MATREADY: 1

+CFUN: 1

[15:15:37.468]收←◆
+CPIN: READY

多条字符串发送 | stm32/GD32 ISP | STC/IAP15 ISP

拖动加宽　□ 循环发送　多条帮助　导入ini

HEX　字符串(双击注释)　点击发送

HEX	字符串	点击发送
□	AT+ZRST	十六进制数据串1
□	AT+ESOC=1,1,1	字符串1
□	AT+ESOCON=0,10000,"39.106.84.195"	欢迎语
□	AT+ESOSEND=0,8,3132333435363738	4无注释
□	AT+CPIN?	5无注释
□		6无注释
□		7无注释
□		8无注释
□		9无注释
□		10无注释
□		11无注释
□		12无注释
□		13无注释
□		14无注释
□		15无注释
□		16无注释
□		17无注释
□		18无注释
□		19无注释
□		20无注释
□		21无注释
□		22无注释
□		23无注释

清除窗口　打开文件　发送文件　停止　清发送区　□ 最前　□ English　保存参

端口号 COM3 USB-SERIAL CH340　□ HEX显示　保存数据　□ 接收数据到文件　□ HEX发送　□ 定时发送：1000 ms/次 ☑

关闭串口　更多串口设置　☑ 加时间戳和分包显示，超时时间：20 ms 第1 字节 至 末尾 加校验 None

□ RTS ☑ DTR 波特率：115200　AT+ZRST

发　送

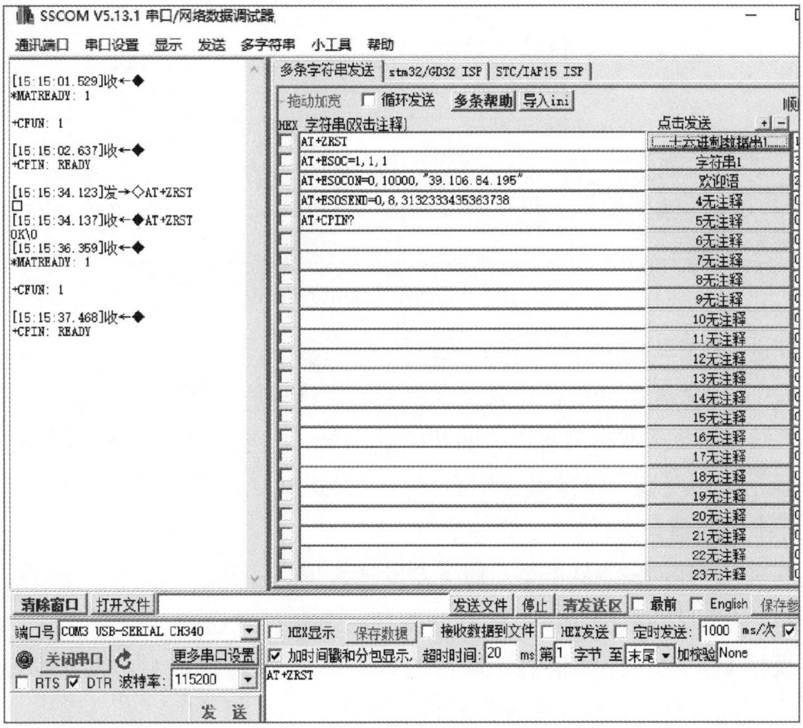

图 5-3　模块复位界面

（4）发送AT+ESOC=1,1,1指令以创建套接字。

这三个1的意思分别是：使用ipv4，创建的是TCP套接字，使用ip。之后模块会返回一个内部分配好的套接字通道句柄，我们后续的指令都是通过该编号操作。

+ESOC=0的0，就是返回的套接字通道句柄编号，这个值为0～4，最多开5个通道。界面如图5-4所示。

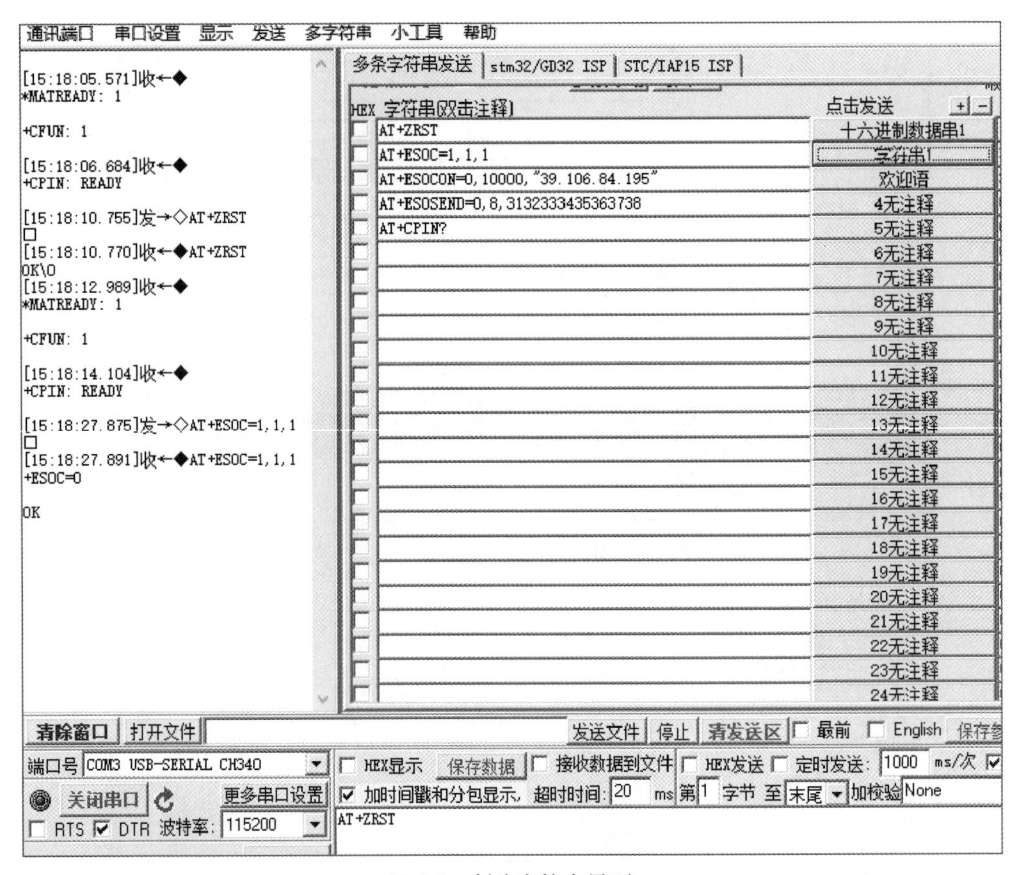

图5-4 创建套接字界面

（5）发送AT+ESOCON连接TCP服务器。

这里的0是刚才模组分配的套接字句柄编号，这里的10000是端口，“39.106.84.195”是IP地址，端口不需要双引号包围，而IP地址需要双引号。界面如图5-5所示。

服务器无须在现场，IP地址由后台设定，发送命令后建立连接界面如图5-5所示，表示已经连上TCP服务器。

（6）发送AT+ESOSEND指令向服务器发送数据。

这里的8是发送的数据长度，注意是按16进制数据发送的。

后台设定TCP收到什么信息，回传给NB-IoT模块同样信息。发送命令后界面如图5-6所示，表示NB-IoT模块发送数据到服务器成功。

```
SSCOM V5.13.1 串口/网络数据调试器
通讯端口 串口设置 显示 发送 多字符串 小工具 帮助

[14:11:22.621]收←◆
*MATREADY: 1

+CFUN: 1

[14:11:23.733]收←◆
+CPIN: READY

[14:11:57.311]发→◇AT+ZRST
□
[14:11:57.327]收←◆AT+ZRST
OK\0
[14:11:59.549]收←◆
*MATREADY: 1

+CFUN: 1

[14:12:00.664]收←◆
+CPIN: READY

[14:12:43.962]收←◆
+IP: 10.131.30.23

[14:13:02.135]发→◇AT+ESOC=1,1,1
□
[14:13:02.161]收←◆AT+ESOC=1,1,1
+ESOC=0

OK

[14:14:19.119]发→◇AT+ESOCON=0,10000,"39.106.84.195"
□
[14:14:19.129]收←◆AT+ESOCON=0,10000,"39.106.84.195"
[14:14:29.833]收←◆
OK

多条字符串发送 | stm32/GD32 ISP | STC/IAP15 ISP
拖动加宽 循环发送 多条帮助 导入ini
HEX 字符串(双击注释)
AT+ZRST
AT+ESOC=1,1,1
AT+ESOCON=0,10000,"39.106.84.195"
AT+ESOSEND=0,8,3132333435363738
AT+CPIN?

清除窗口 打开文件 发送文件 停止 清发送区 最前 English 保存参数 隐藏
端口号 COM3 USB-SERIAL CH340  HEX显示 保存数据 接收数据到文件 HEX发送 定时发送: 1000 ms/次 加回车换行
关闭串口 更多串口设置 加时间戳和分包显示, 超时时间: 20 ms 第1 字节 至 末尾 加校验 None
RTS DTR 波特率: 115200  AT+CIMI
```

图5-5　建立连接

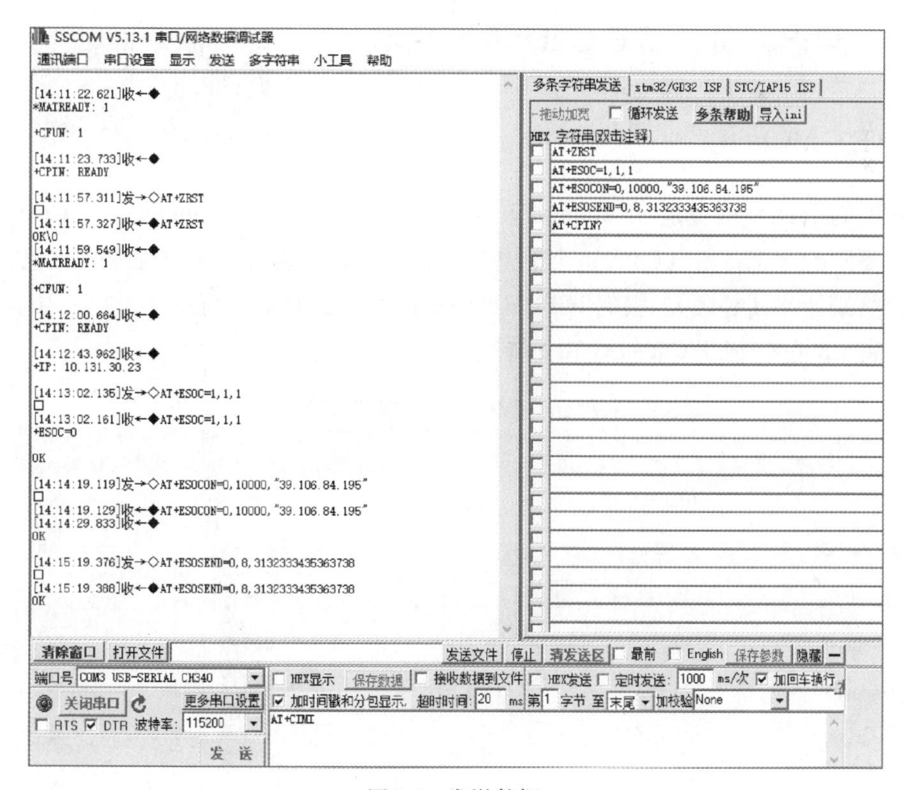

图5-6　发送数据

任务 5.3 利用 LTE Cat1 DTU 实现向服务器传送数据

任务描述:

LTE Cat1 DTU接计算机，使用AT命令完成通过LTE Cat1 DTU向服务器发送数据的动作。

任务平台配置:

计算机、服务器、LTE Cat1模块、SIM卡、串口转USB线、适配器；串口调试助手、格西烽火。

5.3.1 知识准备：LTE Cat1通信技术

1 LTE CatX 概述

常说的CatX指的就是UE-Category：UE是用户设备（user equipment），Category是分类、类别的意思。所以CatX这个值是用来衡量用户终端设备无线性能的，也就是用来划分终端速率（等级）。根据3GPP Release定义，UE-Category被分为1 ~ 10共10个等级，表5-3是各种UE Category和支持速率的对应关系。

表5-3 各种UE Category和支持速率的对应关系

等级	下行峰值速率/（Mb/s）	下行天线构成	上行峰值速率/（Mb/s）	上行链路的64QAM
Categeory1	10.296	1	5.16	No
Categeory2	51.024	2	25.456	No
Categeory3	102.048	2	51.024	No
Categeory4	150.752	2	51.024	No
Categeory5	299.552	4	75.376	Yes
Categeory6	301.504	2 or 4	51.024	No
Categeory7	301.504	2 or 4	102.048	No

续表

等级	下行峰值速率/（Mb/s）	下行天线构成	上行峰值速率/（Mb/s）	上行链路的64QAM
Categeory8	2998.56	8	1497.76	Yes
Categeory9	452.256	2 or 4		
Categeory10	452.256	2 or 4		

2 为什么需要LTE Cat1

在蜂窝连接的市场分布中，高速率连接占据10%的份额，中速率30%，低速率60%。随着3G的退网，Cat1和eMTC能够承载主要面向语音、中低速率的市场。但是，相比于Cat1，eMTC在国内的机会并不大。eMTC需要基础设施建设，而运营商现在正将更多的资源投入5G建设中，很难有多余的资金投入eMTC建设。因此，预测Cat1将承接蜂窝中速率占比达30%的庞大市场。

3 LTE Cat1 技术特点

（1）广覆盖，有4G的地方就有LTE Cat1。

（2）较快的传输速率，下行10Mb/s，上行5Mb/s。

（3）时延低，拥有4G相同的毫秒级时延。

（4）移动方面具有优势，支持100km/h以上的移动速度。

（5）网络建设成本低，无缝接入现有LTE网络当中，无须针对基站进行软硬件的升级。

5.3.2 任务实施

1 硬件连接

（1）电源供电。将电源适配器连接到DTU，不要使用设备的USB接口供电，USB接口不供电；不要用计算机的USB工具给设备供电，一般供电不足，不稳定。

（2）插好SIM卡，插好天线。

（3）连接好串口转USB工具。

硬件连接参见图5-7。

图5-7　硬件连接

2 安装软件

双击安装格西烽火，如果已经安装则直接双击图标，打开软件。此软件无须注册即可使用，功能区如图5-8所示。

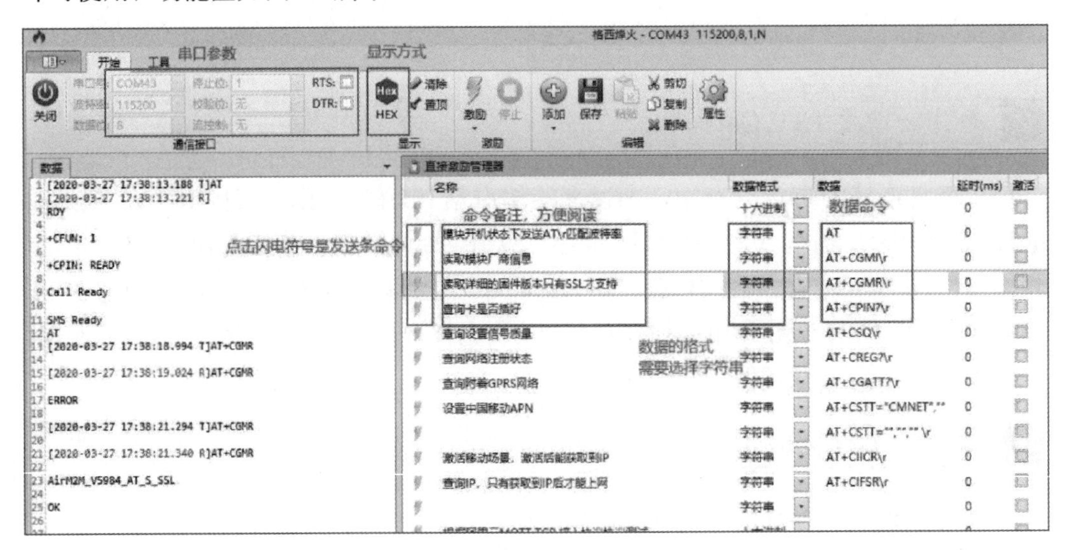

图5-8 格西烽火功能区

3 设置串口参数

波特率115200、8位数据、1位停止位、校验位和流控制分别选“无”，单击“打开”按钮，打开串口。

4 测试

（1）格西烽火内部已经写好了测试命令，无须手动输入，找到相应固件，单击对应命令即可。此实验双击打开“银尔达DTU-TCP命令测试.bsp”文件，出现图5-9所示的界面，依次单击“读取IMEI”和“读取iccid”，命令及返回值分别如图5-10中标识2所示。

（2）单击“设置参数源为串口”按钮，命令及返回值分别如图5-10中标识3所示。

（3）配置TCP链接，此命令带IP地址和端口，需要在数据处对应位置填写IP地址118.195.188.216，端口9091，然后单击“配置TCP链接，绑定RS232串口”，此命令及返回值分别如图5-10中标识4所示。

（4）单击“保存参数，设备会自动重启，并且参数生效”，此命令与返回值分别如图5-10标识5所示。DTU会保存参数，然后会自动重启。DTU连接服务器后，DTU上的RDY LED会常亮，DTU会与服务器相互发数据透传。发送的数据为格西烽火内置的yinerda-tcp test，也可以单击“发送”按钮数据后面的数据修改发送的内容。

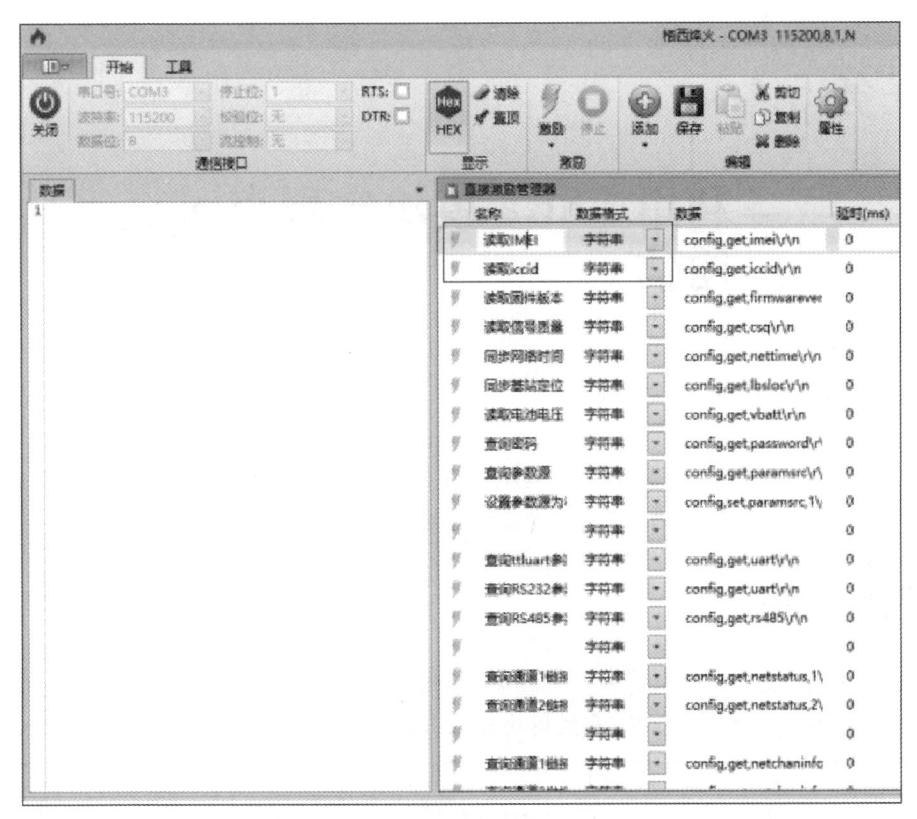

图5-9　TCP命令测试界面

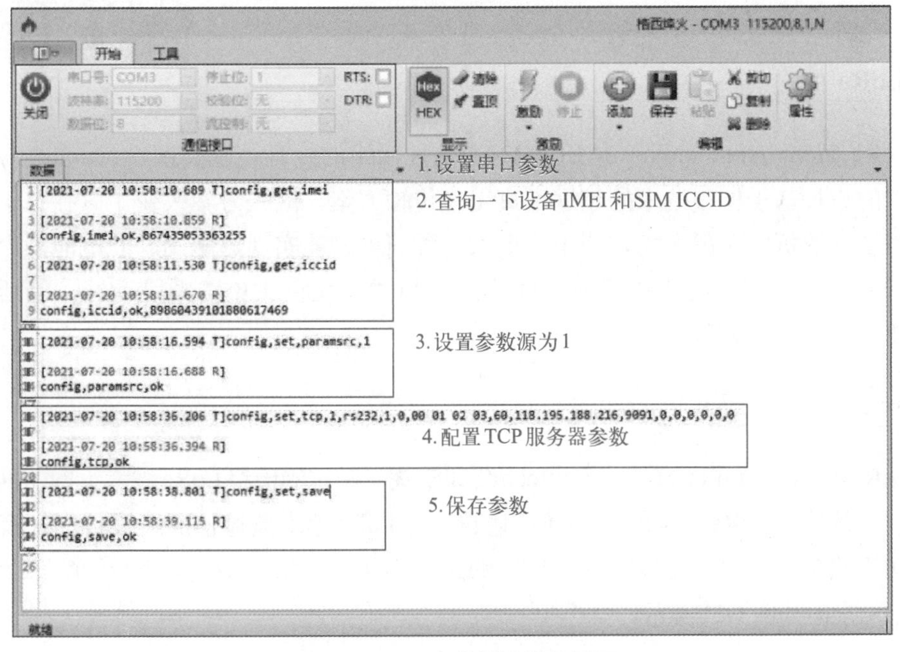

图5-10　TCP命令测试结果界面

任务 5.4 利用 LoRa 模块实现点对点通信

任务描述:

两个LoRa模块同时接计算机，使用LoRa无线模块配置工具完成两个LoRa模块的点对点通信动作。

任务平台配置:

计算机、两个LoRa模块。
LoRa无线模块配置工具。

5.4.1 知识准备: LoRa通信技术

1 LoRa 概念

LoRa（long range radio）是LPWAN通信技术中的一种，是美国Semtech公司采用和推广的一种基于扩频技术的超远距离无线传输方案。这一方案改变了以往关于传输距离与功耗的折中考虑方式，为用户提供一种简单的能实现远距离、长电池寿命、大容量的系统，进而扩展传感网络。目前，LoRa主要在全球免费频段运行，包括433、470、868、915 MHz等。

2 什么是 LoRaWAN

LoRaWAN 是 LoRa 联盟（Semtech公司牵头）制定的围绕LoRa技术组网的网络体系结构，是基于LoRa技术的一种通信协议，为LoRa远距离通信网络设计的一套通信协议和系统架构。它主要包括三个层次的通信实体：LoRa终端、LoRa网关和LoRa服务器。示意图如图5-11所示。

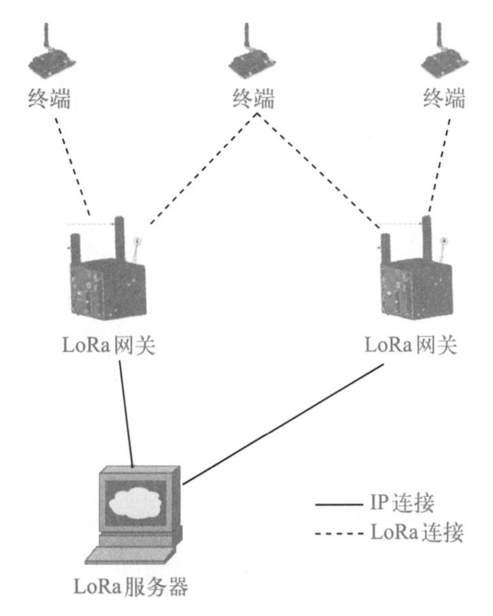

图5-11　LoRa通信三个层级的通信实体

什么是自适应数据速率（ADR）？

ADR是一种方法，通过改变实际的数据速率来确保可靠的数据包传送，最优的网络性能和容量规模。例如，靠近于网关的节点使用较高的数据速率（缩短传输时间）和较低的输出功率。只有在链路预算非常边缘的节点才使用最低的数据速率和最大的输出功率。ADR方法可以适应网络基础设施的变化，支持变化的路径损耗。为使终端设备的电池寿命和总体网络容量最大化，LoRa网络基础设施通过实现ADR对每个终端设备的数据速率和RF输出分别进行管理。

3　LoRa技术特点

（1）LoRa采用线性扩频调制技术，高达157dB的链路预算使其通信距离可达15km以上（与环境有关），空旷地方甚至更远。

（2）LoRa采用自适应数据速率策略，最大网络优化每一个终端节点的通信数据速率、输出功率、带宽、扩频因子等，使其接收电流低达10mA，休眠电流小于200nA，低功耗从而使电池寿命有效延长。

（3）LoRa网络工作在非授权的频段，前期的基础建设和运营成本很低，终端模块成本约为5美元。

4　LoRa应用场景

LoRa最大的价值点在于易部署与自主性。总体来说，LoRa更适合企业用户对自主性、快速性要求高，对连续覆盖、深度覆盖要求高的场景，如园区、工厂、厂矿、农场、物流集散地、综合体、人居社区等环境。

5.4.2　任务实施

（1）在计算机上插入两个LoRa模块，打开两个LoRa无线模块配置工具，分别选择端口号，单击“打开串口”按钮。两个串口助手界面如图5-12所示。

（2）在基本设置选项中，单击“查询参数”，查询信道频率是否相同，如不同改为相同的值，单击“设置参数进行提交”。检查硬件地址使能选项是否勾选，如无勾选请进行勾选。界面如图5-13所示。

图5-12 两个LoRa无线模块配置工具界面

图5-13 设置相同信道频率

（3）单击“测试选项”，然后在其中一个调试工具的发送框中输入数据，单击“发送”，观察另一个调试工具的接收记录框中是否显示发送的数据，如显示发送的数据则代表通信成功，否则失败，请检查基本设置。界面如图5-14所示。

图 5-14　收发数据

思考与练习

1. 物联网系统常用的三种低功耗长距离无线通信技术是什么？
2. NB-IoT 应用场景有哪些？
3. LTE Cat1 技术特点分别是什么？
4. 描述利用两个 LoRa 模块实现点对点通信的步骤。

读 书 笔 记

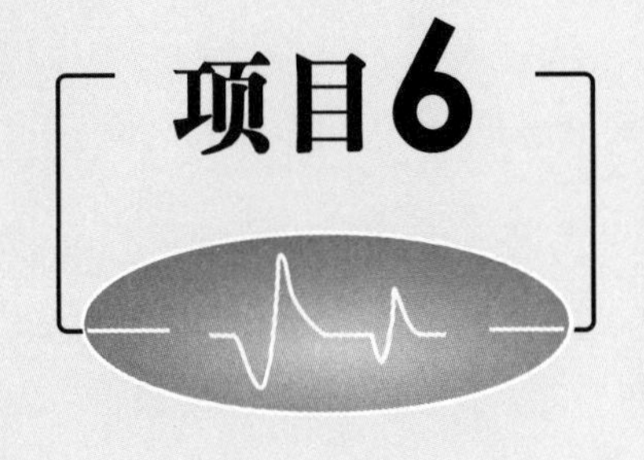

物联网云平台的使用

本项目首先学习物联网系统信息的传递方向，再学习云平台、网关等基础知识，掌握云平台和网关的概念与功能后，通过相关实验加强认识。完成本项目后，学生可以从整体上认识物联网系统，理解前面项目学到的相关知识在物联网系统架构所处的位置，具备搭建云平台开发环境能力，了解云平台开发与网关开发工作内容，达到物联网平台工程师基本岗位水平。

【教学目标】

1. 知识目标

（1）了解云平台和网关的功能定义。

（2）了解设备接入网关的技术。

（3）了解网关接入云平台的技术。

（4）了解设备接入云平台的技术。

2. 技能目标

（1）能够掌握设备接入网关实现数据通信。

（2）能够掌握网关接入云平台实现数据通信。

（3）能够搭建云平台开发环境。

（4）能够掌握设备接入云平台实现数据通信。

【任务编排】

本项目学习云平台与网关，通过以下5个任务整体上理解物联网体系架构，理解信息传递流程，掌握云平台的部署与启动，能在应用层控制感知层。

任务6.1　Android终端与串口设备通信。

任务6.2　使用TCP工具，连接云平台收发数据。

任务6.3　云平台的部署和启动。

任务6.4　传感器接入云平台，实现数值显示。

任务6.5　控制器接入云平台，实现设备控制和状态上报。

【实施环境】

（1）实训台、计算机、服务器、串口转USB工具。

（2）Android版串口调试软件、Android版TCP调试软件、PC版TCP调试软件。

任务 6.1 Android 终端与串口设备通信

任务描述:

利用Android终端控制串口设备，通过此任务理解网络层与传感层之间信息交换网关所起的作用。

任务平台配置:

Android终端（实训台上的平板）、LoRa模块、控制器、风扇，串口转USB工具。

CH34xUARTDemo.apk。

6.1.1 知识准备：Android串口操作

1 物联网系统架构

物联网系统架构如图6-1所示，分为三层：感知层、网络层和应用层。应用层是物联网发展的驱动力和目的。应用层的主要功能是把感知层和网络层传输来的信息进行分析和处理，做出正确的控制和决策，实现智能化的管理、应用和服务。

云平台在应用层中起着非常重要的作用，而云平台及各种应用能通过网络层识别并控制感知层，其中网关的作用至关重要。

2 云平台概述

云平台也被称为云计算平台，是指基于硬件资源和软件资源的服务，提供计算、网络和存储能力。

云平台可以划分为3类：以数据存储为主的存储型云平台；以数据处理为主的计算型云平台；计算和数据存储处理兼顾的综合云平台。

云平台为设备提供安全可靠的连接通信能力，向下连接海量设备，支撑设备数据采集上云；向上提供云端API，服务端通过调用云端API将指令下发至设备端，实现远程控制。

图6-1 物联网系统架构

云平台消息通信流程图如图6-2所示。

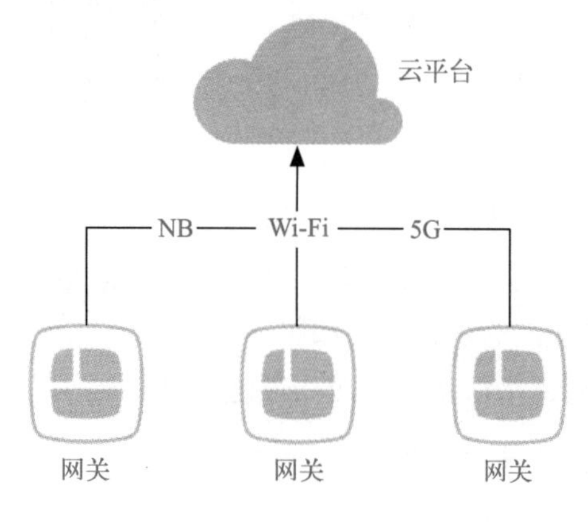

图6-2 云平台消息通信流程图

3 网关概述

这里的网关指物联网网关，是连接感知网络与传统通信网络的纽带。物联网网关可以实现感知网络与通信网络，以及不同类型感知网络之间的协议转换，既可以实现广域互联，也可以实现局域互联。此外，物联网网关还需要具备设备管理功能，运营商通过物联网网关设备可以管理底层的各感知节点，了解各节点的相关信息，并实现远程控制。

物联网网关有以下3个特点。

1）具有广泛的接入能力

用于物联网系统的通信技术很多，常见的就有Wi-Fi、蓝牙、ZigBee、NB-IoT、LTE-Cat1、LoRa等。各类技术主要针对某一应用展开，不同的应用之间缺乏兼容性和体系规划。国内、国外已经在针对物联网网关进行标准化工作，如3GPP、传感器工作组。目的是实现各种通信技术标准的互联互通。

2）具有强大的管理能力

强大的管理能力，对于任何大型网络都是必不可少的。首先要对网关进行管理，如注册管理、权限管理、状态监管等。网关实现子网内的节点的管理，如获取节点的标识、状态、属性、能量等，以及远程实现唤醒、控制、诊断、升级和维护等。由于子网的技术标准不同，协议的复杂性不同，所以网关具有的管理能力不同。

3）具有广泛的协议转换能力

从不同的感知网络到接入网络的协议转换、将下层的标准格式的数据统一封装、保证不同的感知网络的协议能够变成统一的数据和信令；将上层下发的数据包解析成感知层协议可以识别的信令和控制指令。

网关的通信流程图如图6-3所示。

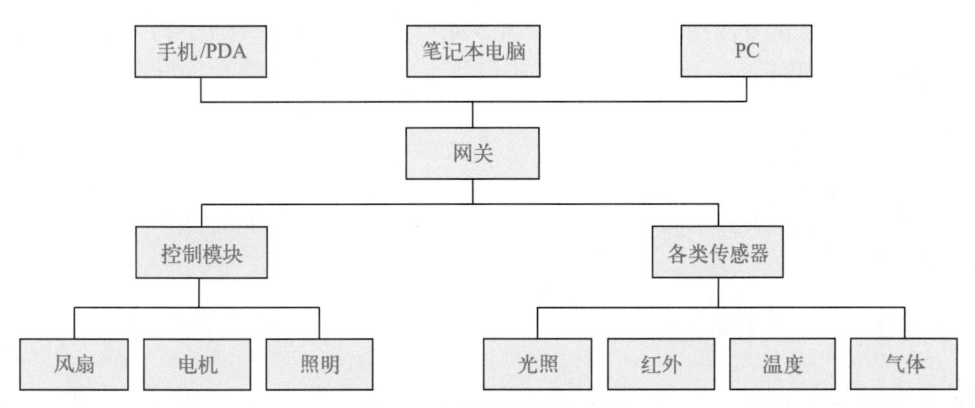

图6-3 网关的通信流程图

4 操作系统概述

操作系统（operating system，OS）是管理计算机硬件与软件资源的计算机程序。Android是基于Linux内核的操作系统，在对硬件的访问上虽然两者有很多相似之处，但也稍微有一些差异。几种典型操作系统如图6-4所示。

1）Linux串口

Linux对设备的访问都是通过设备文件进行的，对串口访问也是这样。为了访问串口，只需打开其设备文件即可操作串口设备。在Linux系统下面，每一个串口设备都有设备文件与其关联，设备文件位于系统的/dev目录下面，如Linux下的/ttyS0、/ttyS1分别表示的是串口1和串口2。

2）Android串口

Android SDK在Framework层并没有实现封装关于串口通信的类库。但是，Android是基于Linux kernel上的，所以可以像在Linux系统上一样来使用串口。因为Framework层中并没有封装关于串口通信的类库，所以需要通过Android NDK实现打开、读写串口，然后提供接口供本地调用。

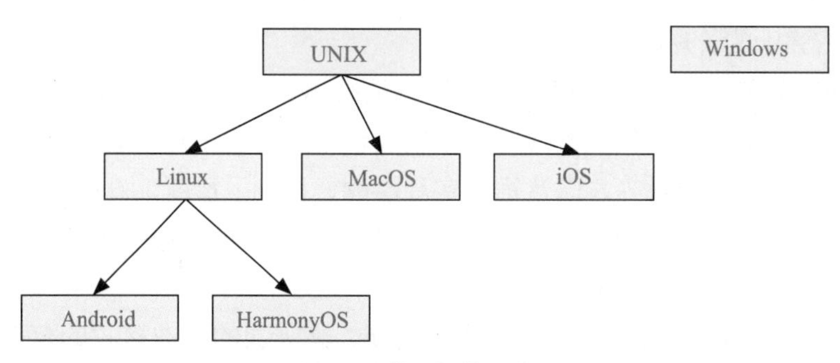

图6-4　典型操作系统

3）NDK

Android NDK（native develop kit，本地开发）是一套允许用户使用原生代码语言（如C、C++）实现部分应用的工具集。在开发某些类型应用时，这有助于重复使用以这些语言编写的代码库。

6.1.2　任务实施

1 硬件连接

按照图2-13进行硬件连接。

2 软件安装

（1）前面章节已经安装ch341ser驱动，如果需要重新安装，双击ch341ser.exe进行安装即可。

（2）安装CH34xUARTDemo.apk，进入如图6-5所示的界面。

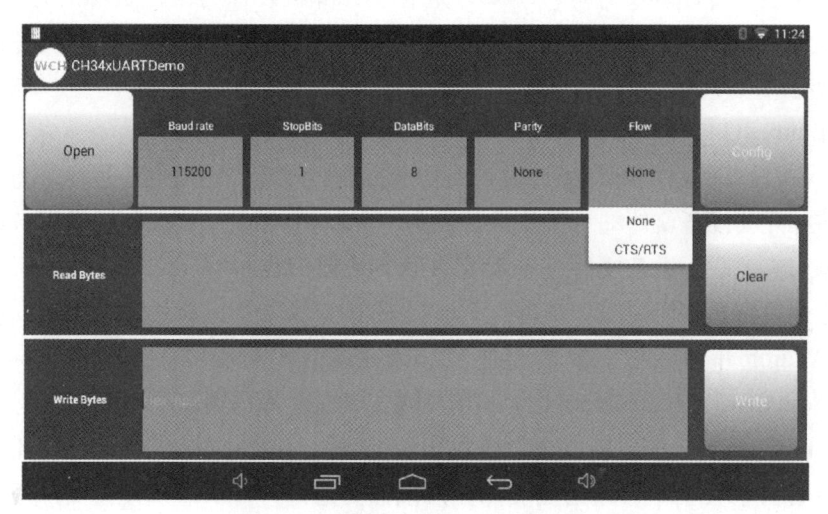

图6-5　CH34xUARTDemo主界面

3　利用CH34xUARTDemo实现安装终端与串口设备通信

（1）单击Open按钮，然后分别将Baud rate、StopBits、DataBits、Parity、Flow设为115200、1、8、None、None。

（2）在Write Bytes区填写“0XFE 0x04 0x21 0x05 0x15 0X1A 0X04 0X02 0X00 0X32 0XC4 0xB4 0XFF”，然后单击Write按钮，如图6-6所示。

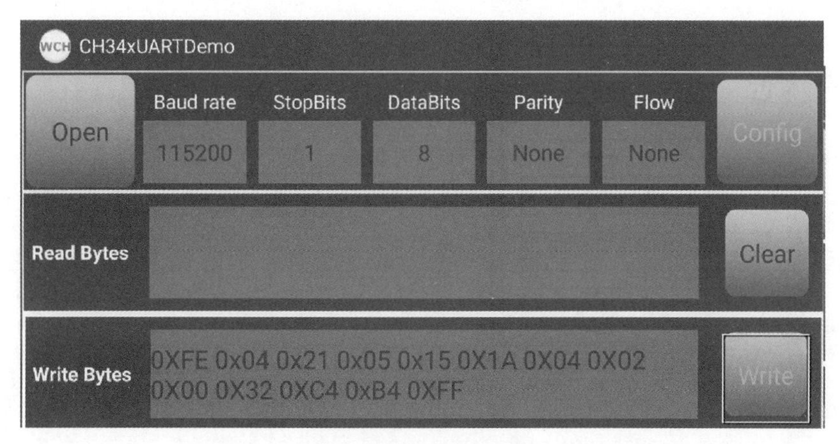

图6-6　发送数据

发送的命令根据已经写好的程序定义，此行命令包含的信息有帧头1B、源地址4B、源通道1B、命令字1B、数据长度1B、数据2B、校验2B、协议尾1B。网关收到此行字符串后，做出解析，向控制器发出让风扇转动的指令。

这部分就是网关的作用，把操作终端需要进行操作的指令转换为设备认识的指令，网关完成了二者之间的协议转换，终端通过物联网网关设备可以管理底层的各感知节点，了解各节点的相关信息，并实现远程控制。

（3）风扇开始转动。

任务 6.2 使用 TCP 工具，连接云平台收发数据

任务描述:

通过Android TCP网络调试助手实现安卓设备与云平台通信，理解网络层与应用层之间进行信息交换时网关所起的作用，学会使用TCP网络调试助手。

任务平台配置:

服务器、Android终端（可以用实训平台上的平板电脑，也可以用自己的手机）。

TCP网络调试助手。

6.2.1 知识准备：TCP通信

TCP（transmission control protocol, 传输控制协议），是一种面向连接的、可靠的、基于字节流的传输层通信协议。

在Internet协议族中，TCP层是位于IP层之上、应用层之下的中间层。不同主机的应用层之间经常需要可靠的、像管道一样的连接，但是IP层不提供这样的流机制，而是提供不可靠的包交换。

Socket 英文原意是“孔”或“插座”，通常称为“套接字”，用于描述IP地址和端口，可以用来实现不同虚拟机或不同计算机之间的通信。在Internet上的主机一般运行了多个服务软件，同时提供几种服务。每种服务都打开一个Socket，并绑定到一个端口上，不同的端口对应于不同的服务（客户若是需要哪种服务，就将插头连到相应的插座上），客户的“插头”也是一个Socket。

Socket通信，需要服务端和客户端都实例化一个Socket，但服务端和客户端的Socket是不一样的。客户端可以连接服务端，发送数据，接收数据，关闭连接等。服务端可以实现绑定端口，接收客户端的连接，接收数据，发送数据等。

Android在java.net包下提供了ServerSocket类和Socket类。ServerSocket类用于创

建服务器的Socket，Socket类用于实例化客户端的Socket。当连接成功时，服务端和客户端都会产生一个Socket实例，通过此Socket进行通信。

6.2.2　任务实施

1　运行TCP网络调试助手

首先安装TCP网络调试助手，安装时直接打开进入主界面，或者双击桌面图标进入主界面，如图6-7所示。

2　连接服务器

网络协议选择为TCP client，IP地址填写39.106.84.195，端口填写10000，如图6-8所示。

3　发送数据

在发送区填写自己想发送的内容，然后单击“发送”按钮（云平台已经编写好程序，当云平台收到信息时，回传同样信息），接收区会收到与刚才发送信息一模一样的信息，如图6-9所示。

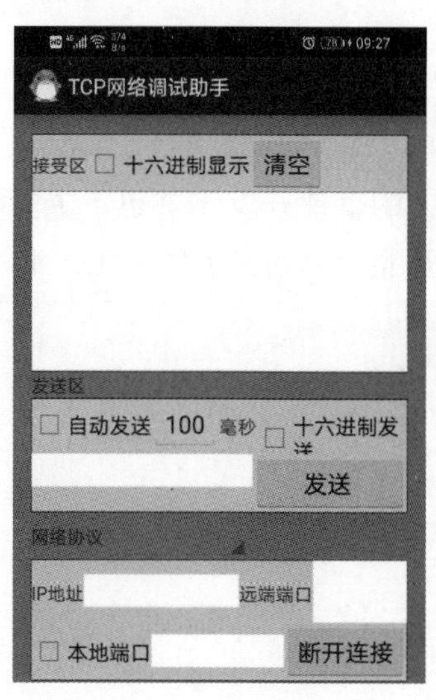

图6-7　TCP网络调试助手主界面

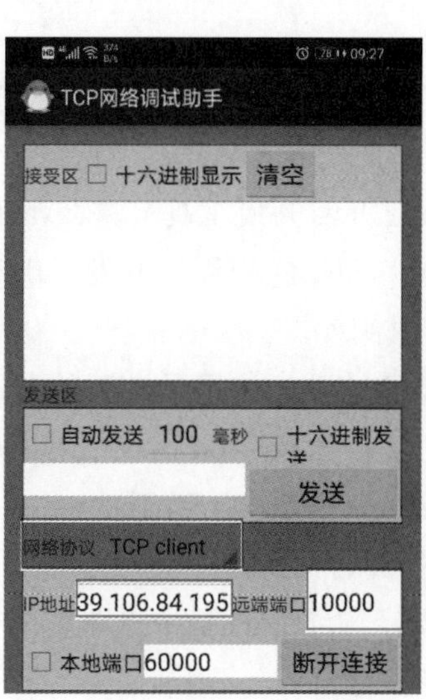

图6-8　填写服务器IP及端口

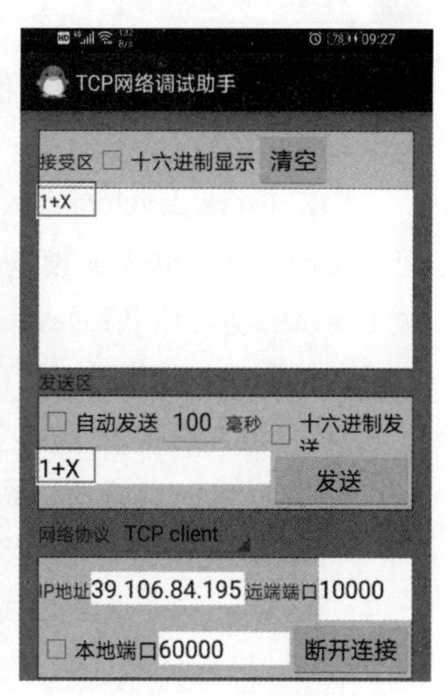

图6-9　发送数据

任务 6.3 云平台的部署和启动

任务描述:

搭建云平台开发环境，部署与启动云平台。

任务平台配置:

服务器、计算机；JDK、Tomcat、MySQL、SQLyog安装包。

6.3.1　知识准备：云平台部署需要的软件

1　JDK 概述

Java可以编写桌面应用程序、Web应用程序、分布式系统和嵌入式系统应用程序等，应用非常广泛。

JDK（Java development kit，Java开发工具）是Java语言的软件开发工具包，主要用于移动设备、嵌入式设备上的Java应用程序开发。JDK是整个Java开发的核心，包含了Java的运行环境和Java工具组件。

自从Java推出以来，JDK已经成为使用最广泛的Java SDK（software development kit）。JDK包含的基本组件包括:

- javac —— 编译器，将源程序转换成字节码。
- jar —— 打包工具，将相关的类文件打包成一个文件。
- javadoc —— 文档生成器，从源码注释中提取文档。
- jdb —— debugger，查错工具。

2　Tomcat 概述

Tomcat是一个中间件，在B/S架构中，浏览器发出的HTTP请求经过Tomcat中间件，转发到最终的目的服务器上，响应消息再通过Tomcat返回给浏览器。

Tomcat所做的事情主要有：开启监听端口监听用户的请求，解析用户发来的HTTP

请求，然后访问用户指定的应用系统，然后返回的页面经过Tomcat返回给用户。

Tomcat技术先进、性能稳定，而且免费，因而深受Java爱好者的喜爱并得到了部分软件开发商的认可，成为目前比较流行的Web应用服务器。

Tomcat最初是由Sun公司（现已被Oracle公司收购）的软件架构师詹姆斯·邓肯·戴维森开发的。后来他将其变为开源项目，由Sun公司赠送给Apache软件基金会，并将其命名为Tomcat（英语意为公猫或其他雄性猫科动物）。

3 MySQL 概述

MySQL是一个流行的关系型数据库管理系统，由瑞典MySQL AB公司开发，目前属于Oracle公司。在Web应用方面MySQL是最好的关系型数据库管理系统应用软件之一。

所谓关系型数据库，是建立在关系模型基础上的数据库，借助于集合、代数等数学概念和方法来处理数据库中的数据。关系型数据库具有以下特点:

（1）数据以表格的形式出现。

（2）每行为各种记录名称。

（3）每列为记录名称所对应的数据域。

（4）许多的行和列组成一张表。

（5）若干的表单组成数据库。

MySQL的主要优点如下:

MySQL是开源的，所以不需要支付额外的费用。

MySQL使用标准的SQL数据库语言形式。

MySQL可以应用于多个系统上，并且支持多种语言。这些编程语言包括C、C++、Python、Java、Perl、PHP、Eiffel、Ruby和Tcl等。

MySQL对PHP有很好的支持。PHP是目前流行的Web开发语言。

MySQL支持大型数据库，支持5000万条记录的数据仓库，32位系统最大可支持的表文件为4GB，64位系统最大可支持的表文件为8TB。

MySQL是可以定制的，采用了GPL协议，可以修改源码来开发自己的MySQL系统。

4 SQLyog 概述

SQLyog 是一个快速而简洁的图形化管理MySQL数据库的工具，它能够在任何地点有效地管理用户的数据库，由业界著名的Webyog公司出品。SQLyog相比其他类似的MySQL数据库管理工具具有如下特点:

（1）基于C++和MySQL API编程。

（2）方便快捷的、与数据库结构同步的工具。

（3）易用的数据库、数据表备份与还原功能。

（4）支持导入与导出XML、HTML、CSV等多种格式的数据。

（5）直接运行批量SQL脚本文件，速度极快。

（6）新版本增加了强大的数据迁移功能。

6.3.2 任务实施

1 安装 JDK

（1）从Oracle官网下载JDK安装包，注意要选择适合自己计算机的系统和位数。

（2）下载完成后双击图标进行JDK的安装。依次单击“下一步”按钮，界面分别如图6-10～图6-14所示。

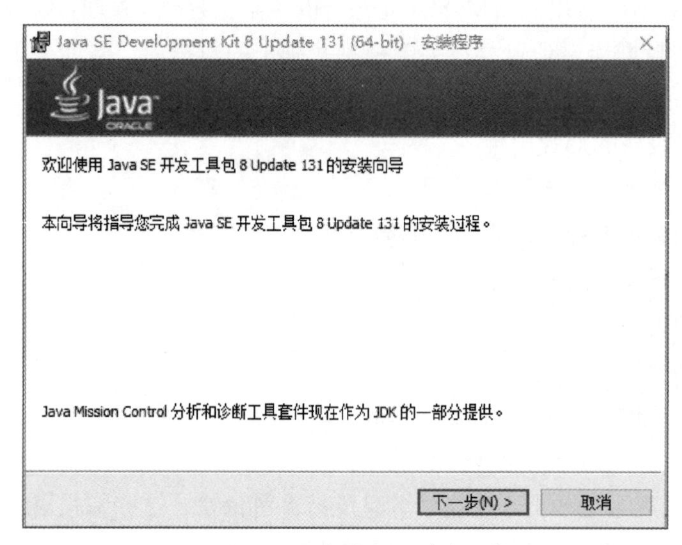

图6-10 安装JDK（1）

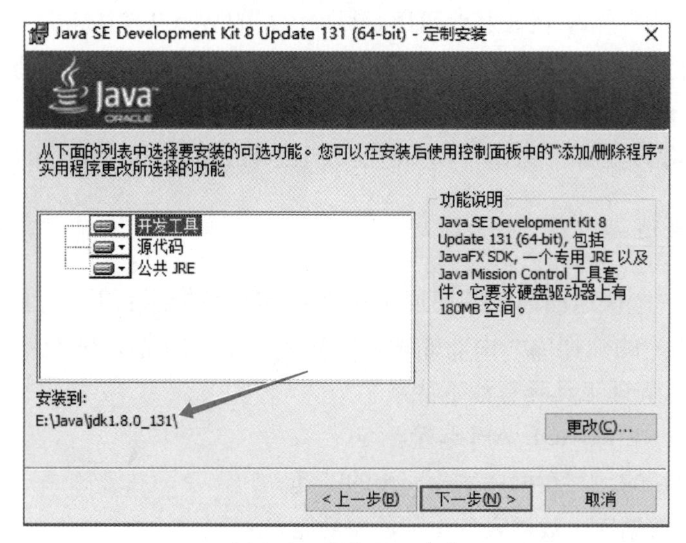

图6-11 安装JDK（2）

图6-12　安装JDK（3）

图6-13　安装JDK（4）

（3）安装完成后，需要进行环境变量的配置。右击“我的电脑”→“属性”→“高级系统设置”就会看到如图6-15所示的界面。

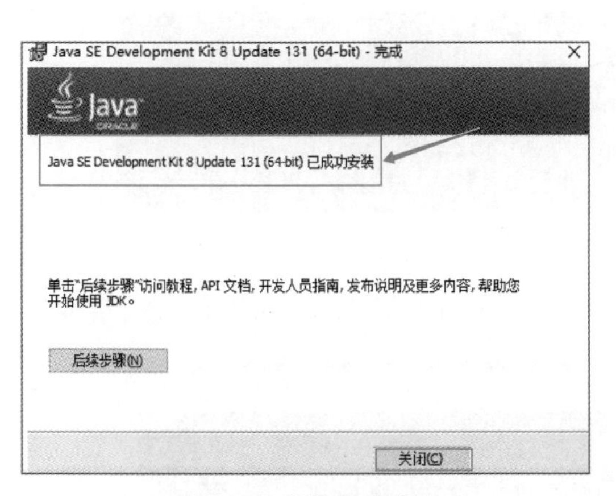

图6-14　安装JDK（5）

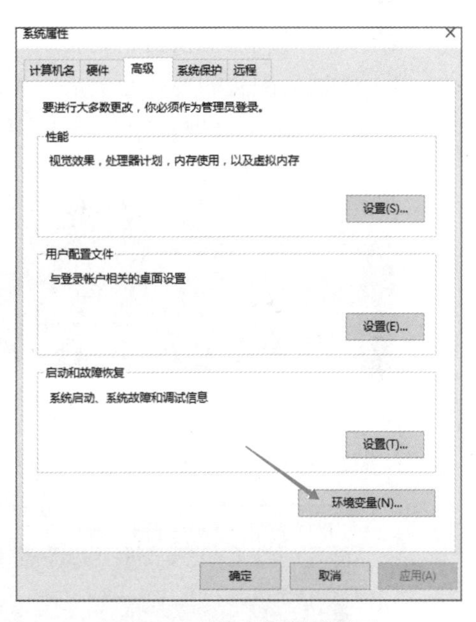

图6-15　环境变量设置界面

（4）单击图6-15中的“环境变量”，开始环境变量的设置：

① 单击系统变量下面的“新建”按钮，变量名为JAVA_HOME，值对应的是JDK的安装路径，如图6-16所示。

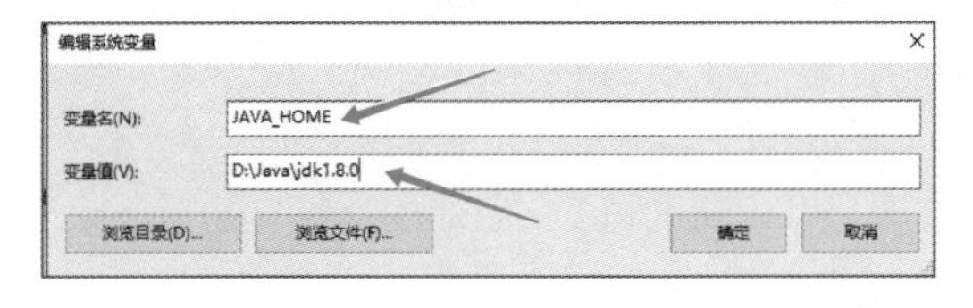

图6-16　环境变量设置（1）

② 继续在系统变量里新建一个CLASSPATH变量，其变量值如图6-17所示。

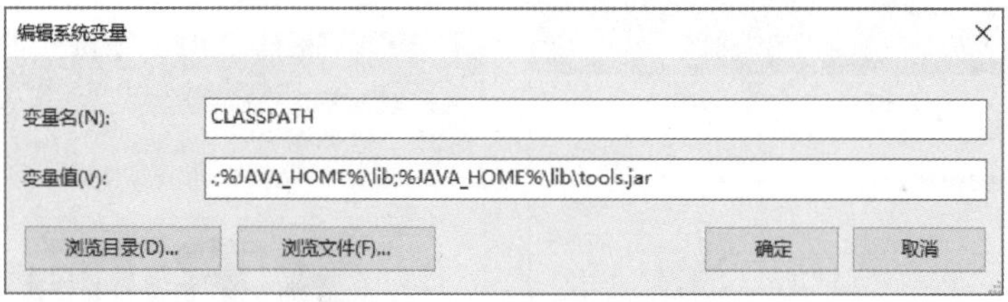

图6-17 环境变量设置（2）

此处需要注意的是，变量值最前面有一个英文状态下的小圆点。

③ 在系统变量里找一个变量名为PATH的变量，需要在它原有的值域后面追加一段如下的代码:

```
%JAVA_HOME%\bin;%JAVA_HOME%\jre\bin;
```

此处需要注意的是，最后添加一个英文状态下的分号。

最后单击“确定”按钮，此时JDK的环境变量配置就完成了。

（5）测试所配置的环境变量是否正确。

① 按Windows+R键，输入cmd，进入命令行界面，如图6-18所示。

图6-18 CMD界面

② 输入java -version命令，出现如图6-19所示的提示，可以看到安装的JDK版本。

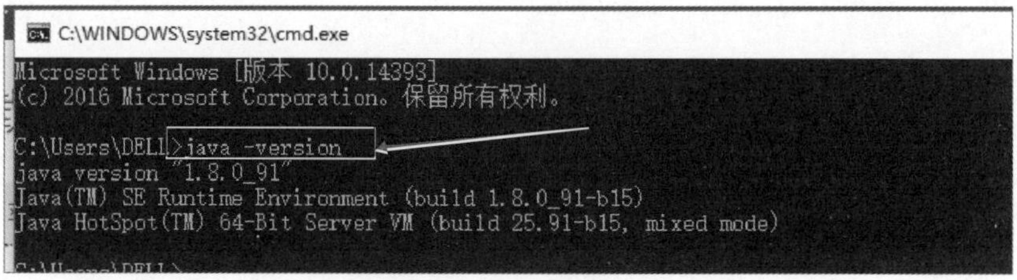

图6-19 查看JDK版本

③ 输入javac命令可以出现如图6-20所示的提示。

④ 输入java命令就会出现如图6-21所示的结果。

2 安装 Tomcat

（1）打开Tomcat官网首页http://tomcat.apache.org/，下载安装软件包，如图6-22所示。

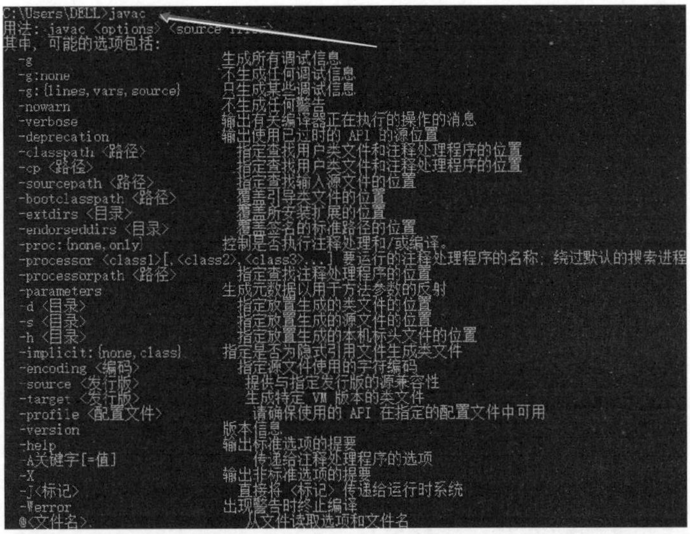

图6-20　测试环境变量（1）

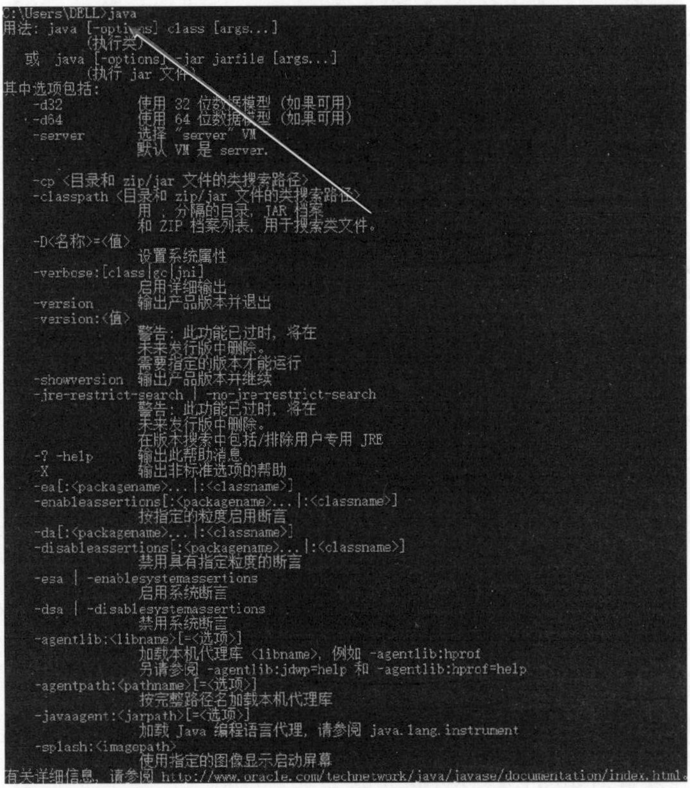

图6-21　测试环境变量（2）

在左侧的导航栏Download下方选择Tomcat 9，单击页面下方的“ 64-bit Windows zip（pgp, md5, sha1）”进行下载，如图6-23所示。

（2）双击下载好的安装包，开始安装，按照提示操作即可。

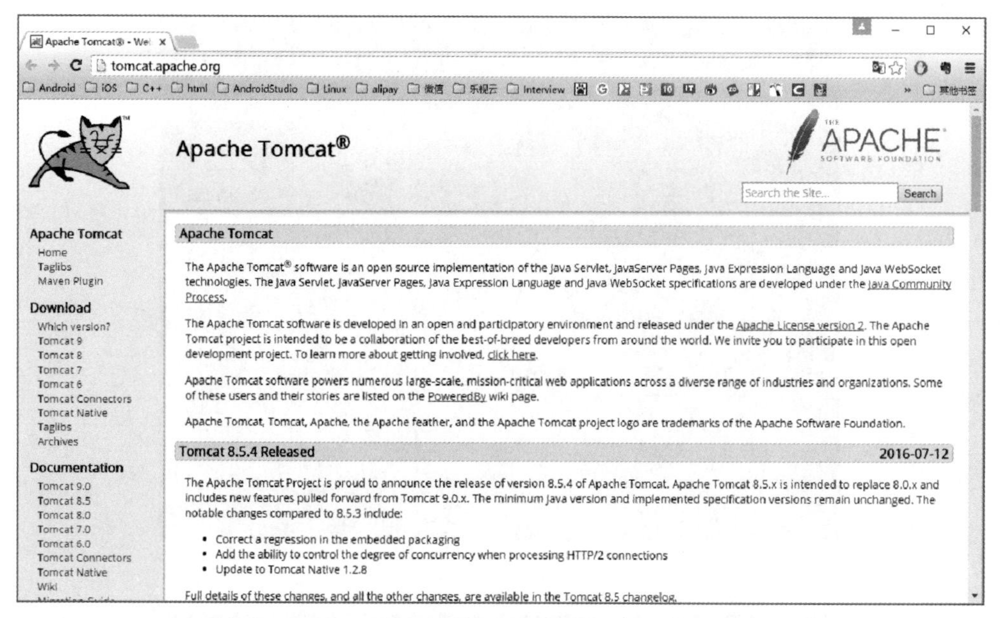

图6-22　Tomcat官网首页

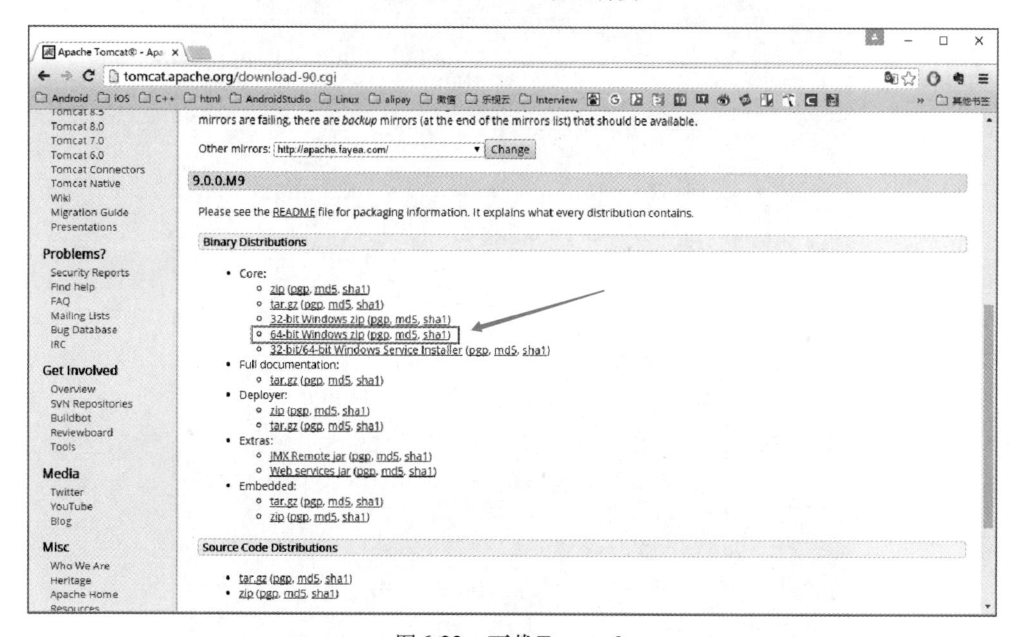

图6-23　下载Tomcat 9

（3）安装完成后，需要进行环境变量的配置，右击“我的电脑”→“属性”→“高级系统设置”就会看到如图6-24所示的界面。

（4）单击图6-24中的“环境变量”，然后开始环境变量的配置。

对CatALINA_HOME、Path这2个系统变量分别进行如下设置：

```
CatALINA_HOME=D:\ProgramFiles\apache-tomcat-9.0.0
Path=%CatALINA_HOME%\lib
```

%CatALINA_HOME%\lib\servlet-api.jar
%CatALINA_HOME%\lib\jsp-api.jar

界面如图6-25、图6-26所示。

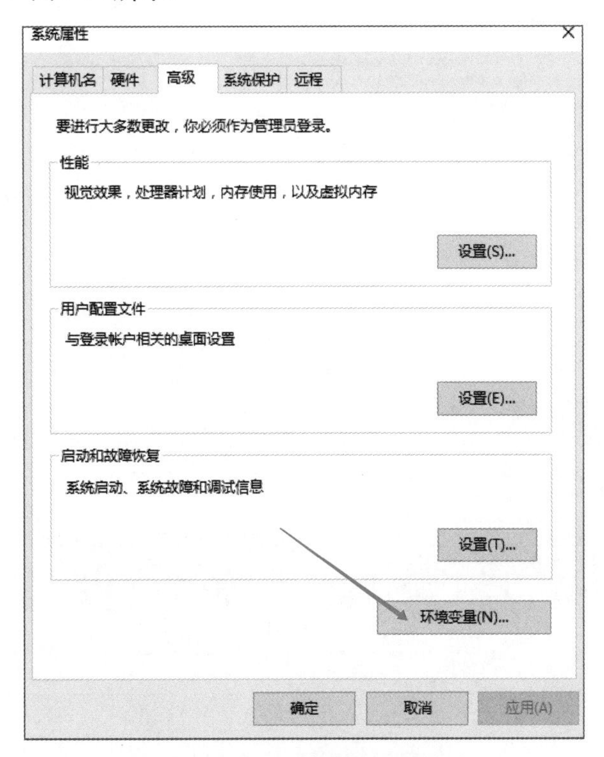

图6-24　进入环境变量设置界面

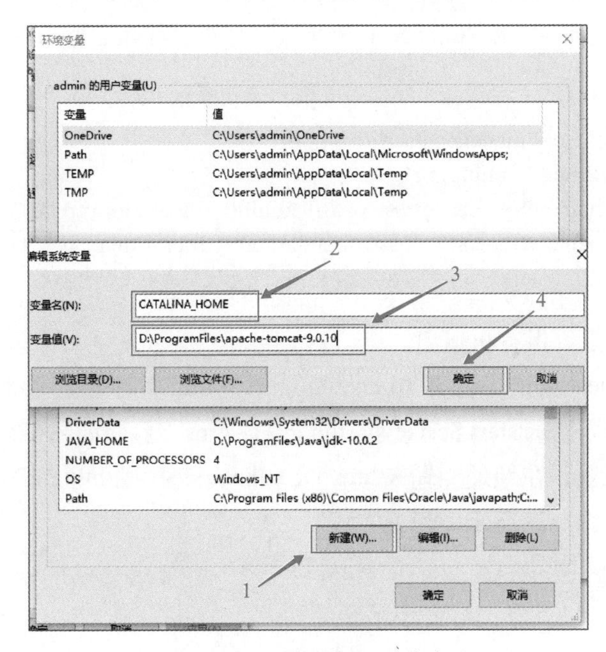

图6-25　设置环境变量（1）

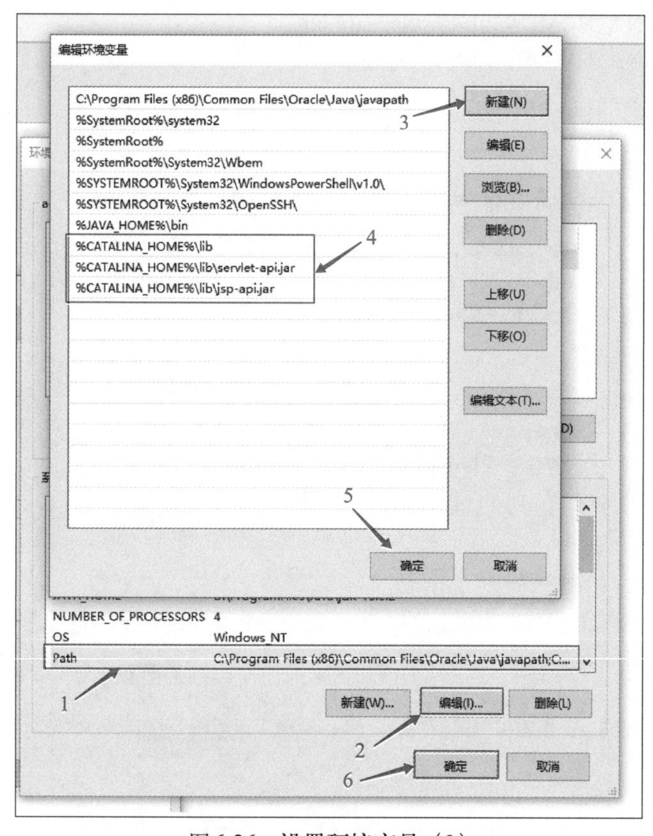

图6-26 设置环境变量（2）

（5）添加用户，进入Tomcat 9的目录的conf，路径为D:\ProgramFiles\apache-tomcat-9.0.0.M26\conf。选择“tomcat-users.xml”文件，打开文件后在最后一行代码的前面添加如下代码:

```
<role rolename="manager-gui"/>
<role rolename="admin-gui"/>
<user username="admin" password="admin" roles="admin-gui"/>
<user username="tomcat" password="admin" roles="manager-gui"/>
```

界面如图6-27所示。

（6）添加完成后，保存再退出。

（7）启动Tomcat测试，打开Tomcat目录下的bin 文件夹，再双击startup来启动Tomcat，启动成功会显示start Server startup in 1187 ms，界面如图6-28所示。

（8）打开浏览器，在地址栏输入http://localhost:8080 或 http://127.0.0.1:8080，打开Tomcat的主页，如图6-29所示，配置完成。

3 安装 MySQL

（1）打开官网https://dev.mysql.com/downloads/mysql/，选择Microsoft Windows和

64位的安装包，单击“download”，下载安装包。

（2）下载完成后，双击安装。安装过程界面如图6-30～图6-42所示。

图6-27　Tomcat配置添加代码

图6-28　启动Tomcat

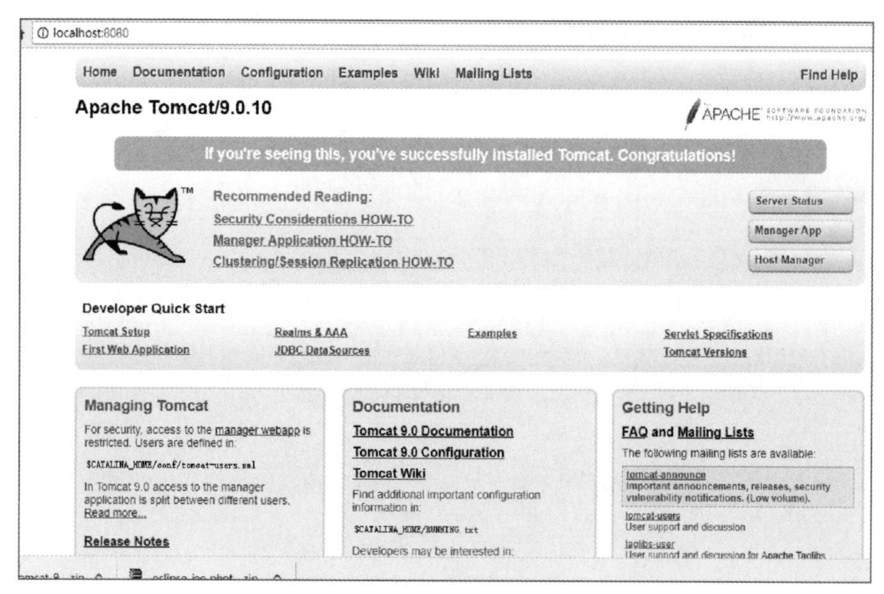

图6-29 打开Tomcat的主页

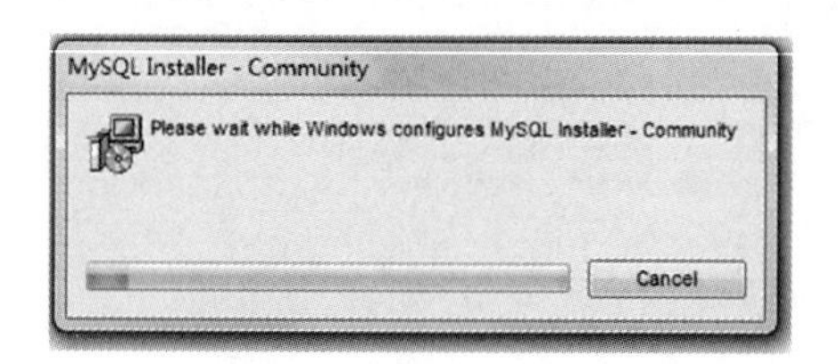

图6-30 安装MySQL（1）

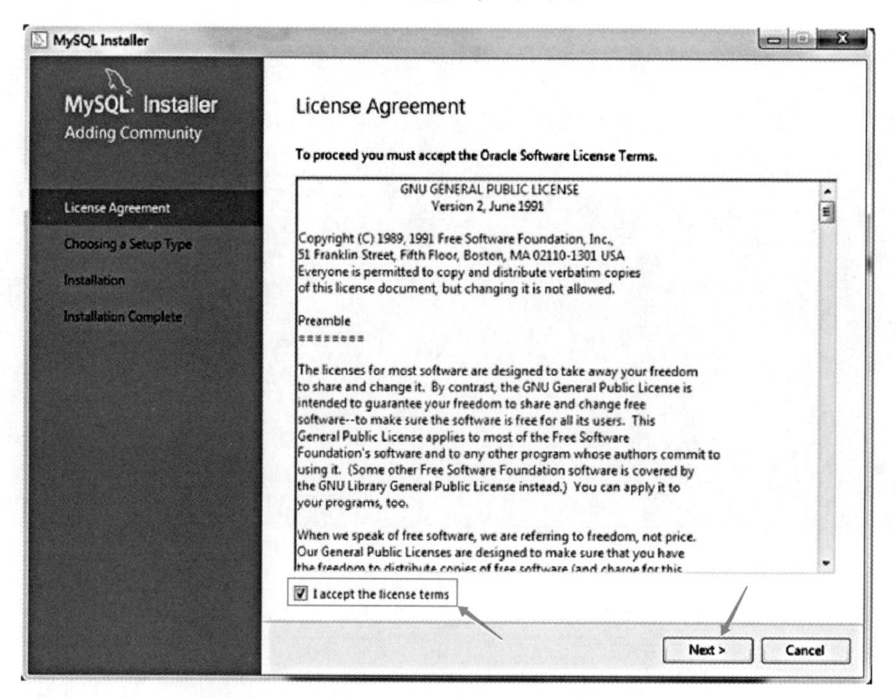

图6-31 安装MySQL（2）

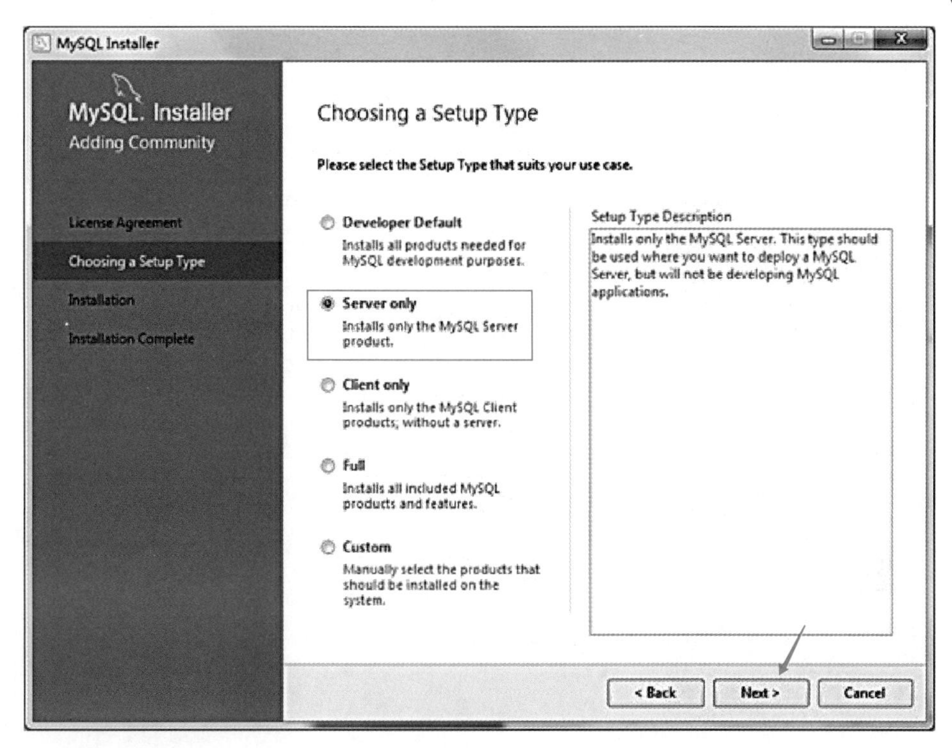

图6-32　安装MySQL（3）

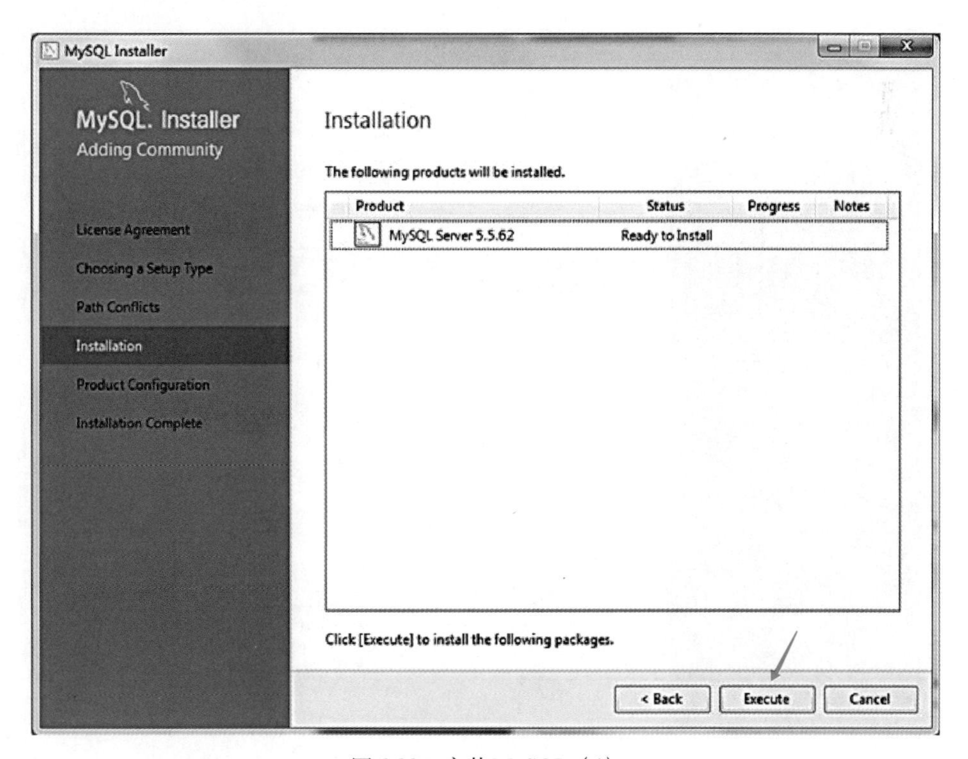

图6-33　安装MySQL（4）

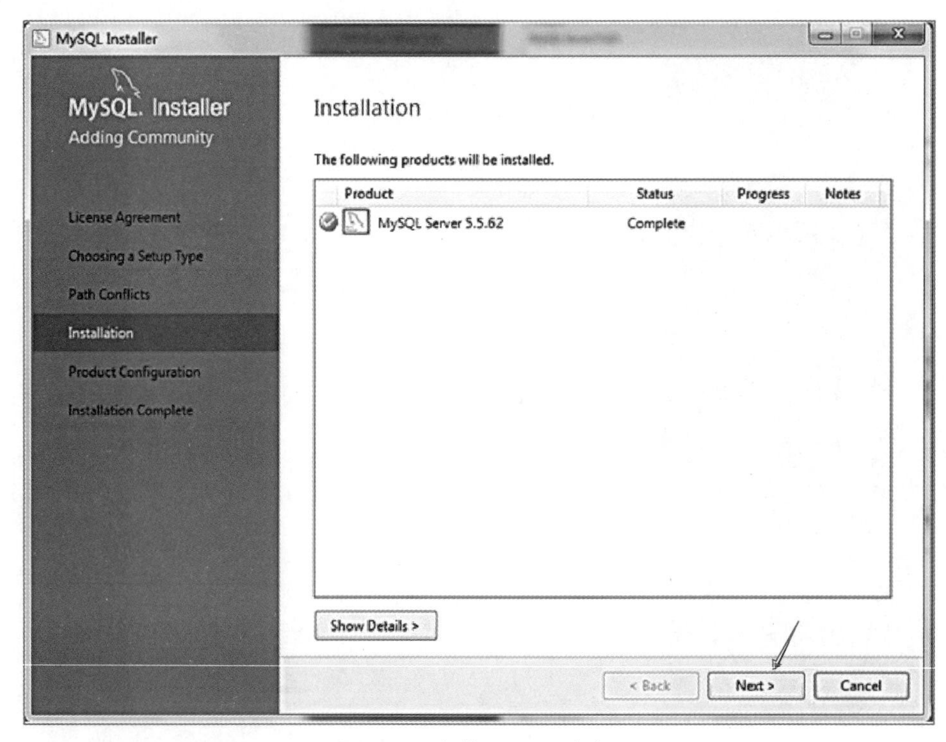

图6-34 安装MySQL（5）

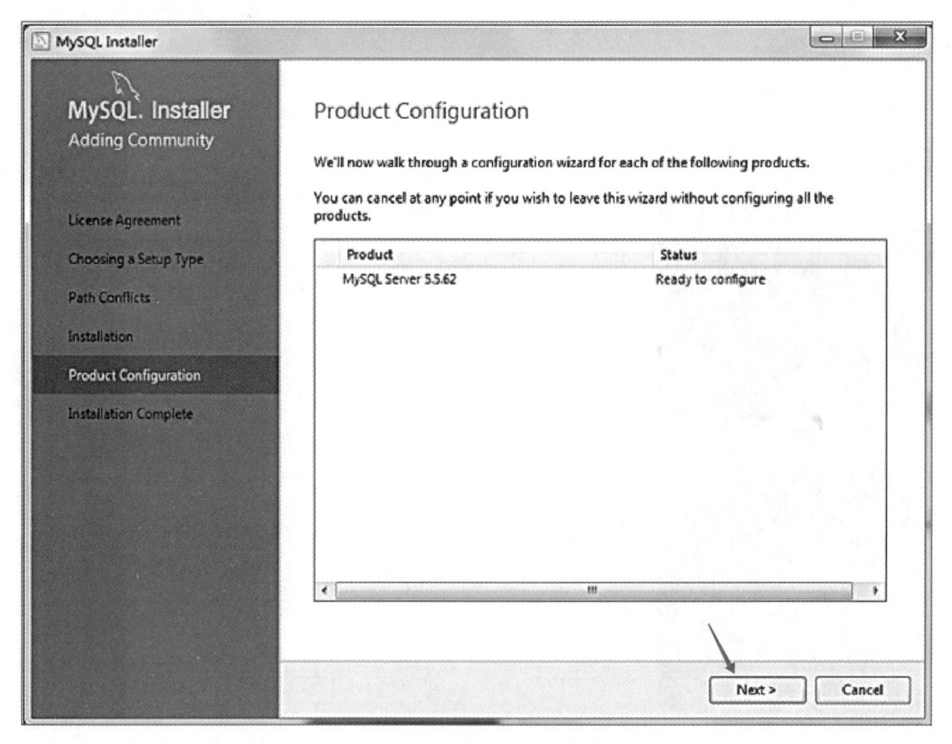

图6-35 安装MySQL（6）

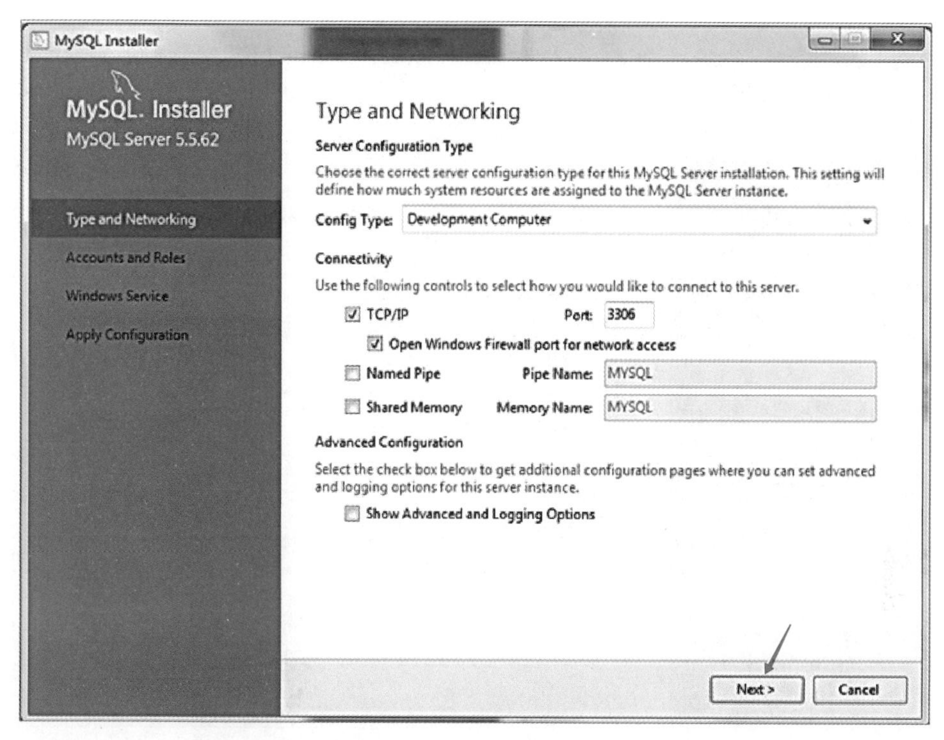

图6-36　安装MySQL（7）

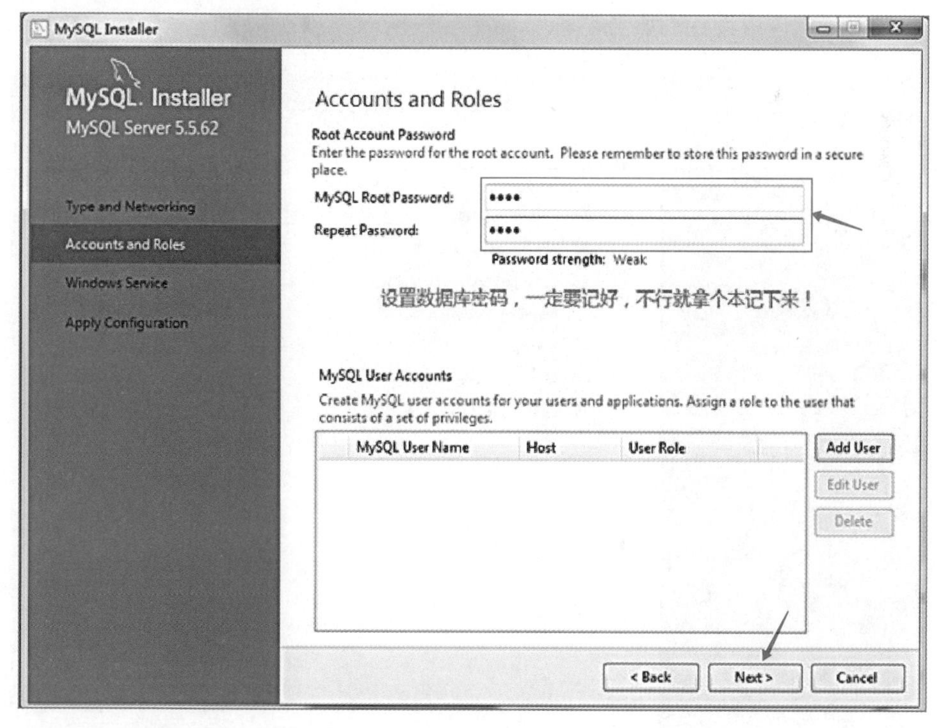

图6-37　安装MySQL（8）

（3）给数据库设置密码，如图6-38所示。

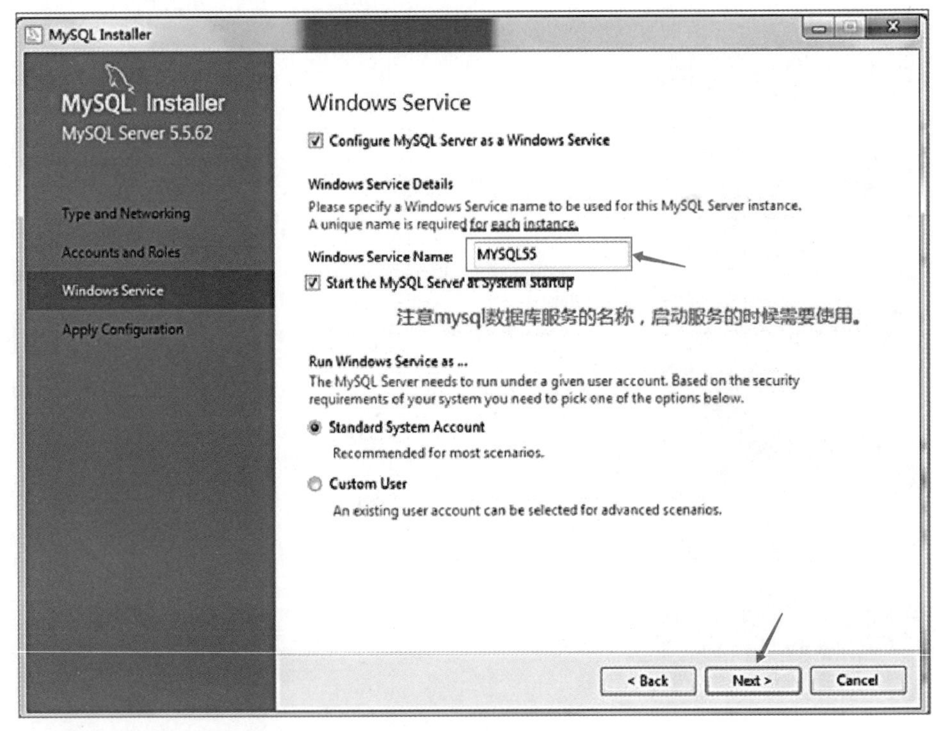

图6-38 安装MySQL（9）

一定要注意这里设置的服务名称，如图6-39所示。启动和关闭命令都需要用到。

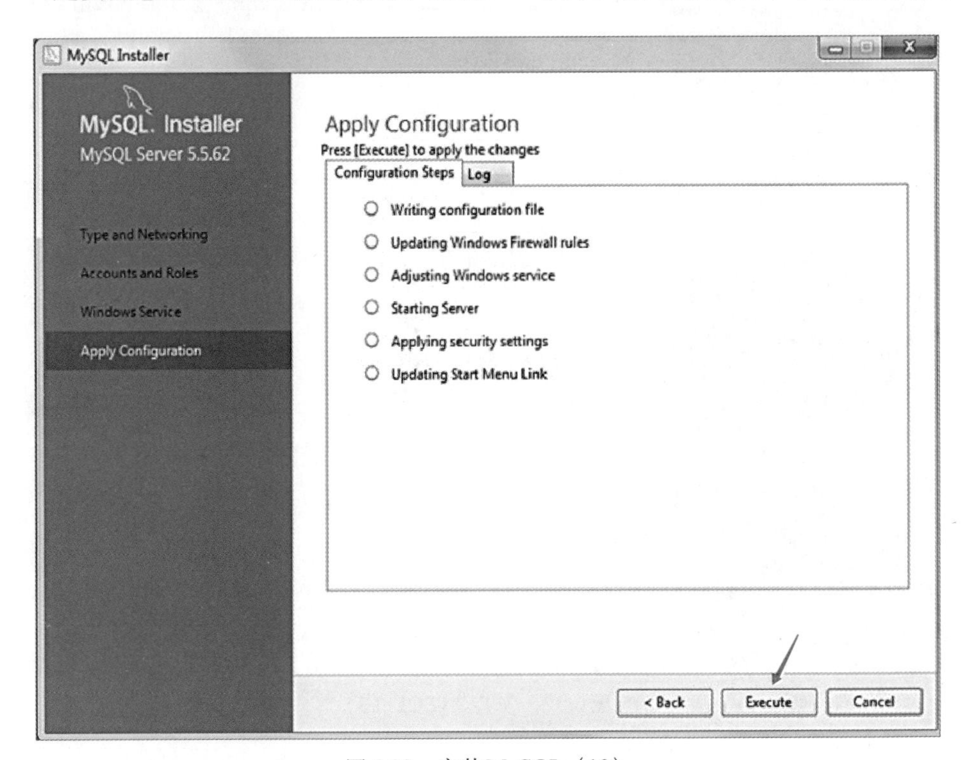

图6-39 安装MySQL（10）

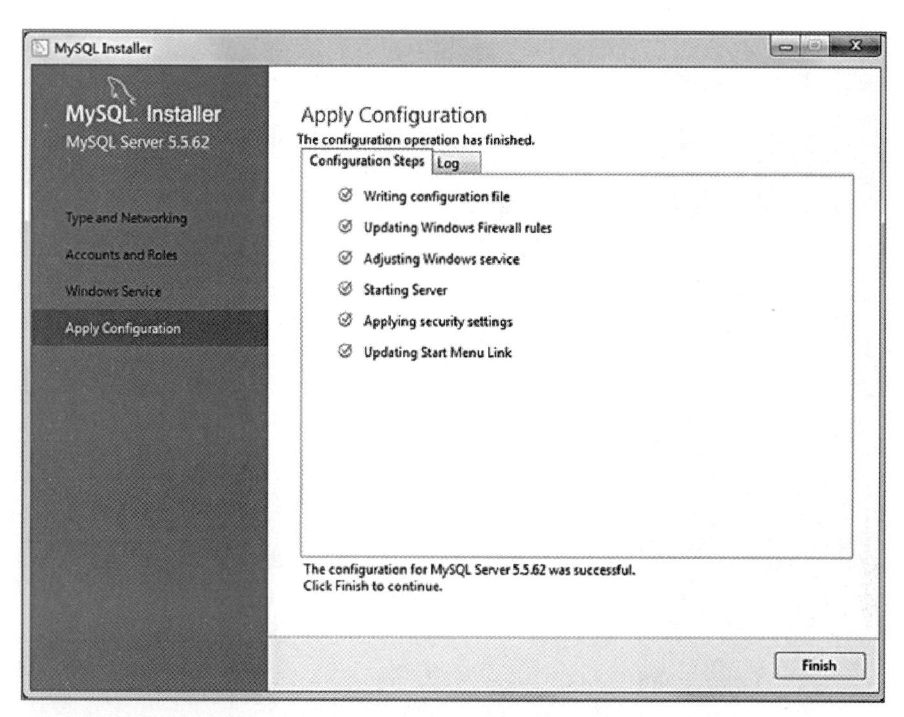

图6-40　安装MySQL（11）

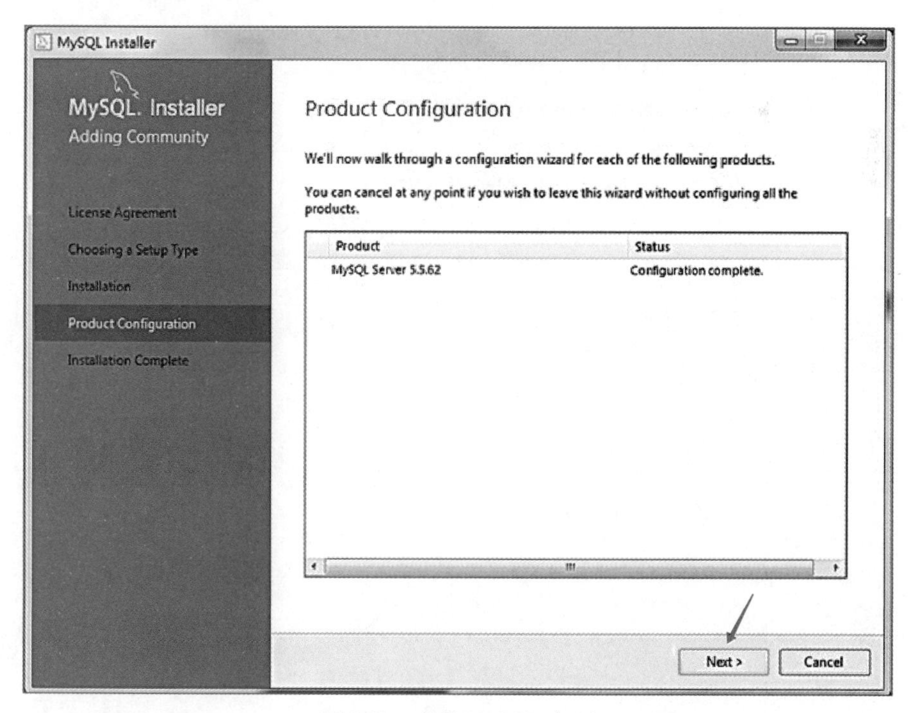

图6-41　安装MySQL（12）

（4）安装完成后，需要进行环境变量的配置，右击“我的电脑”→“属性”→“高级系统设置”就会看到如图6-43所示的界面。

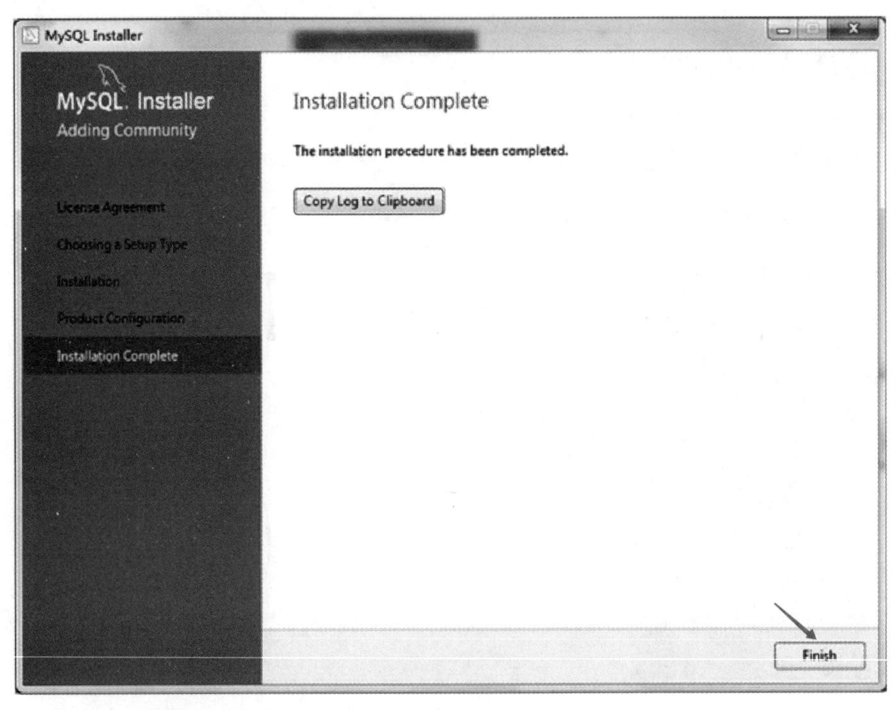

图6-42　安装MySQL（13）

图6-43　进入环境变量设置

单击图6-43中的“环境变量”按钮，开始环境变量的配置，如图6-44所示。

图6-44　环境变量设置

选中图6-44中的PATH变量，单击“编辑”按钮，在弹出的“编辑用户变量”对话框中修改变量值。修改步骤如下：

① 在原有的变量值后面增加英文符号“;”（如果已经存在英文分号就不加了）。

② 复制MySQL数据库bin文件夹的路径，并粘贴在英文符号“;”的后面。bin文件夹的默认路径为C:\Program Files\MySQL\MySQL Server 5.5\bin。

③ 依次单击对话框“确定”按钮进行保存。

（5）启动MySQL数据库服务。下面介绍两种启动方式。

方式一：

① 如图6-45所示，右击“计算机”选项，选择“管理”选项。

② 如图6-46所示，选择“服务和应用程序”，左键单击。

③ 如图6-47所示，选择“服务”，左键单击。

④ 在图6-48中选择“MySQL55服务名称”选项，右击，并选择“启动”选项。

方式二：

① 同时按Windows+R键，弹出“运行”对话框，如图6-49所示，输入启动MySQL服务命令：net stat mysql55。

② 出现“请求的服务已经启动”，表示服务器已经启动。

4 安装 SQLyog

（1）打开官网 https://sqlyog.en.softonic.com/下载安装包，下载后双击安装，如图6-50所示。

图6-45 启动MySQL方式一（1）

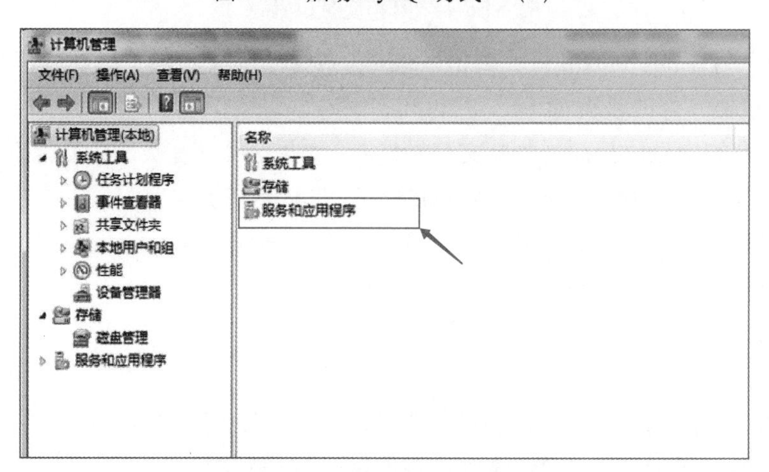

图6-46 启动MySQL方式一（2）

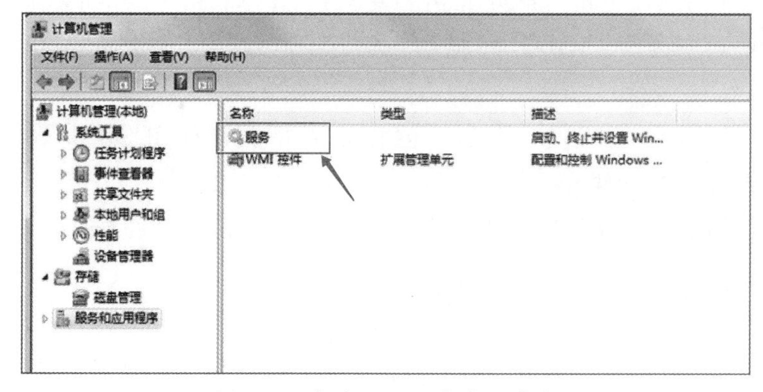

图6-47 启动MySQL方式一（3）

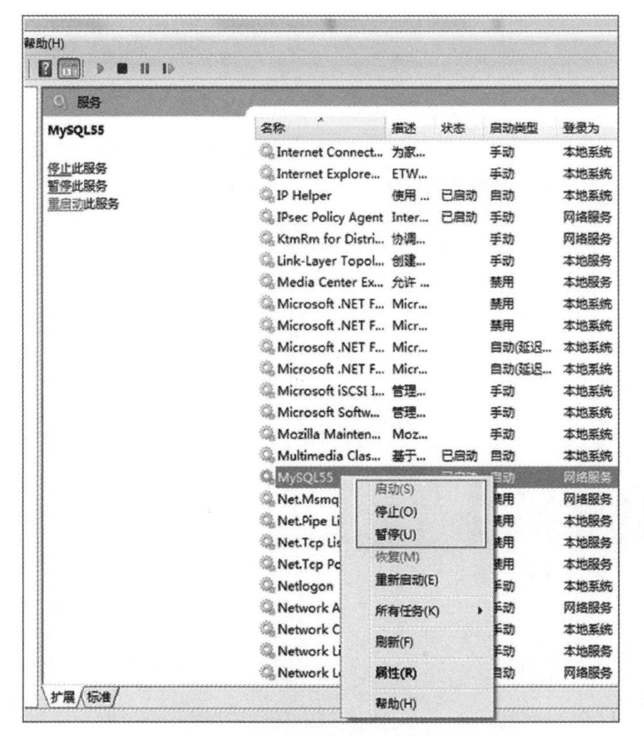

图6-48 启动MySQL方式一（4）

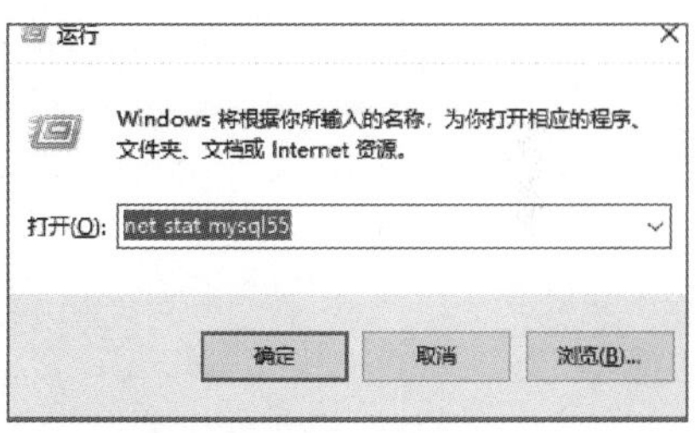

图6-49 启动MySQL方式二

图6-50 安装SQLyog（1）

（2）单击Next按钮，弹出如图6-51所示的画面。

（3）单击Skip按钮，弹出如图6-52所示的画面。

（4）选择中文，然后单击OK按钮，弹出如图6-53所示的画面。

（5）单击“下一步”按钮，弹出如图6-54所示的画面。

（6）选择接受“许可证协议”，然后单击“下一步”按钮，弹出如图6-55所示的画面。

（7）选择安装组件后，单击“下一步”按钮，弹出如图6-56所示的画面。

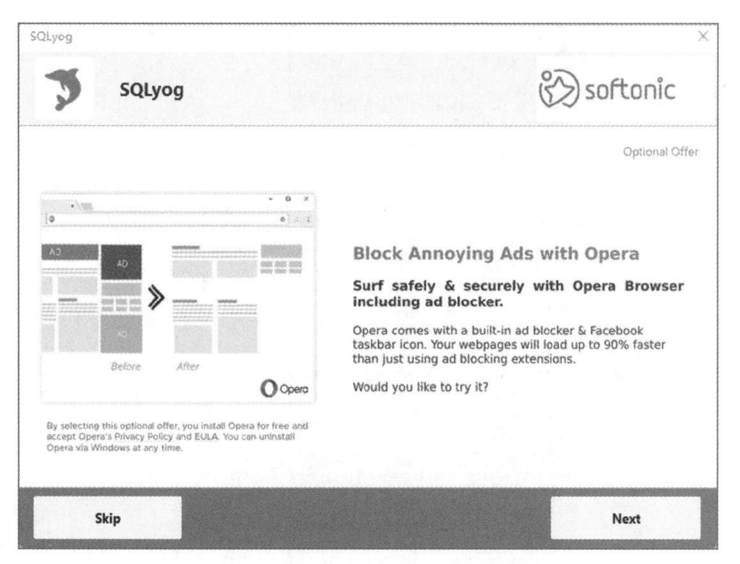

图6-51 安装SQLyog（2）

图6-52 安装SQLyog（3）

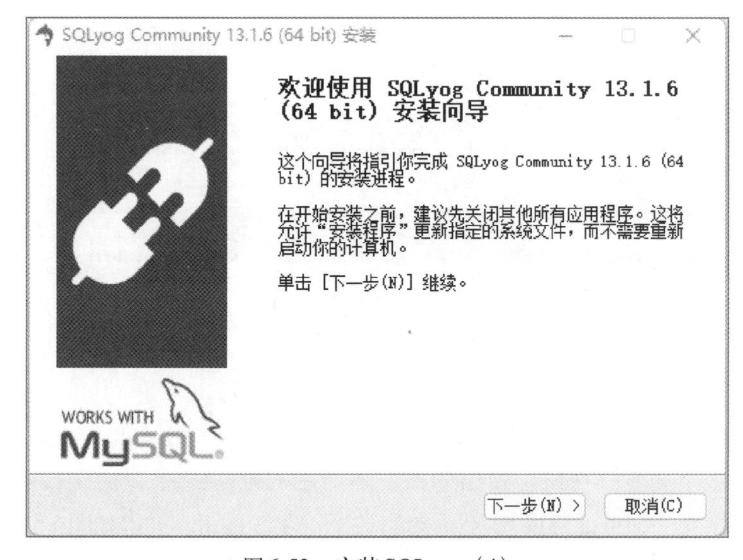

图6-53 安装SQLyog（4）

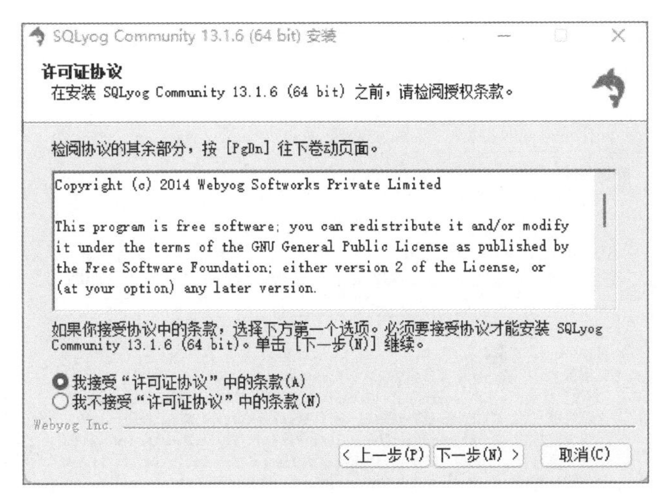

图6-54　安装SQLyog（5）

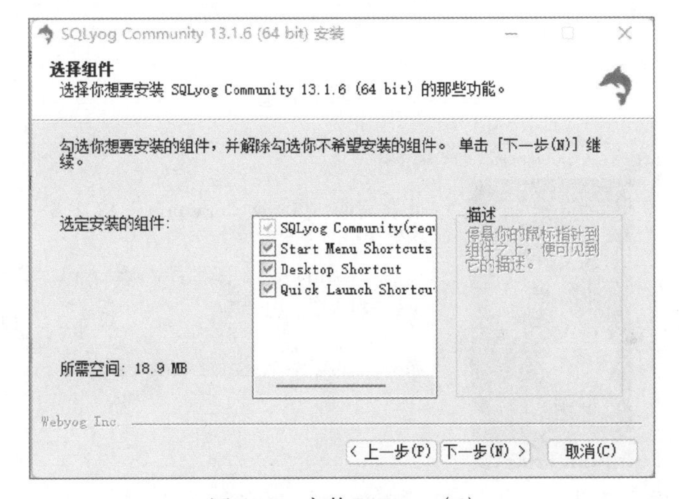

图6-55　安装SQLyog（6）

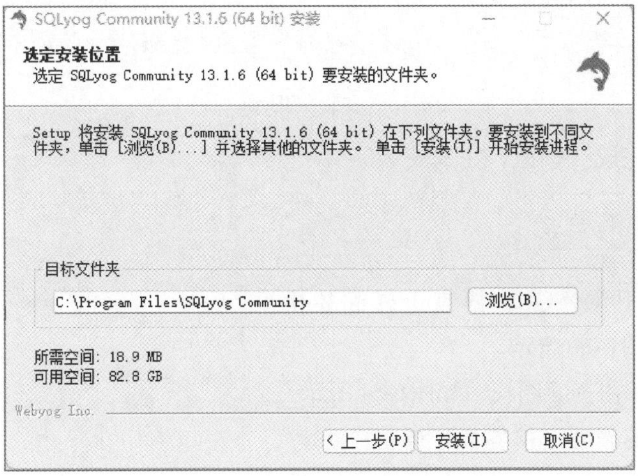

SQLyog Community 13.1.6 (64 bit) 安装

选定安装位置

选定 SQLyog Community 13.1.6 (64 bit) 要安装的文件夹。

Setup 将安装 SQLyog Community 13.1.6 (64 bit) 在下列文件夹。要安装到不同文件夹，单击 [浏览(B)...] 并选择其他的文件夹。 单击 [安装(I)] 开始安装进程。

目标文件夹

C:\Program Files\SQLyog Community　浏览(B)...

所需空间: 18.9 MB

可用空间: 82.8 GB

Webyog Inc.

< 上一步(P)　安装(I)　取消(C)

图6-56　安装SQLyog（7）

（8）选择全部组件，选择安装路径，单击“下一步”按钮，弹出如图6-57所示的画面，单击“下一步”按钮，如图6-58所示。

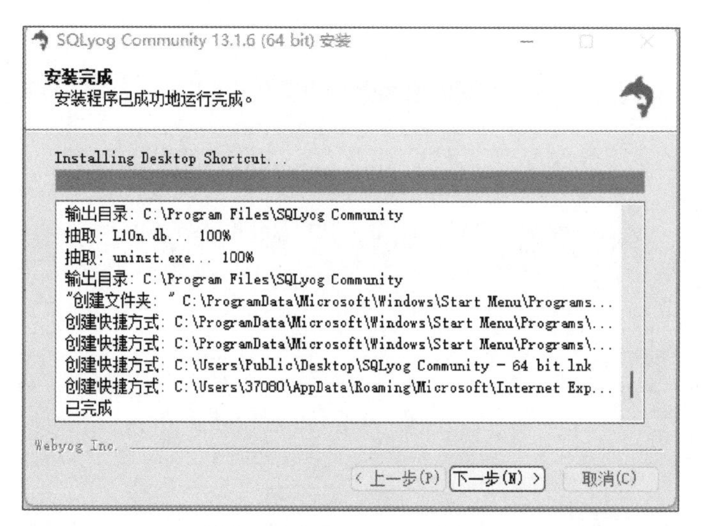

图6-57 安装SQLyog（8）

图6-58 安装SQLyog（9）

（9）单击“完成”按钮，完成安装。

5 云平台部署与启动

（1）双击打开MySQL，语言选择简体中文，如图6-59和图6-60所示。

（2）连接，单击握手图标，如图6-61所示。

（3）在弹出的新建连接界面，单击“新建”按钮，给要创建的连接起个名字，填写MySQL

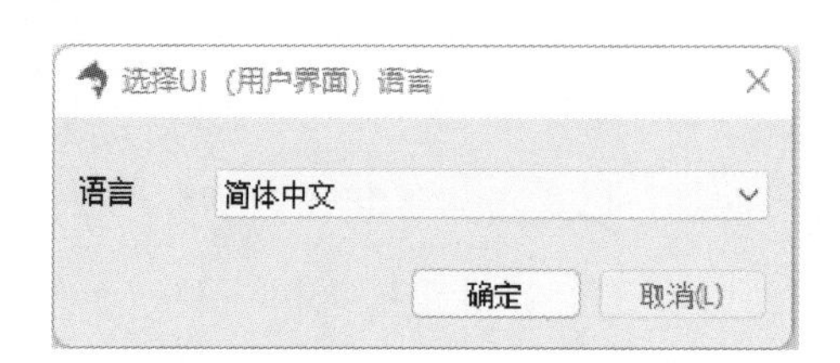

图6-59 选择简体中文

图6-60　中文界面

图6-61　单击连接

Host Address、用户名和密码（123456），如图6-62和图6-63所示。

（4）信息填好后，单击“确定”按钮，出现如图6-64所示的界面。

（5）单击“测试连接”按钮，弹出如图6-65所示的界面，表示设置正确。

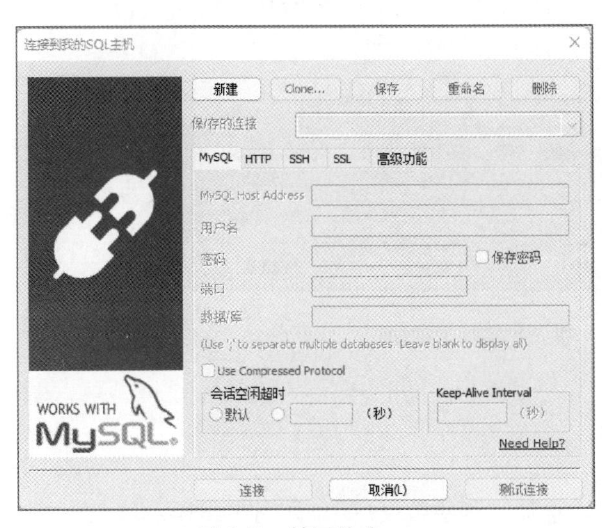

图6-62　填写信息

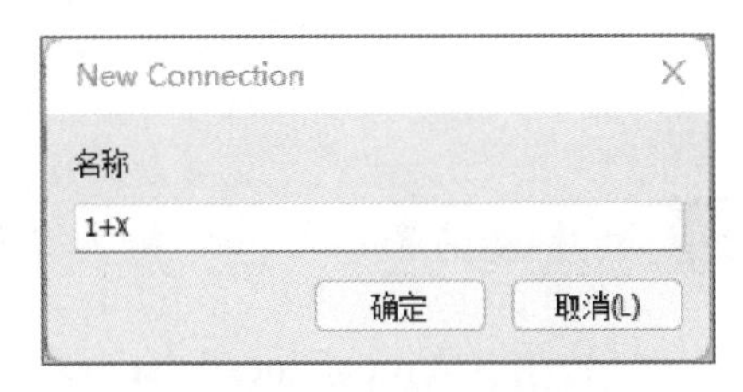

图6-63　给新连接起名字

（6）单击“确定”按钮，弹出如图6-66所示的界面，单击“连接”按钮，完成创建连接的过程，如图6-67所示。

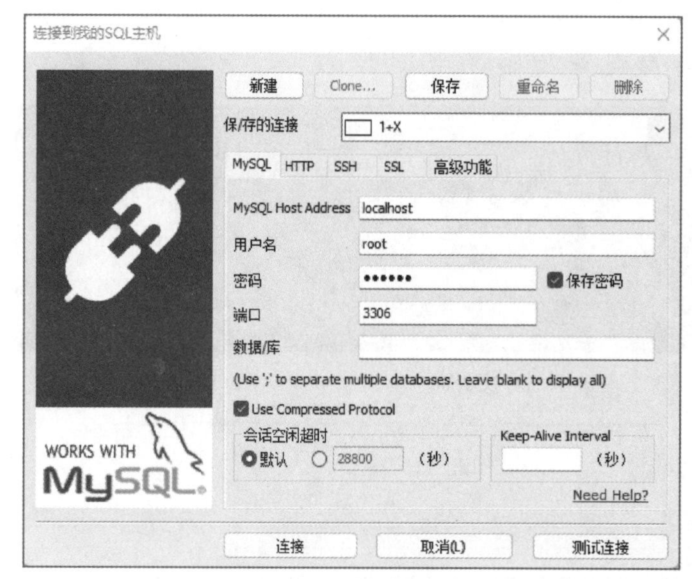

图6-64　准备连接

图6-65　测试连接成功

图6-66　准备创建连接画面

6 创建数据库

（1）在右侧root@localhost上右击，选择“创建数据库”，如图6-68所示。

（2）在“创建数据库”对话框中填写相应信息，如图6-69所示。

（3）单击“创建”按钮，出现如图6-70所示的界面，表示创建数据库完成。

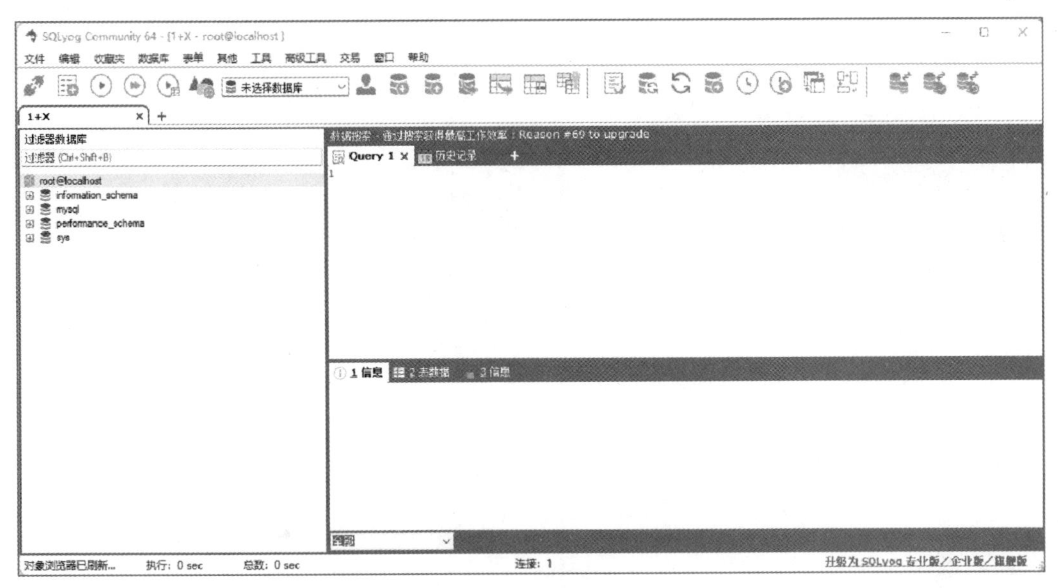

图6-67　连接成功

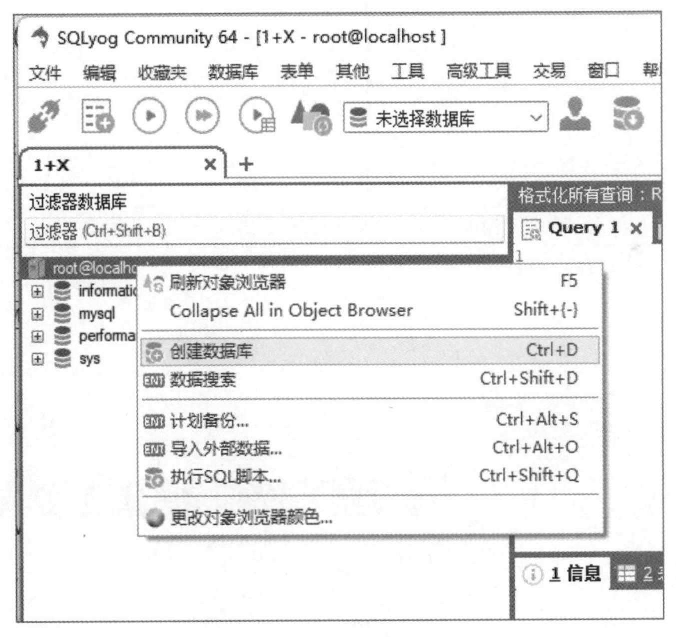

图6-68　创建数据库（1）

7　创建数据表

（1）打开“数据库”菜单，选择“导入”，如图6-71所示。

（2）选择“执行SQL脚本”，弹出如图6-72所示的界面，选择“exp-iot.sql”文件。

（3）单击“执行”按钮，执行成功后，单击“完成”按钮，如图6-73所示。

（4）展开左侧exp-iot数据库下的表，会打开已经创建的全部数据表，如图6-74所示。

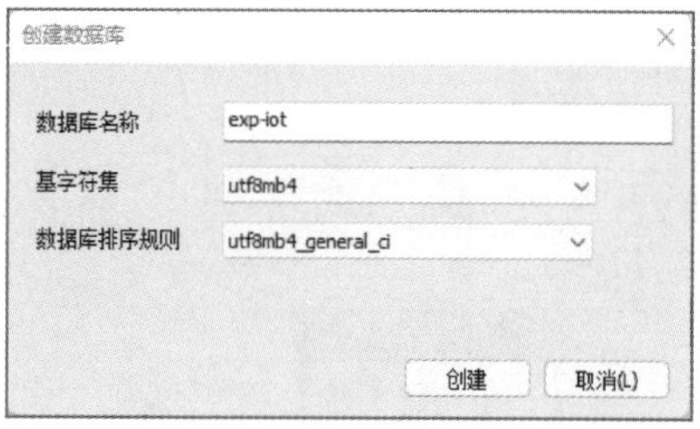

图6-69　创建数据库（2）

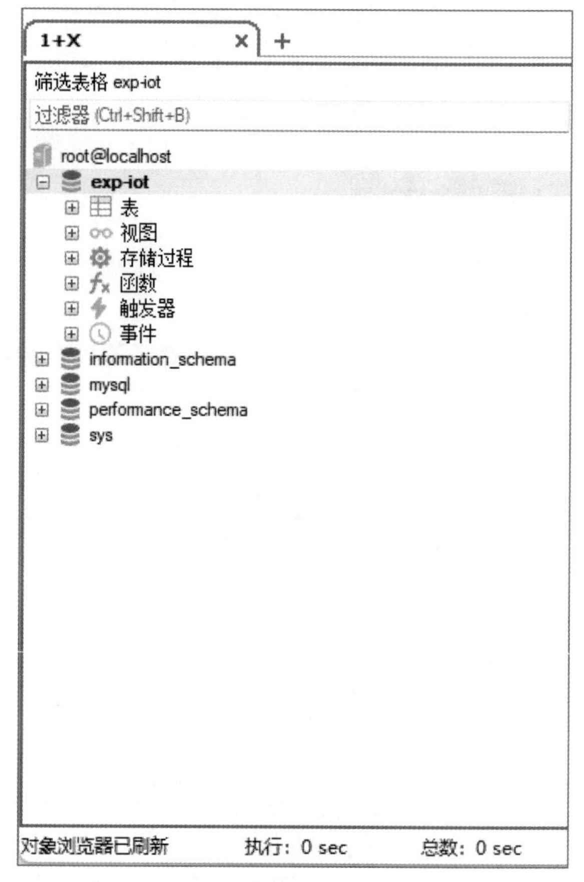

图6-70　创建数据库（3）

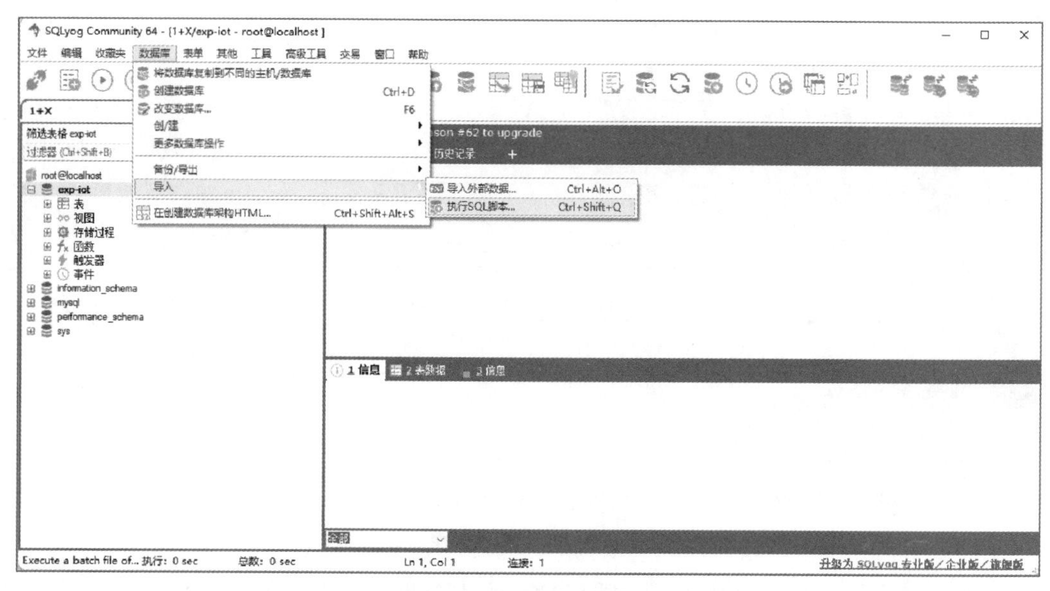

图6-71　创建数据表（1）

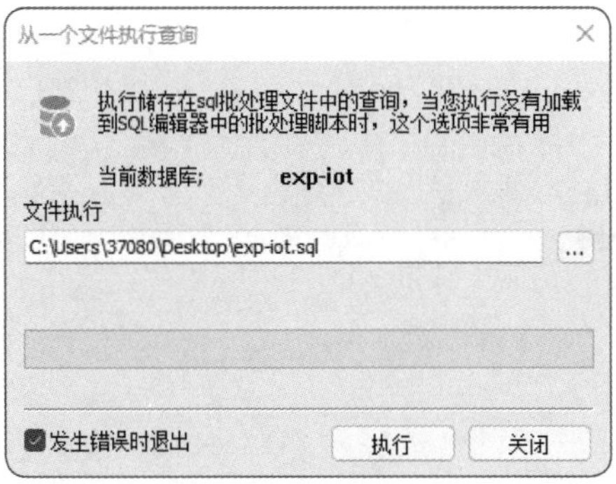

图6-72　创建数据表（2）

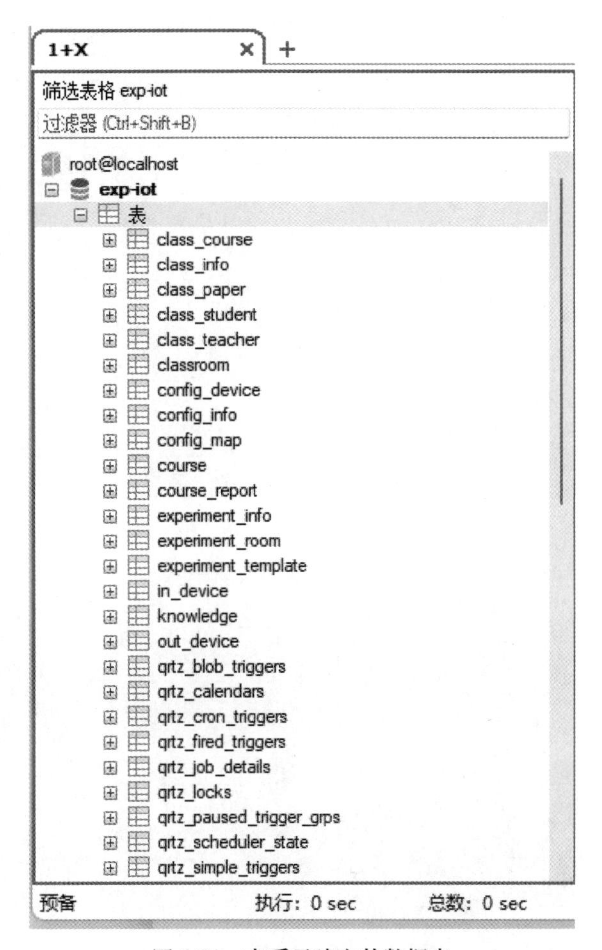

图6-73　创建数据表（3）

图6-74　查看已建立的数据表

8　部署云平台

打开Tomcat安装目录下的webapps目录，把云平台程序iot-web.war复制到目录下，如果Tomcat已经启动，会自动解压出iot-web目录，如图6-75所示，如果没有启动，等启动后也会自动解压。

9　启动云平台

在浏览器里输入http://127.0.0.1:8080/iot-web/，会自动打开云平台的登录界面，至此云平台部署完成，如图 6-76所示。

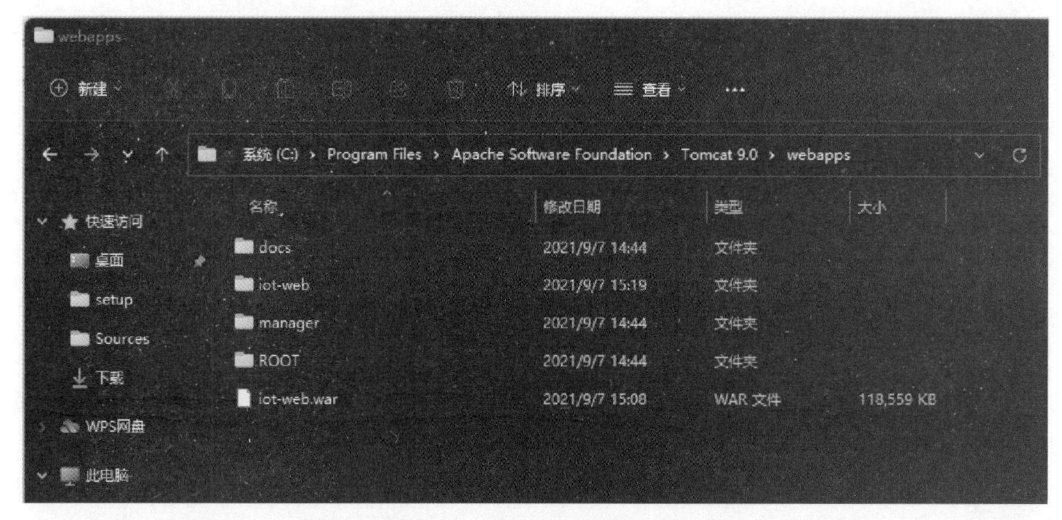

图6-75　把iot-web.war复制到webapps并解压

图6-76　启动云平台

任务 6.4 传感器接入云平台，实现数值显示

任务描述：

使用TCP&UDP测试工具，模拟一个传感器，创建一个连接，连接到服务器，登录云平台正确配置相关信息，将所模拟的传感器接入云平台，可在计算机或手机终端登录云平台查看传感器采样数据信息。

任务平台配置：

实训台、服务器、计算机；TCP&UDP调试助手。

6.4.1　知识准备：传感器接入云平台需要的技术

1　JSON概述

JSON指的是JavaScript对象表示法，是一种轻量级的数据交换格式。它基于ECMAScript（欧洲计算机协会制定的js规范）的一个子集，采用完全独立于编程语言的文本格式来存储和表示数据。简洁和清晰的层次结构使得JSON成为理想的数据交换语言。

简单来说，JSON就是一种数据交换格式，和数组作用一样，用于存储数据。比如对于Tom的个人信息，用数组可以这样存储：

```
var Tom = ['Tom', '29', '170', 'man'];
```

分别是名字 = Tom[0]，年龄 = Tom[1]，身高 =Tom[2]，性别 = Tom[3]，但是很显然这并不是很好的解决办法。也可以选择表格填充数据，使用表6-1这种做法更好。

表6-1　表格填充数据做法举例

姓名	年龄	身高	性别
Tom	29	170	man
Jake	22	175	man

有了JSON，就可以使用Key-value的模式直观地存储数据了。

```
var Tom = {
name: 'Tom',
age: '29',
stature: 170,
gender: 'man'
}
```

2 MQTT概述

1）数据通信协议

数据通信是继电报通信和电话通信之后的一种新型通信方式，是计算机技术和通信技术相结合的产物。电报通信和电话通信是人与人之间的通信，通信过程中的差错控制等通信控制功能由人来完成。数据通信主要是人与机或机与机之间的通信，这里所说的“机”指的就是计算机，其通信控制功能只能严格按照预先在计算机内设置的诸如“使用什么样的规程，交换什么格式的信息”等规则和各种约定事项实现。

数据通信协议，亦称数据通信控制协议，是为保证数据通信网中通信双方能有效并可靠通信而规定的一系列约定。这些约定包括数据的格式、顺序和速率，数据传输的确认或拒收，差错检测，重传控制和询问等操作。数据通信协议分为两类：一类称为基本型通信控制协议，用于以字符为基本单位的数据传输，如BSC（binary synchronous communications，二进制同步通信）协议；另一类称为键路控制协议，用于以比特为基本单位的数据传输，如HDLC（high-level data link control，高级数据链路控制协议）和SDLC（synchronous data link control protocol ，同步数据链控制协议）。

2）MQTT协议

MQTT（message queuing telemetry transport，消息队列遥测传输）是IBM开发的一种即时通信协议，现已成为物联网的重要组成部分。该协议支持所有平台，几乎可以把所有联网物品和外部连接起来，被用来当作传感器和执行器的通信协议。

MQTT是轻量级基于代理的发布/订阅的消息传输协议，它通过很少的代码和带宽就可以和远程设备连接。例如，通过卫星和代理建立连接或者通过拨号和医疗保健提供者建立连接，以及在一些自动化或小型设备上建立连接，协议开销小且能高效地向单个或多个接收者传递信息，因此同样适用于移动应用设备上。

MQTT协议是为大量计算能力有限，且工作在低带宽、不可靠的网络的远程传感器和控制设备通信而设计的协议，它具有以下主要特性：

（1）使用发布/订阅消息模式，提供一对多的消息发布，解除应用程序耦合。

（2）对负载内容屏蔽的消息传输。

（3）使用 TCP/IP 提供网络连接。

（4）有三种消息发布服务质量：至多一次，至少一次，只有一次。

“至多一次”，消息发布完全依赖底层 TCP/IP 网络，会发生消息丢失或重复。这一级别可用于类似环境传感器数据的情况，丢失一次读记录无所谓，因为不久后还会有第二次发送。

“至少一次”，确保消息到达，但消息重复可能会发生。

“只有一次”，确保消息到达一次。这一级别可用于计费系统中，消息重复或丢失会导致不正确的结果。

（5）小型传输，开销很小（固定长度的头部是 2 字节），协议交换最小化，以降低网络流量。

（6）使用 Last Will 和 Testament 特性通知有关各方客户端异常中断的机制。

3　设备 ID 的作用

设备ID（identifier code），即设备识别码，是让分布式系统中的所有元素，都能有唯一的辨识信息，而不需要通过中央控制端来做辨识信息的指定。如此一来，每个设备都可以创建不与其他设备冲突的ID。在这样的情况下，就不需考虑数据库创建时的名称重复问题。

6.4.2　任务实施

1　建立连接

（1）使用TCP&UDP测试工具，模拟一个传感器，创建一个连接，连接到服务器，注意端口号是10040，界面如图6-77所示。单击“创建”按钮，弹出如图6-78所示界面。

（2）单击图6-78的“连接”按钮，建立一个TCP连接。连接成功后，服务器会返回一个“connected”，如图6-79所示。

2　创建协议

与平台通信，采用JSON协议，格式如下：

```
{
"gateway": "162401",
"controller": "16240108",
"channel": 1,
"name": "光照",
"type": "illuminance",
"data": 26
}
```

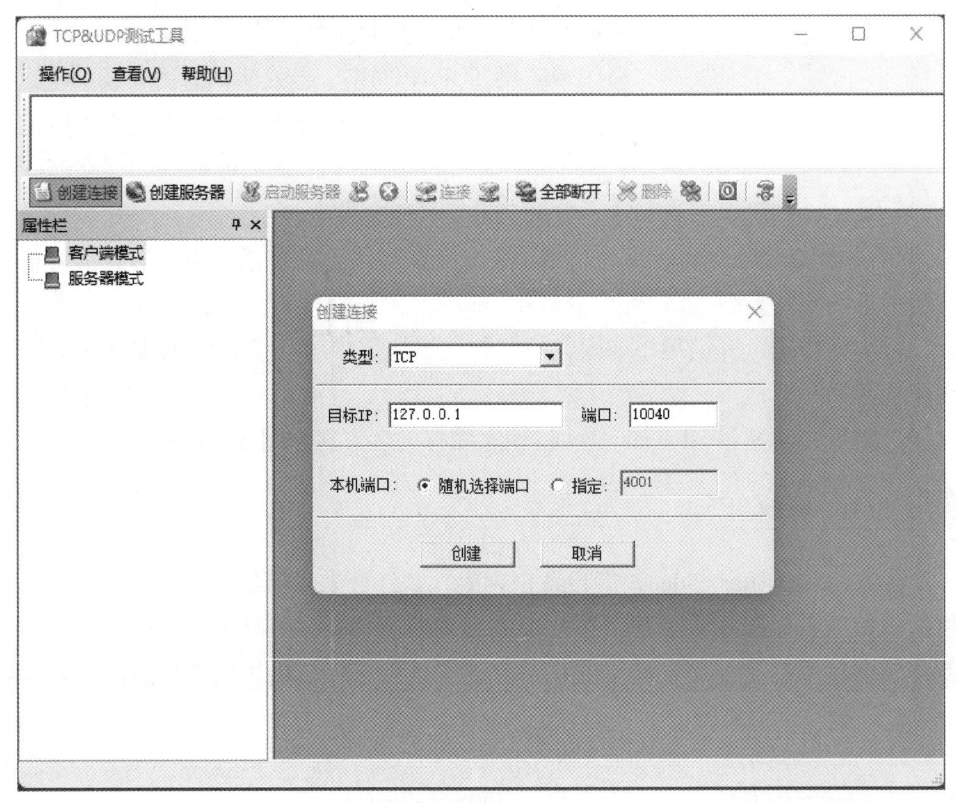

图6-77 创建一个连接

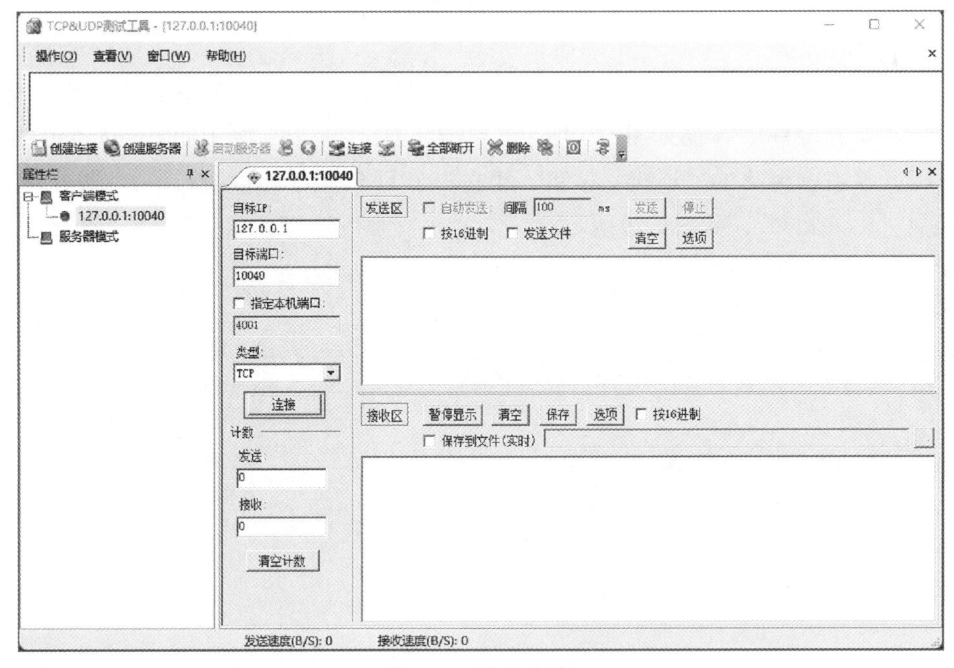

图6-78 请求连接

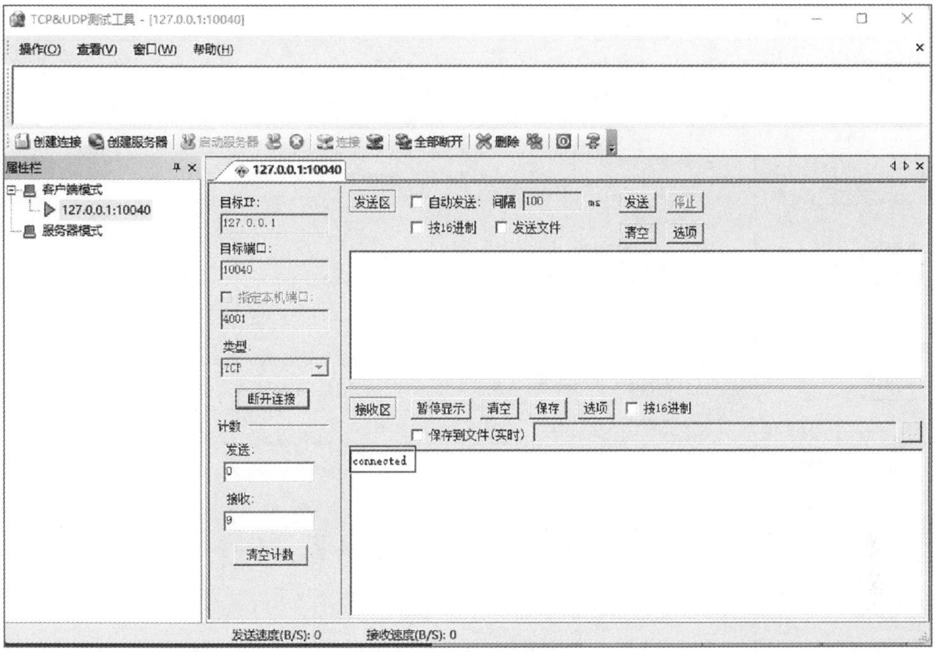

TCP&UDP测试工具 - [127.0.0.1:10040]

操作(O)　查看(V)　窗口(W)　帮助(H)

创建连接　创建服务器　启动服务器　连接　全部断开　删除

属性栏

客户端模式

127.0.0.1:10040

服务器模式

127.0.0.1:10040

目标IP：127.0.0.1

目标端口：10040

指定本机端口：4001

类型：TCP

断开连接

计数

发送：0

接收：9

清空计数

发送区　自动发送：　间隔 100 ms　发送　停止

按16进制　发送文件　清空　选项

接收区　暂停显示　清空　保存　选项　按16进制

保存到文件(实时)

connected

发送速度(B/S): 0　接收速度(B/S): 0

图6-79　建立连接

gateway：网关ID。

controller：控制器ID。

channel：端口。

type：设备类型，光照-illuminance，温度-temperature，湿度-humidity。

data：数据，可以是光照值、温度值、湿度值。

此协议由我们已经写好的程序定义，这里不展开。

3 发送协议

把上面的协议内容，复制到TCP调试工具的发送区，后面再加一个分隔符“|”，然后单击“发送”按钮即可，如图6-80所示。data后面的值，可以修改。

4 配置平台

登录云平台，进入实验详情页，根据协议中的数据配置设备列表进行配置。需要注意的是，网关ID、设备类型、控制器ID、端口要跟协议完全对应。

上面的协议对应的配置如图6-81、图6-82所示。

配置完成后，单击“下发配置”按钮，当前配置信息会保存到云平台，如果网关在线，配置信息会同时下发到网关。

界面显示式样，由我们已经写好的程序决定，这里不展开。

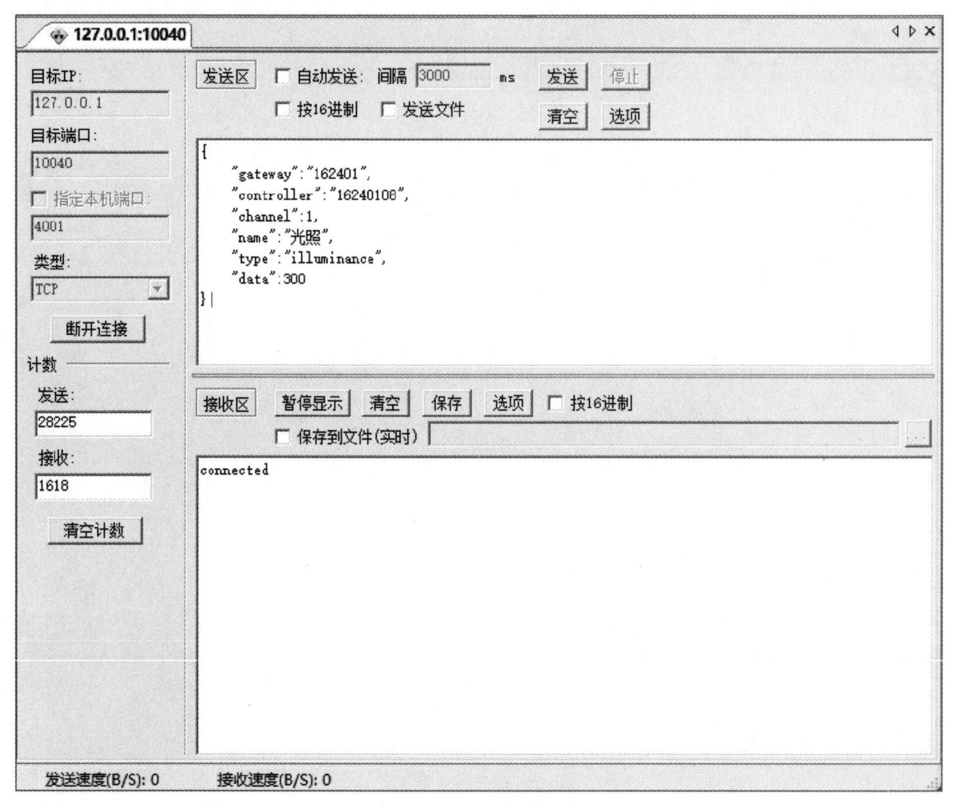

图6-80　发送协议

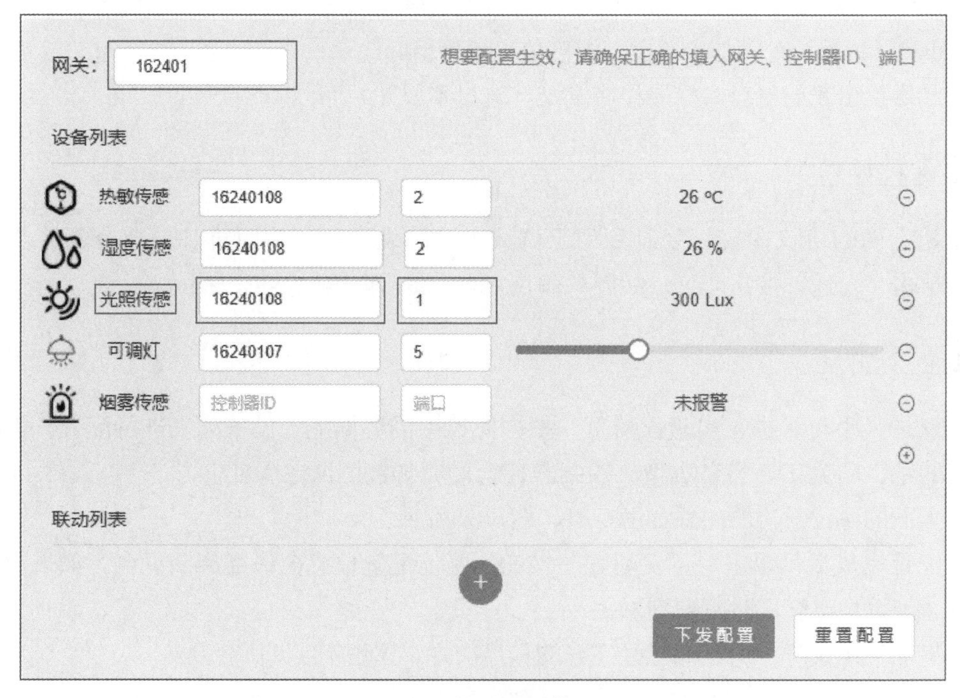

图6-81　协议配置填写

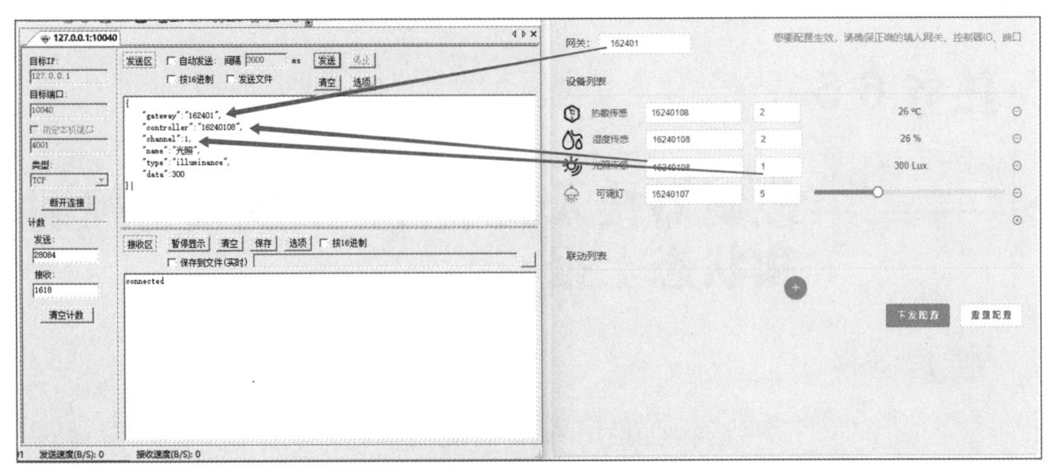

图6-82　JSON数据

5　查看结果

使用TCP调试工具，发送数据，上面的配置界面会实时显示发送的传感器值，如图6-83所示。

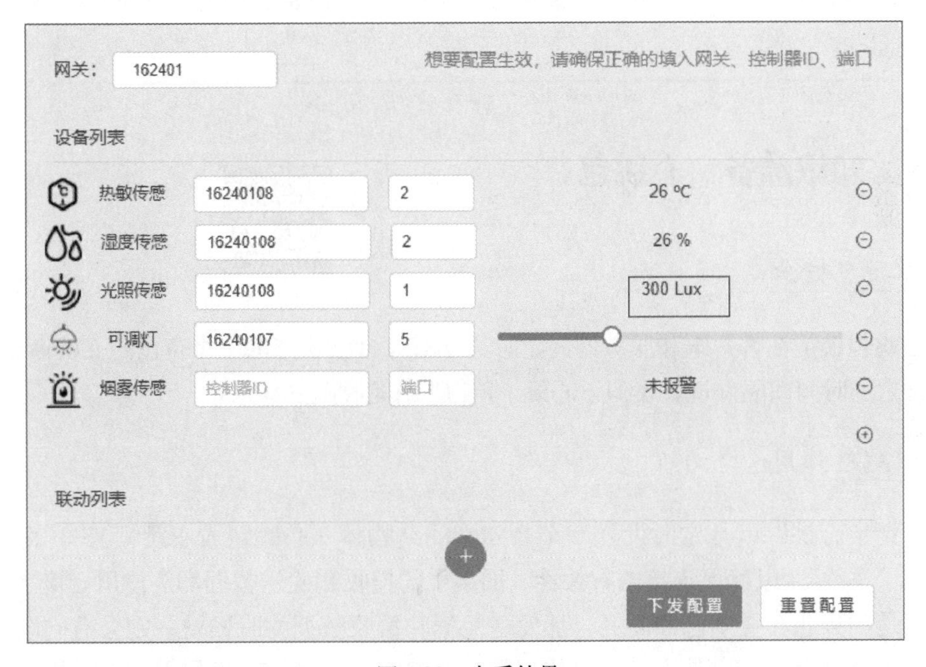

图6-83　查看结果

任务 6.5 控制器接入云平台，实现设备控制和状态上报

任务描述:

使用TCP&UDP测试工具，模拟一个执行器，创建一个连接，连接到服务器，登录云平台正确配置相关信息，将所模拟的执行器接入云平台，可在计算机或手机终端登录云平台，下发指令控制执行器，云平台也可实时显示控制器所处状态。

任务平台配置:

实训台、服务器、计算机；TCP&UDP调试助手。

6.5.1 知识准备：心跳包

1 心跳包概念

心跳包就是在客户端和服务器间定时通知对方自己状态的一个自己定义的命令字，按照一定的时间间隔发送，类似于心跳，所以叫作心跳包。

2 心跳包作用

所谓“心跳”就是定时发送一个自定义的结构体（心跳包或心跳帧），让对方知道自己“在线”，以确保连接的有效性。网络中的接收和发送数据都是使用套接字实现的，但是如果此套接字已经断开，那发送数据和接收数据的时候就一定会有问题。可是如何判断这个套接字是否还可以使用呢？这就需要用到TCP系统中的心跳机制。如果你设置了心跳，那TCP就会在一定的时间（比如你设置的是3秒钟）内发送你设置的次数的心跳（比如说2次），并且此信息不会影响你自己定义的协议。

比如有些通信软件长时间不使用，要想知道它的状态是在线还是离线就需要定时收发包。发包方一般是客户端，客户端定时发送心跳包给服务器端，服务器端收到后

回复一个固定信息。如果服务器端几分钟内没有收到心跳包则视客户端断开。至于心跳包的内容，是没有什么特别规定的，不过一般都是很小的包，或者只包含包头的一个空包。

心跳包机制是检查不到断电、网线拔出、防火墙断线等问题的，一般只是用于保活。

6.5.2　任务实施

1　建立连接

（1）使用TCP&UDP测试工具，模拟一个传感器，创建一个连接，连接到服务器，注意端口号是10040，如图6-84所示。

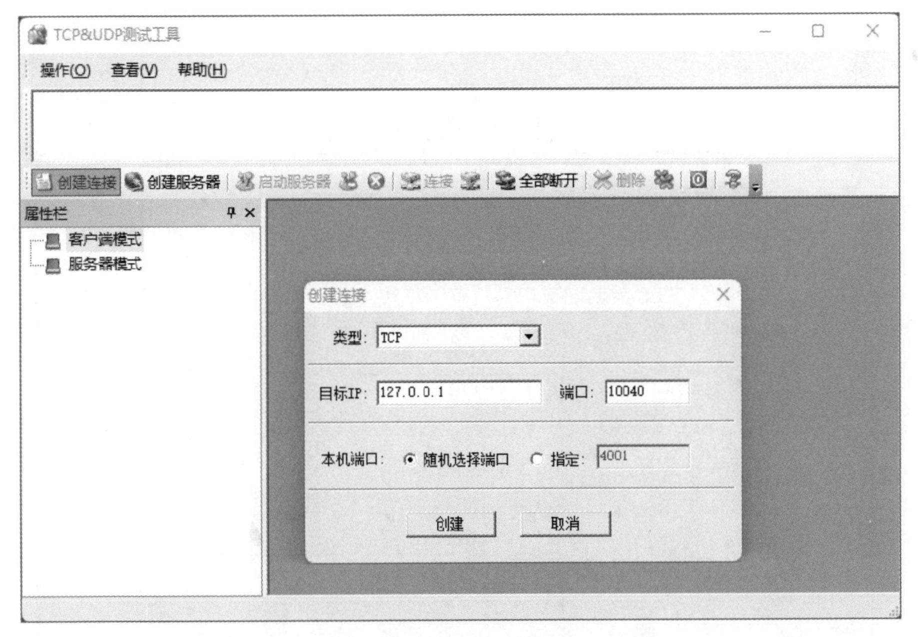

图6-84　创建一个连接

（2）单击图6-85所示的“连接”按钮，建立一个TCP连接，连接成功后，服务器会返回一个“connected”，如图6-86所示。

2　发送心跳

向平台发送心跳命令，使平台能识别出当前TCP连接对应的网关编号，平台把TCP连接和网关编号一一对应后，下发控制命令时，会根据命令里的网关字段，找到对应的TCP连接，然后下发命令。

心跳协议的格式如下:

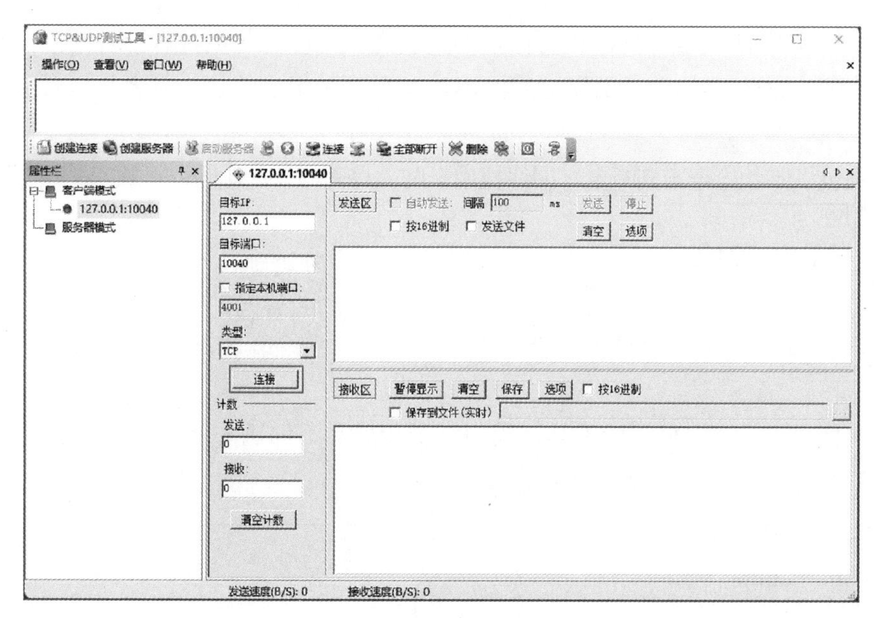

图6-85 发起连接

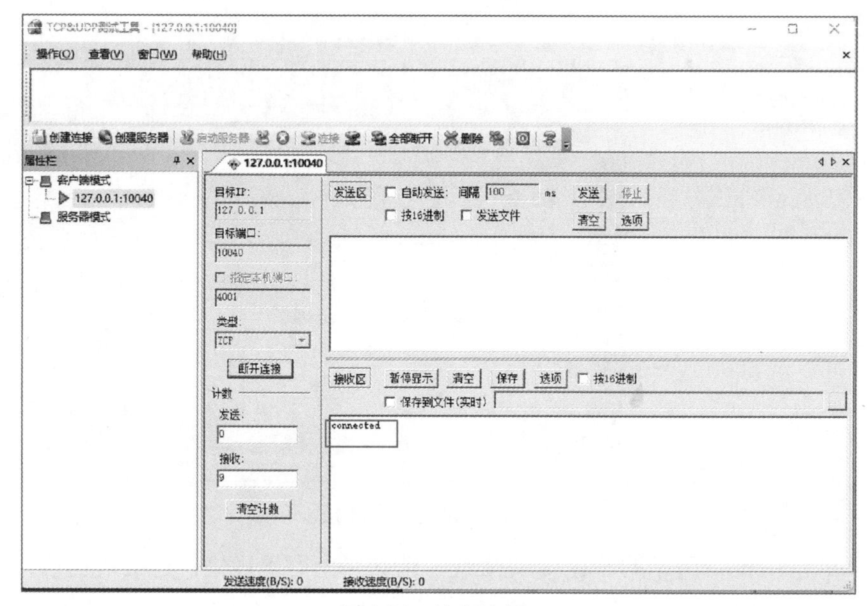

图6-86 建立连接

```
{
    "cmd": "heart_beat",
    "gateway": "162401"
}
```

此处的协议以及后面平台的显示界面，都由已经写好的程序决定，这里不展开。

使用TCP调试工具向云平台发送心跳后，平台会把当前网关的配置发送回来。

图6-87接收区出现乱码是由于云平台采用的是UTF-8编码，与测试工具编码不一致导致的，可以不用理会。

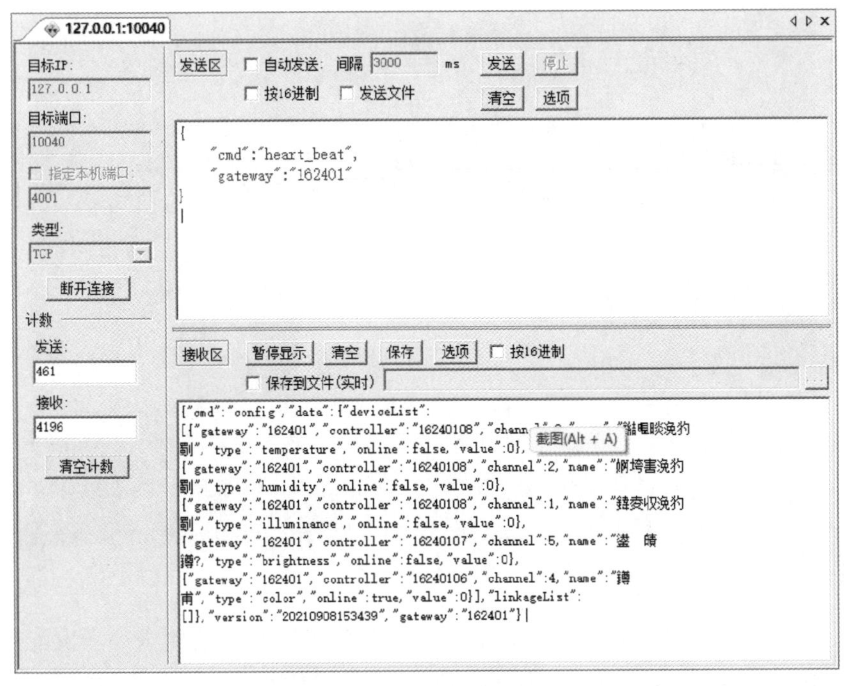

图 6-87　返回网关配置

3　下发控制

（1）拖动图6-88所示滑块，松开鼠标后自动下发控制命令。

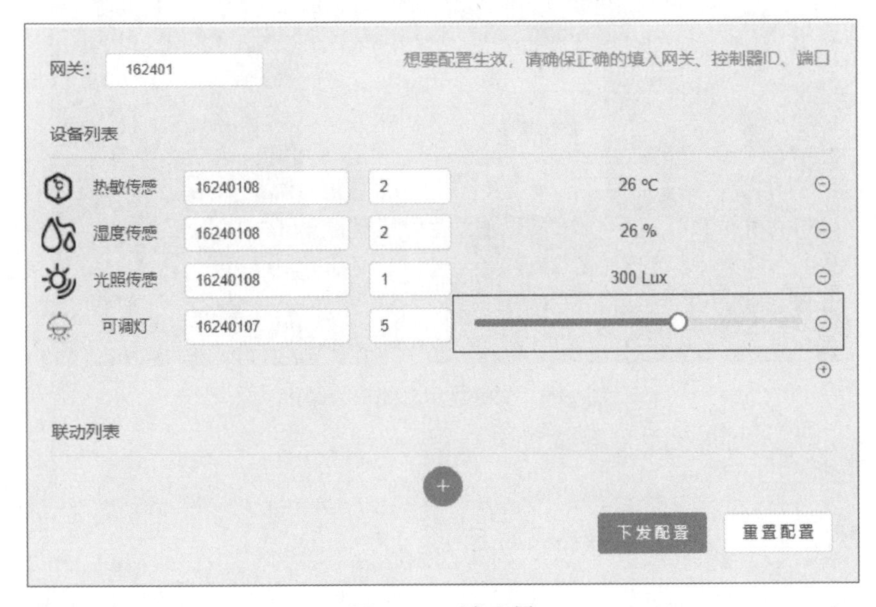

图 6-88　下发配置

（2）如果弹出“网关不在线”的窗口，如图6-89所示，请重发心跳指令。

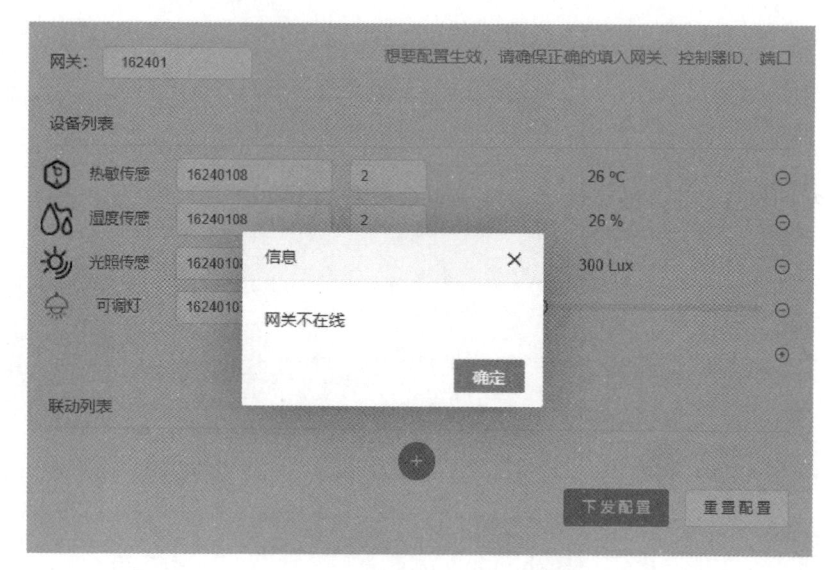

图6-89 失败提示之网关不在线

（3）如果弹出“配置未保存”的窗口，如图6-90所示，请单击“下发配置”按钮后再试。

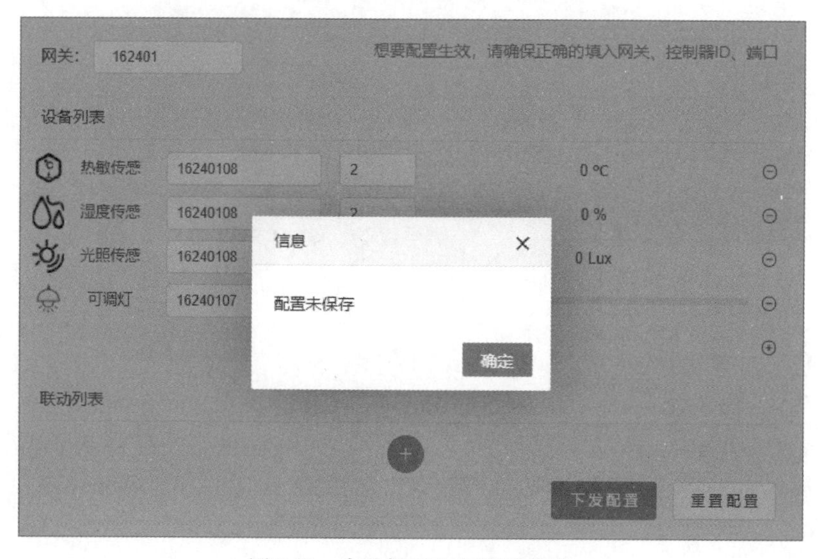

图6-90 失败提示之配置为保存

4 上报状态

可调灯光上报亮度值的协议格式如下:

```
{
    "gateway": "162401",
    "controller": "16240107",
```

```
    "channel": 5,
    "type": "brightness",
    "data": 50
}
```

填写界面如图6-91所示。

使用TCP调试工具发送指令后，平台端可调灯的滑块会实时变化，如图6-92所示。

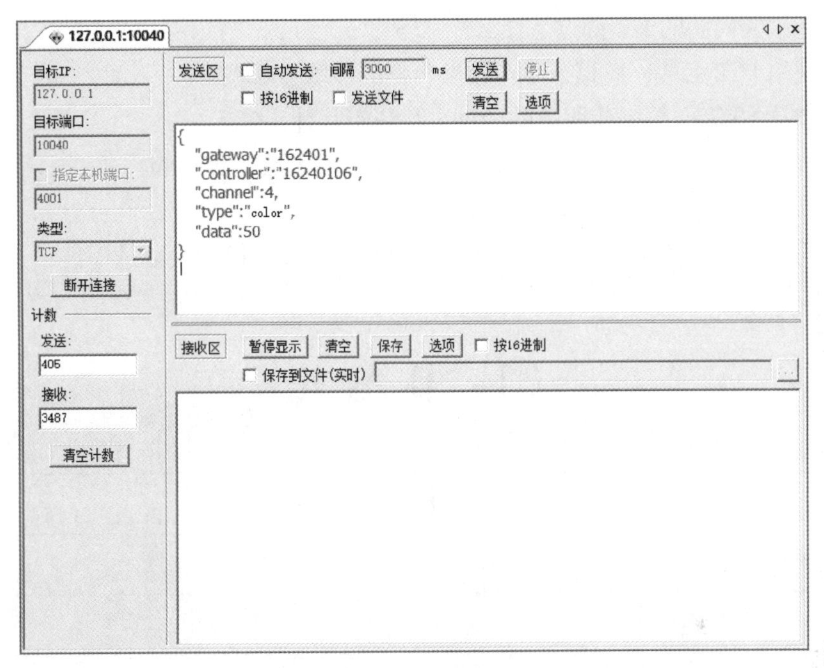

图6-91　填写灯光亮度

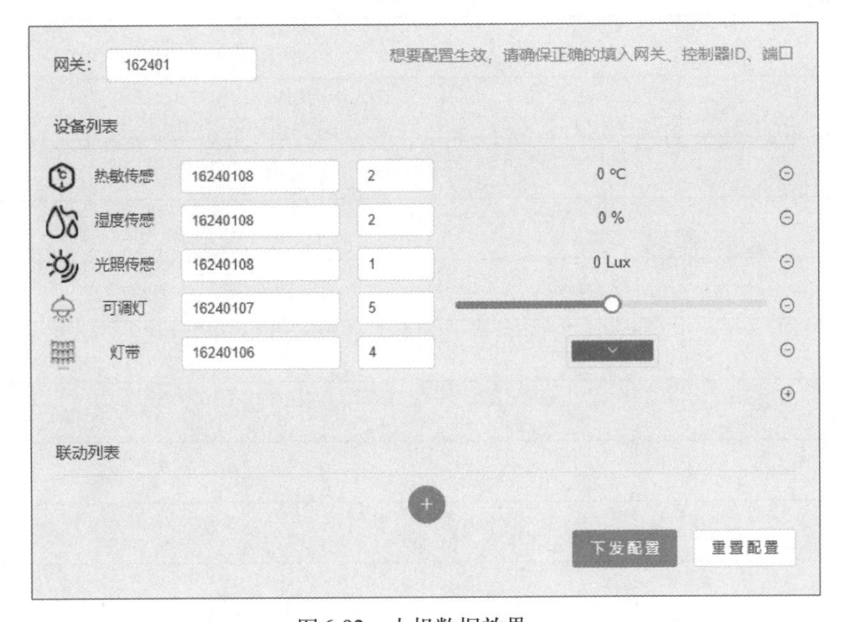

图6-92　上报数据效果

思考与练习

1. 物联网网关的3个特点是什么？
2. 使用TCP工具，连接云平台收发数据的步骤有哪些？
3. 启动MySQL数据库服务的两种方法分别是什么？
4. 传感器与平台通信时，采用JSON协议的格式是什么样的？
5. 简述心跳包的作用。
6. 简述控制器接入云平台，实现设备控制和状态上报的主要过程。

读 书 笔 记

参考文献

杜春雷，2003. ARM 体系结构与编程 [M]. 北京：清华大学出版社 .

段水福，历晓华，段炼，2007. 无线局域网 (WLAN) 设计与实现 [M]. 杭州：浙江大学出版社 .

甘泉，2021. LoRa 物联网通信技术 [M]. 北京：清华大学出版社 .

黄智伟，2005. 蓝牙硬件电路 [M]. 北京：北京航空航天大学出版社 .

李永钢，尚鹏，王丁磊，2018. 云平台构建与管理 [M]. 北京：中国铁道出版社 .

刘云浩，2022. 物联网导论 [M]. 4 版 . 北京：科学出版社 .

马忠梅，马广云，徐英慧，等. 2002. ARM 嵌入式处理结构与应用基础 [M]. 北京：北京航空航天大学出版社 .

唐雄燕，2006. 宽带无线接入技术及应用 :WiMAX 与 WiFi[M]. 北京：电子工业出版社 .

田泽，2004. 嵌入式系统开发与应用实验教程 [M]. 北京：北京航空航天大学出版社 .

吴功宜，吴英，2012. 物联网工程导论 [M]. 北京：高等教育出版社 .

吴细刚，2015. NB-IoT 从原理到实践 [M]. 北京：电子工业出版社 .

张雯婷，2012. 物联网导论 [M]. 北京：清华大学出版社 .

朱刚，2002. 蓝牙技术原理与协议 [M]. 北京：北方交通大学出版社 .

邹思铁，2002. 嵌入式 Linux 设计与应用 [M]. 北京：清华大学出版社 .